新编21世纪数据科学与大数据技术系列教材

数据采集与处理
基于Python

付东普 编著

Data Acquisition and
Processing with Python

中国人民大学出版社
·北京·

内容简介

本书从Python语言的基本特性入手，详细介绍了各类数据编码和存取技术、网络爬虫相关技术、数据预处理和数据可视化技术等，内容覆盖本地文件、网络数据、大数据访问及数据预处理等编程中的主要知识和技术，在重视理论基础的前提下，从实用性和丰富度出发，结合实例演示了数据采集、处理与存储的核心流程。

本书可作为高等院校数据科学与大数据技术、计算机科学与技术、软件工程等专业的本科教材，也适合Python语言初学者、网络爬虫技术爱好者、数据分析从业人士阅读。

作者简介

付东普 首都经济贸易大学管理工程学院副教授，中国人民大学管理学博士，北京交通大学应用经济学博士后，高级系统架构设计师。研究领域包括电子商务、消费者行为和互联网金融，讲授课程包括数据分析理论与实践、数据采集与存储、互联网金融、管理信息系统、现代软件工程等。在《管理科学学报》《经济管理》《经济与管理研究》及*Electronic Commerce Research*等国内外学术期刊及国际会议发表论文20余篇，出版专著2部。有10多年软件开发、设计和管理经验，成功完成了多个数据分析项目。

前言

基于人工智能和大数据技术，大型自然语言转换模型取得了重大突破，以ChatGPT为代表的自然语言处理工具，依靠其强大的语言生成能力一时风靡全球，中国的大型信息科技公司也快速跟进，逐渐开始推出国产大型中文转换模型，如百度的文心一言等。在这热闹的科技狂欢背后，算法与模型自然重要，但就像机器学习模型一样，这些模型都需要质量良好的大数据素材进行不断的训练才能完善和成熟。俗话说，巧妇难为无米之炊，机器学习模型缺乏大数据的喂养也难以达到理想的分析和预测效果。

数据采集、处理与存储是数据科学与大数据技术不可或缺的重要环节，涵盖各类数据采集与存储、统计与概率、可视化、预处理等相关原理、知识和技术，其工作量也往往占据了日常数据分析工作的50%以上。经过30多年的发展，Python以其语法简单易学、支撑各类编程模式、可读性强、跨平台及扩展模块丰富等优点，迅速渗透到统计分析、科学计算、图形图像处理、人工智能、机器学习、深度学习等几乎所有专业和领域。Python在IEEE Spectrum 2017编程语言排行榜上名列榜首，KDnuggets自2017年的统计报告显示，Python一直是数据科学与机器学习的首选工具，各类Python学习书籍和教材也应运而生。虽然市面上一些优秀的Python书籍对Python的各类开发应用都有所涉及，如网络爬虫类、数据分析或数据科学类、数据处理类、数据可视化类等，有些实操性很强，有些偏重理论和应用，但是几乎没有一本书能够完整覆盖数据采集、处理与存储相关环节的知识、方法和技术，这使数据科学领域的从业者和教育者面临着选择困难、学习和教育成本高的难题。

本书的主旨是介绍如何结合Python 3进行各类结构化和非结构化数据的采集、预处理和存储，涉及数据源包括本地文件、关系型数据库和非关系型数据库、网络网页、各类多媒体等。本书从Python的基本特性入手，详细介绍了各类数据编码和存取技术、网络爬虫相关技术、数据预处理和数据可视化技术等各个方面，涉及统计与概率、数据格式与编码、网络开发、自然语言处理、数据科学等不同领域的内容。全书共分为11章，包括概述、Python基础、numpy与pandas基础、数据可视化、文件读写与操作、统计与概率基础、数据清洗与预处理、网络数据采集、关系型数据库连接与访问、大数据存储与访问技术、数据集成与ETL技术等多个主题，内容覆盖本地文件、网络数据、大数据访问及数据预处理等编程中的主要知识和技术，在重视理论基础的前提下，从实用性和丰富度出发，结合实例演示了数据采集、处理与存储的核心流程。

本书针对现有相关书籍的不足，重点对大数据采集、处理和存储方面的知识和技术进行讲解，主要有以下特色：

● 内容覆盖完整

本书涵盖了大数据采集与存储、统计与概率、可视化、预处理等相关原理、知识和技术（如数据采集来源既覆盖了各类本地文件，又包括常见的关系型数据库和非关系型数据库），也有基于Hadoop的大数据技术内容。数据处理方面，本书阐述了统计与概率方面的原理和知识，便于读者完整理解大数据的统计和概率特征。

● 操作案例丰富

本书参考已出版的相关教材和美国几所高校的教学案例，并结合编者多年的相关课程的教学经验，提供了大量的操作和练习案例，基本可覆盖相关知识和技术。

● 先进技术同步

本书主要的操作案例和代码是基于最新版本的Python 3和相关工具包，在最新版本的Python 3环境下都能正常运行。另外，本书参考了美国几所知名高校的教学案例和几本相关英文原版书籍，在知识和技术方面，基本与当下西方教学同步。

● 理论实践结合

鉴于国内外基于Python的相关书籍理论方面的不足，本书加强了理论和原理方面的内容，如基于统计和概率原理阐述数据特征分析、预处理和可视化技术，基于关系型数据库和非关系型数据库的原理，比较关系型数据库和非关系型数据库在数据存储特征、访问技术等方面的差异等，相关理论和原理都有对应的Python模块和示例代码进行演示和练习。

本书适合Python初学者、网络爬虫技术爱好者、数据分析从业人士以及高等院校计算机科学与技术、数据科学与大数据技术、软件工程等相关专业的师生阅读。

本书作为教材用于教学，建议课时安排为48课时，其中授课32课时，上机实验16课时。由于本书涉及的概念较多，建议学生有一定的编程语言、数据库和网络技术基础。老师可根据学生的知识基础和接受程度对授课内容进行选择。

此外，本书为使用该教材的老师提供教学PPT、源码、大纲、教案、习题答案等全套教学资源。

教材的出版并非易事，要感谢的人和组织很多。一是感谢首都经济贸易大学教务处和管理工程学院的经费资助和工作支持；二是感谢中国人民大学出版社编辑李丽娜等的辛苦而专业的工作；三是感谢家人的陪伴、理解和支持。另外，本书内容参考了国内外优秀的相关教材和书籍，也参考了国外大学（如密歇根州立大学、犹他大学、麻省理工学院、哈佛大学等）相关课程的课件资源。鉴于篇幅有限或工作疏漏，参考资源未能一一罗列，在此深表感谢！

最后，感谢每一位读者，感谢你在茫茫书海中选择了本书，衷心祝愿你能够从本书中获益，学到真正需要的理论知识和方法技术。

本书由付东普编著，付一豪参与了部分资料和课件 PPT 的整理工作。

由于编者的水平有限，疏漏之处在所难免，欢迎广大读者提供反馈意见和修改建议。联系方式：fudongpu@cueb. edu. cn。

目录

第一章
概　述

第二章
Python 基础

第三章
numpy 与 pandas 基础

第八章 网络数据采集

第九章 关系型数据库连接与访问

第十章 大数据存储与访问技术

第十一章 数据集成与 ETL 技术

第一章

概　述

教学目标

1. 了解数据科学、数据采集、数据存储等相关概念，理解数据采集和预处理在大数据和数据科学中的重要地位、作用和技术；

2. 了解常见的数据采集、预处理和存储的相关方式和方法、工具和技术等；

3. 了解基于 Python 的常用数据科学工具及相关模块和作用。

引导案例

2023 年，人工智能在生成式自然语言转换模型方面取得了突破性的成就，如 OpenAI 的 ChatGPT、百度的文心一言等。这类工具基于在预训练阶段所见的模式和统计规律来生成回答，能根据聊天的上下文进行互动，真正像人类一样来交流，甚至能完成撰写邮件、视频脚本、文案、代码、论文等任务。这类技术突破的背后离不开人工智能相关算法和算力的支撑，也离不开高质量的大规模数据素材对人工智能模型的反复训练，而这些数据素材的获取则需要数据采集、预处理和存储技术的支撑。

第一节　数据科学概述

一、 什么是数据科学

美国《哈佛商业评论》杂志称数据科学是“21 世纪最性感的工作”。数据科学家要比任何软件工程师更擅长统计，又比任何统计学家更擅长软件工程。学术研究领域（如管理学、社会学、经济学、金融学等）及产业界（如互联网公司、金融业等）大量缺乏数据分析师。

数据科学是一个跨学科的领域，研究从各种形式的数据中提取知识或见解的过程和系统。[①] 数据科学将从收集真实世界的数据，到处理和分析数据，再到影响真实世界的循环闭合起来，对应的数据分析过程为：从现实世界或应用系统中进行数据抽取，然后进行数据预处理、数据探索与可视化、机器学习与统计建模、模型校验及应用部署和生成报告。具体过程如图 1－1 所示。

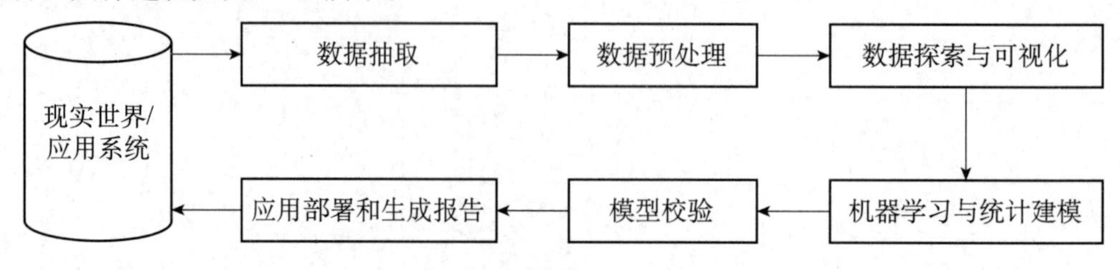

图 1－1　数据分析的一般过程

俗话说“巧妇难为无米之炊”，数据是数据科学和数据分析的基础和前提，如何获取和存储数据则是数据科学与大数据的基本功。

当然，数据科学家的收入也很可观。根据 Glassdoor 网站统计的美国 2022 年平均薪资数据，数据科学家的年薪中位数达到 12.2 万美元左右。此外，根据 KDnuggets 网站 2022 年数据科学职业的调研，美国劳工统计局 2020 年预测未来十年数据分析相关工作需求将有 31%左右的增长，而 2022 年与数据分析相关的开放工作岗位在 Indeed 网站就有 7 万个，LinkedIn 网站则有 39 万个左右。国内职友集网站 2022 年的数据统计显示，有 3～5 年工作经验的北京数据科学家月薪平均达到 3 万～5 万元，如图 1－2 所示。

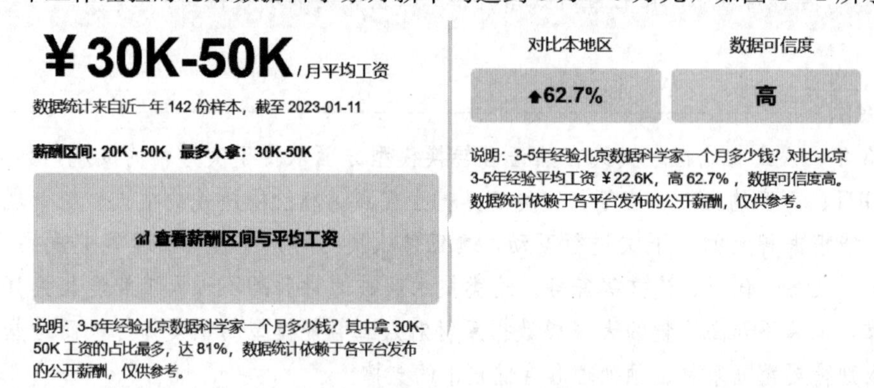

图 1－2　职友集网站 2022 年统计的北京数据科学家的薪酬

二、数据度量与利用

（一）数据度量

国际数据公司（IDC）发布的《数据时代 2025》报告显示，全球每年产生的数据将

① 维基百科。

从2018年的33ZB（Zettabyte）增长到2025年的175ZB，相当于每天产生491EB（Exabyte）的数据。互联网及物联网时代，每天都有巨量的数据产生，那么如何度量这些数据呢？下面是部分数据度量单位：

- Kilobyte（KB）=1 024 bytes
- Megabyte（MB）=1 024 Kilobytes
- Gigabyte（GB）=1 024 Megabytes
- Terabyte（TB）=1 024 Gigabytes
- Petabyte（PB）=1 024 Terabytes
- Exabyte（EB）=1 024 Petabytes
- Zettabyte（ZB）=1 024 Exabytes
- Yottabyte（YB）=1 024 Zettabytes

（二）数据利用

在大数据时代，数据也是有待挖掘的资产和金矿，各行各业都已经或正在利用大数据服务于自身的业务，例如：

- 通过有针对性的训练来提高身体素质。
- 改进产品。
- 改善决策。
- 提供判断以选择正确的药品、更好的餐馆或更佳的路线等。
- 预测：选举，流行疾病，群体行为，经济活动等。
- 精准营销：消费者画像，行为分析，个性化推荐等。
- 生物识别：指纹识别，人脸识别，虹膜识别，声音识别等。

（三）数据资源

在互联网时代，各行各业都在产生大量的数据，因此数据来源丰富多样，如政府、互联网企业、第三方机构、商业企业等。下面是部分公开数据来源的网址。

- Index. baidu. com
- DataHub（http://datahub. io/dataset）
- World Health Organization（http://www. who. int/research/en/）
- Data. gov（http://data. gov）
- European Union Open Data Portal（http://open-data. europa. eu/en/data/）
- Amazon Web Service public datasets（http://aws. amazon. com/datasets）
- Facebook Graph（http://developers. facebook. com/docs/graph-api）
- Healthdata. gov（http://www. healthdata. gov）
- Google Trends（http://www. google. com/trends/explore）
- Google Finance（http://www. google. com/finance）
- Google Books Ngrams（http://storage. googleapis. com/books/ngrams/books/datasetsv2. html）

- Machine Learning Repository（http://archive.ics.uci.edu/ml/）
- OPENICPSR（http://www.openicpsr.org/openicpsr/repository/）

第二节　数据采集概述

一、什么是数据采集

（一）数据采集定义

数据采集又称为数据获取，是指利用一种装置，将来自各种数据源的数据自动收集到该装置中。被采集数据是已被转换为电讯号的各种物理量（如温度、水位、风速、压力等），可以是模拟量，也可以是数字量。数据采集一般是采样方式，即间隔一定时间（称为采样周期）对同一点数据重复采集。采集的数据大多是瞬时值，也可以是某段时间内的一个特征值。准确的数据测量是数据采集的基础。数据测量方法有接触式和非接触式，检测元件多种多样。不论哪种方法和元件，均以不影响被测对象状态和测量环境为前提，以保证数据的正确性。

数据采集是从真实世界对象中获得原始数据的过程。不准确的数据采集将影响后续的数据处理并且最终得到无效的结果。数据采集方法的选择不但依赖于数据源的物理性质，而且要考虑数据分析的目标。

（二）数据采集步骤

在大数据价值链中，数据采集阶段的任务是以数字形式将信息聚合，以待存储和分析处理。数据采集过程可分为三个步骤，如图 1-3 所示。首先是数据收集（data collection），数据来源包括日志文件、传感器、Web 爬虫等；其次是数据传输（data transmission），经过物理层和网络层；最后是数据预处理（data preprocessing），包括数据整合、清洗和冗余消除等。数据传输和数据预处理没有严格的次序，数据预处理可以在数据传输之前或之后。

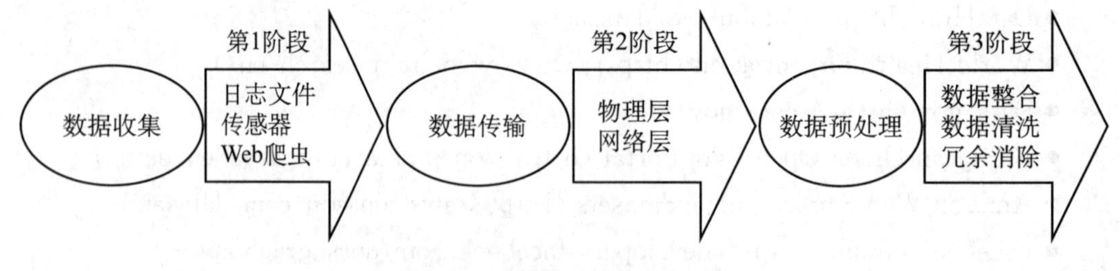

图 1-3　数据采集的一般步骤

（三）数据分类

按照数据的形态，可以把数据分为结构化数据和非结构化数据两种。

- 结构化数据（如传统关系型数据库数据）的字段有固定的长度和语义，计算机程序可以直接处理。

● 非结构化数据有文本数据、图像数据、自然语言数据等，计算机程序无法直接处理，需要进行格式转换或信息提取。

按照数据连接的方式，数据又可分为本地数据和网络数据等。

（四） 数据类型

描述不同的实体，其数据类型可能不同，可分为：

1. 类别（categorical）数据

● 名义（nominal）数据：类别没有大小顺序的数据，如民族、性别、种族、颜色、院系、专业等。

● 序数（ordinal）数据：类别有大小顺序的数据，如成绩等级、行业排名等。

2. 数值（numerical）数据

● 离散（discrete）数据：是指其数值只能用自然数或整数单位计算的数据，如企业个数、职工人数、设备台数等。

● 连续（continuous）数据：是指一定区间内可以任意取值的数据，其数值是连续不断的，相邻两个数值之间可做无限分割，即可取无限个数值，如身高、体重、里程等。

二、 数据采集方式和方法

（一） 数据采集方式

按照不同的视角，数据采集有不同的方式。

1. 主动/被动视角

按照数据采集的主动还是被动视角，数据采集可分为推（push）方式和拉（pull）方式。

推方式的主动权在数据源系统方，数据源系统方根据自己数据产生的方式、频率以及数据量，采用一种适合数据源系统的方式将数据推送到数据处理系统，其特点是数据量、数据格式以及数据提供频率与数据生成方式相关。

拉方式的主动权则掌握在数据处理端，数据获取的频率、数据量和获取方式完全由数据处理端决定。

2. 即时性视角

按照数据采集的即时性视角，数据采集又可分为实时采集与离线采集。

实时采集是指在数据产生时立即对其进行处理和分析，并将结果传递到目标系统中。该方法通常用于需要快速响应和即时分析的场景，如金融交易、在线广告等。实时采集需要具备高速度、高可靠性和高扩展性等特点，以确保数据能够及时传输和处理。

离线采集是指将数据存储在本地或远程存储设备中，并在后续时间段内对其进行处理和分析。该方法通常用于需要大规模数据处理、长时间分析和历史数据回顾的场景，如机器学习、数据挖掘等。离线采集需要具备高容量、高效率和高灵活性等特点，以确保能够完成大规模数据的存储和分析。

（二）数据采集方法

数据采集的对象和来源多种多样，如传感器、系统日志、数据库和 Web 爬虫等，它们对应的数据采集方法也存在差异。下面介绍几种常见的数据来源及相应采集方法。

1. 传感器

传感器常用于测量物理环境变量并将其转化为可读的数字信号以待处理，根据测量类型的不同，分为压力、振动、位移、红外光、紫外光、温度、湿敏、离子、微生物等传感器。信息通过有线或无线网络传送到数据采集点。

有线传感器网络通过网线收集传感器的信息，这种方式适用于传感器易于部署和管理的场景。

无线传感器网络（wireless sensor network，WSN）利用无线网络作为信息传输的载体，适用于没有能量或通信的基础设施的场合。无线传感器网络通常由大量微小传感器节点构成，微小传感器由电池供电，被部署在应用指定的地点收集感知数据。当节点部署完成后，基站将发布网络配置/管理或收集命令，来自不同节点的感知数据将被汇集并转发到基站以待处理。基于传感器的数据采集系统被认为是一个信息物理系统。

2. 系统日志

日志由数据源系统产生，以特殊的文件格式记录系统的活动。几乎所有在数字设备上运行的应用的日志文件都非常有用，例如，Web 服务器通常要在日志文件中记录网站用户的点击、键盘输入、访问行为以及其他属性。

用于捕获用户在网站上的活动的 Web 服务器日志文件格式有三种类型：NCSA 通用日志文件格式、W3C 扩展日志文件格式和 Microsoft IIS 日志文件格式。数据库也可以用来替代文本文件存储日志信息，以提高海量日志的查询效率。在大数据领域，还可基于分布式的海量日志采集、聚合和传输系统 Flume 及支持高吞吐量的分布式发布订阅消息系统进行日志采集。

3. 数据库

传统企业会使用传统的关系型数据库（如 MySQL 和 Oracle 等）来存储数据。随着大数据时代的到来，Redis、MongoDB 和 HBase 等 NoSQL 数据库（泛指非关系型数据库）逐渐在互联网企业中得到广泛使用。

数据库一般可通过应用程序编程接口（application programming interface，API）以主动或被动方式采集数据，采集策略可基于定时或者数据库触发机制增量获取或完整刷新等。独立的 ETL（extract-transform-load）技术可完整处理常见数据来源的采集、转换和处理，通过对数据进行提取、转换、加载，最终挖掘数据的潜在价值。

4. Web 爬虫

Web 爬虫（也称网络爬虫）是指从搜索引擎下载并存储网页的程序。Web 爬虫按顺序访问初始队列中的一组统一资源定位符（uniform resource locator，URL），并为所有 URL 分配一个优先级，然后从队列中获得具有一定优先级的 URL，下载该网页，随后解析网页中包含的所有 URL 并添加这些新的 URL 到队列中。这个过程一直重复，直到爬虫程序停止为止。Web 爬虫是网站应用（如搜索引擎）的主要数据采集方式。

Web爬虫数据采集过程由选择策略、重访策略、礼貌策略以及并行策略决定。选择策略决定哪个网页将被访问；重访策略决定何时检查网页是否更新；礼貌策略防止过度访问网站；并行策略则用于协调分布的爬虫程序。

三、数据传输

原始数据采集后必须将其传送到数据存储基础设施（如数据中心）等待进一步处理。数据传输过程可以分为两个阶段：IP骨干网传输和数据中心传输，如图1-4所示。

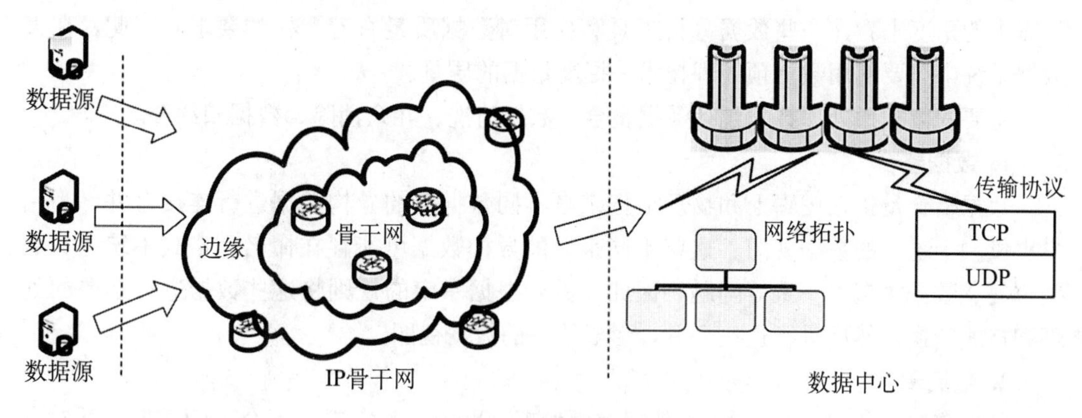

图1-4 数据传输的一般过程和阶段

1. IP骨干网传输

IP骨干网提供高容量主干线路将大数据从数据源传递到数据中心。传输速率和容量取决于物理媒体和链路管理方法。

(1) 物理媒体：通常由许多光缆合并在一起增加容量，并需要拥有多条路径以确保路径失效时能进行重路由。

(2) 链路管理：决定信号如何在物理媒体上传输。过去20年间，IP over WDM技术得到了深入研究。波分复用技术（wavelength division multiplexing，WDM）是在单根光纤上复用多个不同波长的光载波信号。为了解决电信号带宽的瓶颈问题，正交频分复用（orthogonal frequency division multiplexing，OFDM）被认为是未来的高速光传输技术的候选者。OFDM允许单个子载波的频谱重叠，构建数据流更灵活、资源有效使用的光网络。

2. 数据中心传输

数据传递到数据中心后，将在数据中心内部进行存储位置的调整和其他处理，这个过程称为数据中心传输，涉及数据中心体系架构和传输协议。

(1) 数据中心体系架构。数据中心由多个装备了若干服务器的机架构成，服务器通过数据中心内部网络连接。许多数据中心基于权威的2层或3层fat-tree结构的商用交换机构建。一些其他的拓扑结构也用于构建更为高效的数据中心网络。由于电子交换机的固有缺陷，在增加通信带宽的同时减少能量消耗非常困难。数据中心网络中的光互连技术能够提高吞吐量、降低延迟和减少能量消耗，被认为是有前途的解决方案。

(2) 传输协议。TCP和UDP是数据传输最重要的两种协议，但是它们的性能在传输大量的数据时并不令人满意。一些增强 TCP 功能的方法的目标是提高链路吞吐率，并对长短不一的混合 TCP 流提供可预测的小延迟。例如，DCTCP 利用显示拥塞通知对端主机提供多比特反馈。UDP 协议适用于传输大量数据，但是缺乏拥塞控制。因此高带宽的 UDP 应用必须自己实现拥塞控制机制，这是一项困难的任务并且会导致风险。

四、数据预处理

数据源具有多样性，数据集因干扰、冗余和一致性因素的影响而具有不同的质量。从需求的角度来看，一些数据分析工具和应用对数据质量有着严格的要求。因此，在大数据系统中需要使用数据预处理技术来提高数据的质量。

主要的数据预处理技术包括数据整合、数据清洗、冗余消除、数据归约等。

1. 数据整合

数据整合是指在逻辑上和物理上把来自不同数据源的异构数据进行连接合并，为用户提供一个统一的数据视图。这些不同来源的异构数据可能存在命名和格式不统一、数据重复、数据类型不一致等问题，因此，需要根据一定的规则将这些数据进行必要的处理和格式转换，然后进行连接合并，形成统一的数据视图。

2. 数据清洗

数据清洗（cleaning）是指在数据集中发现不准确、不完整或不合理的数据，并对这些数据进行修补或删除以提高数据质量。一个通用的数据清洗过程由 5 个步骤构成：定义错误类型，搜索并标识错误实例，改正错误，文档记录错误实例和错误类型，修改数据录入程序以减少未来的错误。

此外，格式检查、完整性检查、合理性检查和极限检查也在数据清洗过程中完成。数据清洗对保持数据的一致和更新起着重要作用，因此被用于银行、保险、零售、电信和交通等多个领域。在电子商务领域，尽管大多数数据通过电子方式收集，但仍存在数据质量问题。影响数据质量的因素包括技术、业务和管理三个方面，技术因素涉及数据来源、数据采集、数据传输和数据装载等方面，业务因素涉及业务不清晰、输入不规范、数据造假等方面，管理因素涉及人员素质、管理机制、数据规范、流程制度等方面。

数据清洗对随后的数据分析非常重要，因为它能提高数据分析的准确性。但是数据清洗依赖复杂的关系模型，这会带来额外的计算和延迟开销，因此，必须在数据清洗模型的复杂性和分析结果的准确性之间进行平衡。

3. 冗余消除

数据冗余是指数据的重复或过剩，这是许多数据集的常见问题。数据冗余无疑会增加传输开销，浪费存储空间，导致数据不一致，降低可靠性。因此许多研究提出了数据冗余减少机制，例如冗余检测和数据压缩。

由广泛部署的摄像头收集的图像和视频数据存在大量的数据冗余。在视频监控数据中，大量的图像和视频数据存在着时间、空间和统计上的冗余。视频压缩技术被用于减少视频数据的冗余，许多重要的标准（如 MPEG-2，MPEG-4，H. 263，H. 264/AVC）已被应用以减少存储和传输的负担。

对于普遍的数据传输和存储，数据去重技术是专用的数据压缩技术，用于消除重复数据的副本。数据去重技术能够显著地减少存储空间的占用，对大数据存储系统具有非常重要的作用。

4. 数据归约

数据整合与清洗无法改变数据集的规模，依然需要通过技术手段降低数据规模，这就是数据归约。数据归约采用编码方案，通过小波变换或主成分分析来有效地压缩原始数据，或者通过特征提取技术进行属性子集的选择或重造。

除了前面提到的数据预处理方法，还有一些对特定数据对象（这些数据对象通常具有高维特征矢量）进行预处理的技术，如特征提取技术，在多媒体搜索和域名系统（DNS）分析中起着重要作用。数据变形技术则通常用于处理分布式数据源产生的异构数据，对商业数据的处理非常有用。然而，没有一个统一的数据预处理过程和单一的技术能够用于多样化的数据集，必须考虑数据集的特性、需要解决的问题、性能需求和其他因素来选择合适的数据预处理方案。

第三节 数据存储概述

一、 什么是数据存储

数据存储是指数据以某种格式记录在计算机内部或外部存储介质上。因此，它包括两部分，即存储格式与存储介质。

1. 存储格式

- 文件：文字文件，压缩文件，图形图像，动画，音频、视频文件等。
- 数据库：关系型数据库，非关系型数据库。

2. 存储介质

磁盘和磁带都是常用的存储介质。数据存储组织方式因存储介质而异。在磁带上数据仅采用顺序存取方式；在磁盘上则可按使用要求采用顺序存取或直接存取方式。数据存储方式与数据文件组织密切相关，其关键在于建立记录的逻辑与物理顺序间的对应关系，确定存储地址，以提高数据存取速度。

二、 存储格式

（一）文件形式

1. 本地文件

文件存储在本地节点，可不通过网络直接访问。

- 文字文件类型：如 txt，csv，xml，html，doc 等。
- 压缩文件类型：如 zip，rar 等。
- 图形图像类型：如 jpg，gif，bmp 等。

- 动画类型：如 gif，swf 等。
- 音频、视频类型：如 wav，mp3，mp4，avi 等。

2. 分布式文件系统

分布式文件系统（distributed file system）是指文件系统管理的物理存储资源不一定直接连接在本地节点上，而是通过计算机网络与节点相连。分布式文件系统的设计基于客户端/服务器模式。一个典型的网络可能包括多个供多用户访问的服务器。另外，对等特性允许一些系统扮演客户端和服务器的双重角色。分布式文件系统可以有效解决数据的存储和管理难题：将固定于某个地点的某个文件系统扩展到任意多个地点/多个文件系统，众多节点组成一个文件系统网络。每个节点可以分布在不同的地点，通过网络进行节点间的通信和数据传输。

（二）数据库形式

数据库在结构化数据的存储和管理方面应用非常广泛，它大致可分为两类，即关系型数据库和非关系型数据库。常见的关系型数据库有 Oracle、DB2、MySQL 等，常见的非关系型数据库有 MongoDB、HBase 等。图 1－5 以思维导图形式展示了数据库的大致分类。

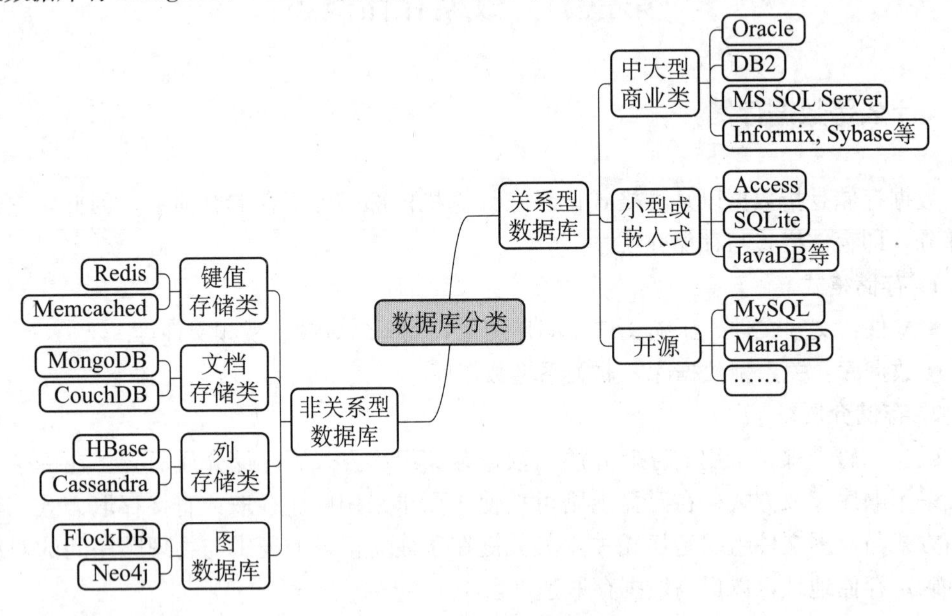

图 1－5　数据库分类思维导图

（三）大数据形式

1. 分布式系统

分布式系统包含多个自主的处理单元，通过计算机网络互连来协作完成分配的任务，其分而治之的策略能够更好地处理大规模的数据分析问题。

分布式系统主要包含以下两类：

（1）分布式文件系统：存储管理需要多种技术的协同工作，文件系统为其提供最底层存储能力的支持。其中 Hadoop 分布式文件系统（Hadoop distributed file system，

HDFS）是一个高度容错性系统，适用于批量处理，能够提供高吞吐量的数据访问。

（2）分布式键值系统：分布式键值系统用于存储关系简单的半结构化数据。典型的分布式键值系统有 Amazon Dynamo，获得广泛应用和关注的对象存储（object storage）技术也可以视为分布式键值系统，其存储和管理的是对象而不是数据块。

2. NoSQL 数据库

关系型数据库已经无法满足 Web 2.0 的需求。主要表现为：无法满足海量数据的管理需求和数据高并发的需求，不太具备高可扩展性和高可用性。相比之下，NoSQL 数据库的优势为：可以支持超大规模的数据存储，灵活的数据模型可以很好地支持 Web 2.0 的应用，具有强大的横向扩展能力等。典型的 NoSQL 数据库包含以下几种：键值数据库、列数据库、文档数据库和图数据库。

3. 云数据库

云数据库是一种基于云计算技术发展的共享基础架构的方法，是部署和虚拟化在云计算环境中的数据库。云数据库并非一种全新的数据库技术，而只是以服务的方式提供数据库功能。云数据库所采用的数据模型可以是关系型数据库所使用的关系模型（如华为、阿里巴巴和微软的云数据库都采用了关系模型）。

三、 存储方式

数据存储方式主要有三类，即直接附加存储、网络附加存储及存储区域网络。

1. 直接附加存储

直接附加存储（direct attached storage，DAS）方式与普通的计算机存储架构一样，外部存储设备都是直接挂接在服务器内部总线上，数据存储设备是整个服务器结构的一部分。

DAS 方式的主要适用环境有小型网络（数据存储量小，简单经济）、地理位置分散的网络、特殊应用服务器（如微软的集群服务器或某些数据库使用的原始分区，均要求存储设备直接连接到应用服务器）。

DAS 的优点在于简单经济，它的缺点包括效率低，不方便进行数据保护，无法共享。

2. 网络附加存储

网络附加存储（network attached storage，NAS）方式全面改进了以前低效的 DAS 方式。它采用一种单独为网络数据存储开发的独立于服务器的文件服务器来连接所存储的设备，自形成一个网络，数据存储不再是服务器的附属，而是作为独立网络节点存在于网络之中，可被所有网络用户共享。

NAS 的优点包括：

- 真正的即插即用；
- 存储部署简单；
- 存储设备位置非常灵活；
- 管理容易且成本低。

NAS 的缺点包括存储性能较低，可靠度不高。

3. 存储区域网络

存储区域网络（storage area network，SAN）方式创造了存储的网络化。存储网络化顺应了计算机服务器体系结构网络化的趋势。SAN 的支撑技术是光纤通道（fiber channel，FC）技术，它是美国国家标准协会（American National Standards Institute，ANSI）为网络和通道 I/O 接口建立的一个标准集成。FC 技术支持 HIPPI、IPI、SCSI、IP、ATM 等多种高级协议，其最大特性是将网络和设备的通信协议与传输物理介质隔离开，这样多种协议可在同一个物理连接上同时传送。

SAN 的硬件基础设施是光纤通道，用光纤通道构建的 SAN 由以下三个部分组成：

- 存储和备份设备：包括磁带、磁盘和光盘库等；
- 光纤通道网络连接部件：包括主机总线适配卡、驱动程序、光缆、集线器、交换机、光纤通道和 SCSI 间的桥接器；
- 应用和管理软件：包括备份软件、存储资源管理软件和存储设备管理软件。

SAN 的优点包括网络部署容易，具有高速的存储性能和良好的扩展能力等。

4. 三类存储方式比较

从连接方式上对比，DAS 采用了存储设备直接连接应用服务器的方式，具有一定的灵活性和限制性；NAS 通过网络技术连接存储设备和应用服务器，存储设备位置灵活，随着万兆网的出现，传输速率有了很大的提高；SAN 则是通过光纤通道技术连接存储设备和应用服务器，具有很高的传输速率和很好的扩展性能。三种存储方式各有优势，相互共存，占据了磁盘存储市场的 70%以上。SAN 和 NAS 产品的价格仍然远远高于 DAS，许多用户出于价格考虑选择低效率的直连存储而不是高效率的共享存储。

第四节　Python 相关数据科学工具

根据 KDnuggets（www. kdnuggets. com）2017—2019 年的调研结果（见图 1－6），Python 已然是数据科学、机器学习领域使用排名第一的软件工具。因此，我们有必要了解一下 Python 相关数据科学工具。

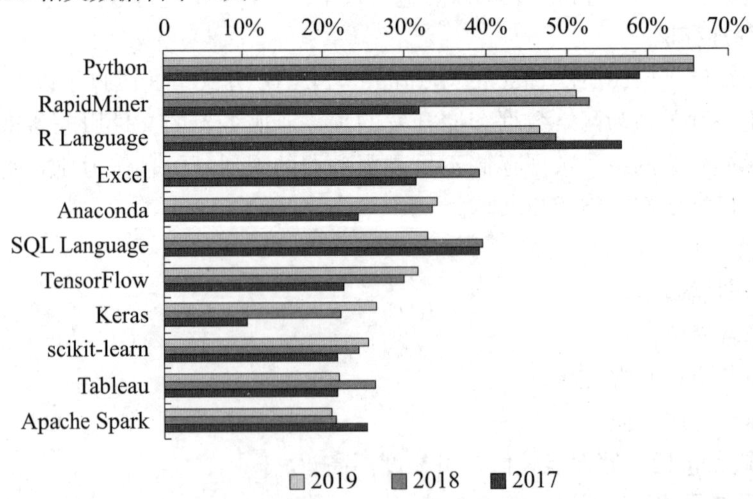

图 1－6　2017—2019 年 KDnuggets 有关数据科学和机器学习的调研结果

一、 Python 相关开发环境与工具

可用于 Python 的代码编辑器有 Vim、ATOM、Visual Studio Code 等，集成开发环境（integrated development environment，IDE）有 PyCharm、LiClipse、Spyder、基于交互式 IPython 的 Jupyter Notebook 等。

1. Anaconda——一站式数据科学工具

Anaconda 内置集成了丰富的数据分析和机器学习模块，如 NumPy、pandas、matplotlib、SciPy、Jupyter Notebook、spyder 等，如图 1－7 所示。如何安装 Anaconda，请参考：http://docs.anaconda.com/anaconda/install/windows/。

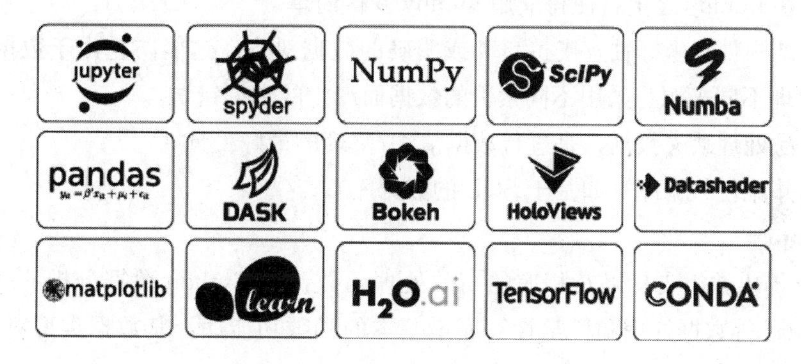

图 1－7 Anaconda 集成模块示例

2. Jupyter Notebook

本书使用 Anaconda 3 中基于 Python 3 的 Jupyter Notebook 作为开发环境，如图 1－8 所示。当在浏览器中编辑 Jupyter Notebook 时，Jupyter Notebook 的内容被写入文件后缀名为“. ipynb”的文件。

```
In [4]:  print (name, ", age: ", str(age), ", ", gender, ", is smart: " + str(smart), sep="")
         Datascience Cat, age: 2, female, is smart: True
```

Modes

Notebooks have two modes, a **command mode** and **edit mode**. You can see which mode you're in by the color of the cell: green means edit mode, blue means command mode. Many operations depend on your mode. You can switch into edit mode with "Enter", and get out of it with "Escape".

Shortcuts

While you can always use the tool-bar above, you'll be much more efficient if you use a couple of shortcuts. The most important ones are:

`Ctrl+Enter` runs the current cell.
`Shift+Enter` runs the current cell and jumps to the next cell.
`Alt+Enter` runs the cell and adds a new one below it.

In command mode: `h` shows a help menu with all these commands.
`a` adds a cell before the current cell.
`b` adds a cell after the current cell.
`dd` deletes a cell.
`m` as in m*markdown, switches a cell to markdown mode.*
* `y` as in python switches a cell to code.

图 1－8 Jupyter Notebook 开发环境示例

二、 Python 数据科学相关模块

1. pandas

pandas 是 Python 强大、灵活的数据分析和探索工具，包含 Series、DataFrame 等高级数据结构和工具，安装 pandas 可使 Python 处理数据变得非常快速和简单。

pandas 是为了解决数据分析任务而创建的，它纳入了大量的库和一些标准的数据模型，提供了高效的操作大型数据集所需要的工具。pandas 还包含了高级数据结构以及让数据分析变得快速、简单的工具。pandas 的主要优点如下：

- 建立在 numpy 之上，使得应用 numpy 变得简单。
- 数据结构带有坐标轴，支持自动或明确的数据对齐。这能防止由于数据结构没有对齐以及处理不同来源、采用不同索引的数据而产生的常见错误。
- 更容易处理缺失数据，是进行数据清洗/整理的最好工具。
- 可合并流行数据库（如基于 SQL 的数据库）。

2. numpy

numpy 提供数组支持以及相应的高效处理函数，是 Python 数据分析的基础，也是 scipy、pandas 等数据处理和科学计算库最基本的函数功能库，其数据类型对 Python 数据分析十分有用。

numpy 提供了两种基本对象：ndarray 和 ufunc。ndarray 是存储单一数据类型的多维数组，而 ufunc 是能够对数组进行处理的函数。

numpy 的功能如下：

- 可对 n 维数组（一种快速、高效使用内存的多维数组）提供矢量化数学运算。
- 可以不使用循环就对整个数组内的数据进行标准数学运算。
- 便于将数据传送到用低级语言（C/C++）编写的外部库，也便于外部库以 numpy 数组形式返回数据。
- 不提供高级数据分析功能，但可以更加深刻地理解 numpy 数组和面向数组的计算。

3. Web 爬虫

（1）Scrapy。Scrapy 是专为爬虫而生的工具，具有 URL 读取、HTML 解析、数据存储等功能，可以使用 Twisted 异步网络库来处理网络通信，架构清晰且包含各种中间件接口，可以灵活地满足各种需求。

（2）Selenium。基于不同类型浏览器的驱动，模拟浏览器的操作，以此获取动态网页内容。

（3）其他基础网页获取模块。如 BeautifulSoup，PyQuery，urlib，requests 等。

4. matplotlib

matplotlib 是强大的数据可视化工具和绘图库，主要用于绘制数据图表，它提供了绘

制各类可视化图形的命令字库和简单接口，可以使用户轻松掌握图形的格式，绘制各类可视化图形。

使用 matplotlib 可以定制所做图表的任一方面。它支持所有操作系统下不同的图形用户界面（graphical user interface，GUI）后端，并且可以将图形输出为常见的矢量图和图形测试，如 PDF、SVG、JPG、PNG、BMP、GIF 等。通过 matplotlib 数据绘图，可以将枯燥的数字转化成人们容易接受的图表。

matplotlib 是一套基于 numpy 的 Python 包，有一套允许定制各种属性的默认设置，可以控制 matplotlib 中的每一个默认属性：图像大小、每英寸点数、线宽、色彩和样式、子图、坐标轴、网格属性、文字和文字属性。

5. scipy

scipy 是一组专门解决科学计算中各种标准问题域的包的集合，建立在 numpy 的基础上，提供了更多方便易用的高级科学计算功能，包括优化、信号处理、统计分析、插值、线性代数等各种功能和用法，如约束优化、统计描述、统计分布、假设检验、滤波、快速傅里叶变换、线性插值、积分、常微分方程求解等。

6. 机器学习与深度学习

sklearn 是 Python 常用的机器学习工具包，它提供了完善的机器学习工具箱，是支持数据预处理、分类、回归、聚类、预测和模型分析等功能的强大的机器学习库，依赖于 numpy、scipy 和 matplotlib 等。sklearn 有六种主要功能：分类、回归、聚类、数据降维、模型选择、数据预处理。另外，sklearn 还自带一些经典的数据集，比如用于分类的 iris 和 digits 数据集，用于回归分析的 boston house prices 数据集。

深度学习的工具库较多，如 TensorFlow、PyTorch、Keras、百度飞桨等。其中 Keras 基于 Theano，依赖于 numpy 和 scipy，利用它可以构建普通的神经网络和各种深度学习模型，如自然语言处理、图像识别、自编码器、循环神经网络、递归神经网络、卷积神经网络等。

7. Gensim

自然语言处理工具库也比较丰富，如 SnowNLP、Jieba、Gensim 等。其中 Gensim 是用来做文本主题模型的库，常用于处理语言方面的问题，支持 TF-IDF、LSA、LDA 和 Word2Vec 等多种主题模型算法，支持流式训练，并提供了诸如相似度计算、信息检索等一些常用任务的应用程序编程接口。

《 思考与练习 》

1. 简要描述数据分析的总体过程。
2. 大数据的特征有哪些？
3. 作为一个数据分析师，需要掌握哪些技能？
4. 试列出一些数据度量的单位。这些单位之间的数量关系是什么？

5. 数据的类型有哪些？

6. 数据预处理过程一般包括哪些技术？

延伸阅读材料

1. 张雪萍. 大数据采集与处理. 北京：电子工业出版社，2021.

2. 王道平，沐嘉慧. 数据科学与大数据技术导论. 北京：机械工业出版社，2021.

第二章

Python 基础

教学目标

1. 了解 Python 的特点和相关开发环境；
2. 掌握 Python 的基本语法、控制结构、异常与处理及函数的封装和使用等；
3. 理解 Python 常用数据类型和数据结构（如列表、元组、字典和集合等）的特点，熟练掌握其常用操作方式。

引导案例

1989 年圣诞节，荷兰计算机程序员吉多·范罗苏姆（Guido van Rossum）为了打发圣诞节假期的无聊，便开始了 Python 的编写，并于 1991 年发行了 Python 的第一个版本。由于语法优雅简单、清晰易懂且编程方式灵活，Python 得到了业界的广泛支持并迅速发展，很快成为大数据和人工智能时代最受欢迎的编程语言。由于 Python 对于创建分析工具和定量模型非常有用，因此即使是在非计算机专业的商科领域，它也大受欢迎。高盛集团曾采访自己的暑期实习生，72%的受访实习生将 Python 列为最重要的编程语言。“工欲善其事，必先利其器”，我们首先来学习一下 Python 这件利器吧！

第一节　Python 简介

一、什么是 Python

Python 是一种高层次的结合了解释性、编译性、互动性和面向对象的脚本语言，是一门跨平台、开源、免费的解释型高级动态编程语言。

Python 支持命令式编程、函数式编程，完全支持面向对象程序设计，拥有大量的扩展库。Python 是交互式语言，可以在一个 Python 提示符下直接互动执行程序；Python 也是“胶水语言”，可以把多种不同语言编写的程序融合到一起，实现无缝拼接，更好地发挥不同语言和工具的优势，满足不同应用领域的需求；Python 是初学者的语言，对初级程序员而言，它支持广泛的应用程序开发，包括简单的文字处理、WWW 浏览器、游戏等。

Python 的特点如下：

● 易于学习：Python 的关键字相对较少，结构简单，有明确定义的语法，学习起来更加容易。

● 易于阅读：Python 代码的定义更清晰。

● 易于维护：Python 的成功在于它的源代码相当容易维护。

● 广泛的标准库：Python 的最大优势之一是拥有丰富的库，而且可以跨平台，在 Unix、Windows 和 macOS 上都兼容得很好。

● 互动模式：支持互动模式，可以从终端输入执行代码并获得结果，进行互动测试和调试代码片段。

● 可移植：基于其开放源代码的特性，Python 可被移植到许多平台（即可以在许多平台工作）。

● 可扩展：如果需要一段运行很快的关键代码，或者是编写一些不愿意开放的算法，那么可以使用 C 或 C++完成此部分程序，然后从 Python 程序中调用。

● 数据库：Python 提供了所有主要的商业数据库的接口。

● GUI 编程：Python 支持创建 GUI，它可以移植到许多系统中调用。

● 可嵌入：可以将 Python 嵌入 C/C++程序中，让程序获得“脚本化”的能力。

二、为什么选择 Python

在众多解释型语言中，Python 最大的特点是拥有一个巨大且活跃的科学计算社区。进入 21 世纪以来，在行业应用和学术研究中采用 Python 进行科学计算的势头越来越猛。

近年来，由于 Python 有不断改良的库（主要是 pandas），其已成为数据处理任务的一大代替方案。结合其在通用编程方面的强大实力，完全可以只用 Python 一种语言来构建以数据为中心的应用程序。

作为一个科学计算平台，Python 的成功源于其能够轻松地集成 C、C++以及 Fortran 代码。大部分现代计算机环境都利用了一些 Fortran 和 C 库来实现线性代数、优选、积分、快速傅里叶变换以及其他诸如此类的算法。

选择 Python 进行数据采集、处理与分析的理由如下。

1. 语言排行榜居首位

虽然 Python 是开发较早的编程语言，但近年来反而变得越来越流行，在 KDnuggets 调查的数据科学与机器学习工具排行榜中，Python 自 2017 年一直居于首位。

2. 语言简洁、优美，功能强大

Python 的语法非常接近英语，它去掉了传统的 C++/Java 使用大括号来区分一个方法体或者类的形式，采用强制缩进来表示一个方法体或者类，语言风格统一且优美。Python内置了很多高效的库，比如，同样一项工作，C 语言可能需要 1 000 行代码，Java 需要 100 行代码，Python 可能只需要 10 行代码，而且桌面应用、Web 开发、自动化测试运维、爬虫、人工智能及大数据处理都能使用 Python 来完成。

3. 跨平台

很多流行编程语言（如 Java、C++、C）都能跨平台而且开源，Python 也是如此。由于它是开源的，所以也具有可移植性。你可以随处运行 Python，换句话说，在 Windows 上写的代码，也可以很方便地在 Linux、macOS 上运行。

4. 社区人气火爆

Python 有非常知名的社区，而且人气很火爆，除了 Python 官网，在 GitHub、OpenStack 等网站上也有很多 Python 开源库和讨论社区。

5. 被众多知名大公司使用

国外非常有名的谷歌、脸书、雅虎、YouTube，还有美国宇航局（NASA）以及著名的开源云计算平台 OpenStack 都使用 Python，国内的豆瓣也不例外。

6. 支持全栈开发

除了主要应用于数据分析与数据科学领域，Python 还支持 Web 应用、桌面应用、服务端程序、游戏等各类应用和服务程序的开发。

三、Python 发展历史与版本

Python 是吉多·范罗苏姆于 20 世纪 80 年代末 90 年代初在荷兰国家数学与计算机科学研究中心设计出来的。Python 本身也是由诸多其他语言发展而来的，比如 ABC、Modula-3、C、C++、Algol-68、Smalltalk、Unix shell 等。像 Perl 语言一样，Python 源代码同样遵循 GNU 通用公共许可证（General Public License，GPL）协议。现在，Python 由一个核心开发团队维护，吉多·范罗苏姆仍然发挥着至关重要的作用，指导着 Python 的进展。

Python 目前存在 2. x 和 3. x 两个系列的版本，互相不兼容，Python 2. x 系列已于 2020 年 1 月 1 日正式停止维护和更新，本书所有代码均基于 Python 3. x 版本。在选择 Python 版本时，一定要先考虑清楚自己学习 Python 的目的，打算做哪方面的开发，该领域或方向有哪些扩展库可用，这些扩展库支持 Python 的哪个最高版本。

四、Python 解释器

在编写 Python 代码时，我们得到的是一个包含 Python 代码的以“. py”为扩展名的文本文件。要运行 Python 代码，就需要 Python 解释器去执行“. py”文件。

1. CPython

当从 Python 官方网站下载并安装好 Python 3 后，我们就直接获得了一个官方版本的解释器——CPython。这个解释器是用 C 语言开发的，所以称为 CPython。在命令行中运行 Python 就是启动 CPython 解释器。CPython 是使用最广的 Python 解释器。

2. IPython

IPython 是基于 CPython 的一个交互式解释器，也就是说，IPython 只是在交互方式上有所增强，但是执行 Python 代码的功能和 CPython 是完全一样的。

CPython 使用“>>>”作为提示符，而 IPython 使用“In [序号]:”作为提示符。

3. PyPy

PyPy 是另一个 Python 解释器，它的目标是提高执行速度。PyPy 采用及时编译（just in time，JIT）技术对 Python 代码进行动态编译（注意：不是解释），所以可以显著提高 Python 代码的执行速度。

绝大部分 Python 代码都可以在 PyPy 下运行，但是 PyPy 和 CPython 有一些区别，这就导致相同的 Python 代码在两种解释器下执行可能会得到不同的结果。如果代码要在 PyPy 下执行，就需要了解 PyPy 和 CPython 的不同点。

4. Jython

Jython 是在 Java 平台上运行的 Python 解释器，可以直接把 Python 代码编译成 Java 字节码执行。

五、Python 开发环境

Anaconda 包含了 conda、Python 等 180 多个科学包及其依赖项，基本上可以一站式提供常用的数据采集、处理和分析的模块和开发环境。相比官方的 Python 版本，Anaconda 内容更丰富，编辑器更优美，操作更便利。本书默认使用的开发环境是 Anaconda 3，其中包含 Jupyter Notebook 和 Spyder 两种开发环境，下载地址：https://www.anaconda.com/download。

其他常用的开发环境还有 IDLE、PyCharm、Eclipse+PyDev、Eric、PythonWin 等。

1. Jupyter Notebook

本书的源码示例和运行结果呈现方式包括 Python 和 IPython Shell 及 Jupyter Notebook 形式，其中随书附带的源程序多数是 Jupyter Notebook 格式的文件。

Jupyter Notebook 是一个交互式笔记本，支持运行 40 多种编程语言，其本质是一个 Web 应用程序，便于创建和共享程序文档，支持实时代码、数学方程、可视化和 Markdown（一种轻量级标记语言）语法。其用途包括数据清理和转换、数值模拟、统计建模、机器学习等。启动 Jupyter Notebook 后会打开一个网页，在该网页右上角单击“New”菜单，然后选择“Python 3”打开一个新的窗口，在该窗口即可编写和运行 Python 代码，图 2-1 为 Jupyter Notebook 的开发环境界面示例。其中，代码编辑环境中的每个方框为一个 Cell（即单元，通过“Cell”菜单中的“CellType”选项可以更改单元为可执行的 Code 类型、Markdown 类型等），前面有“In [序号]”形式，单击“运行”按钮即可在当前 Cell 下看到运行结果。另外，“File”菜单中还有“Open”（打开文件）、“Save as...”（另存为）、“Rename...”（重命名）、“Download as”（下载为其他格式文件）等选项。

在 Windows 平台中，Jupyter Notebook 的工作文件目录缺省安装在 C 盘下，改变

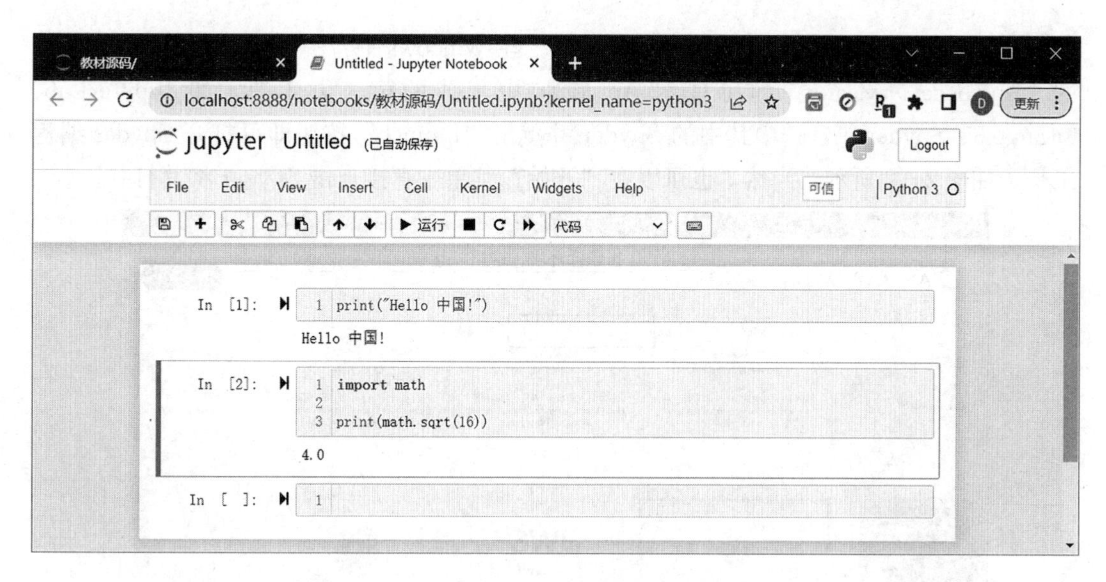

图 2-1 Jupyter Notebook 开发环境与代码示例

Jupyter Notebook 的工作文件目录的正确方法如下：

（1）打开 Anaconda Prompt。

（2）输入命令 jupyter notebook --generate-config。

（3）打开 C:/Users/*你的账户*/.jupyter/jupyter_notebook_config.py，将 c.NotebookApp.notebook_dir =''修改为 c.NotebookApp.notebook_dir='*你想要默认打开的文件夹*'。

（4）在“开始”菜单中找到 Jupyter Notebook 快捷键，点击鼠标右键→更多→打开文件位置，在打开的目录中选中该快捷方式，在鼠标右键菜单中点击“属性”，将“属性”窗口的“快捷方式”选项卡中的“目标”项最后的“%USERPROFILE%”去掉，然后点击“确定”。

（5）现在点击 Jupyter Notebook 快捷方式就可以直接在用户想要默认打开的文件夹中启动它了。

Jupyter Notebook 还可以单独安装和使用。可以在 Jupyter 官网（http://jupyter.org/）中直接使用，也可以在自己电脑上安装 Jupyter，安装命令为“pip install jupyter”，安装完成后使用“jupyter notebook”命令即可启动 Jupyter Notebook。

Jupyter Notebook 中的快捷键包括：

● Ctrl + Enter：执行“运行”。

● Shift + Enter：执行“运行”并换行。

● Alt + Enter：执行“运行”，且不管后面有没有新格，都会插入新格。

● K、J 或上下键可以实现上下移动，选中格子后按两下 D 键可以删除格子，就像 VI 编辑器一样。

2. Spyder

Spyder 是 Anaconda 中的一个 Python 编程小工具，用 Python 编写，免费且开源，特点是将综合开发工具的高级编辑、分析、调试和剖析功能与科学软件包的数据探索、交互式执行、深度检查和可视化功能独特地结合起来。在 Windows 平台中，点击“开始”菜单中的“Anaconda Navigator”即可展示 Anaconda 中集成的第三方工具，如 JupyterLab、Orange 3、Spyder 等，选中其中的 Spyder 并点击“Launch”按钮即可打开 Spyder 编程工具，如图 2 - 2 所示。当然，也可以在“开始”菜单中直接点击 Spyder 将其打开。

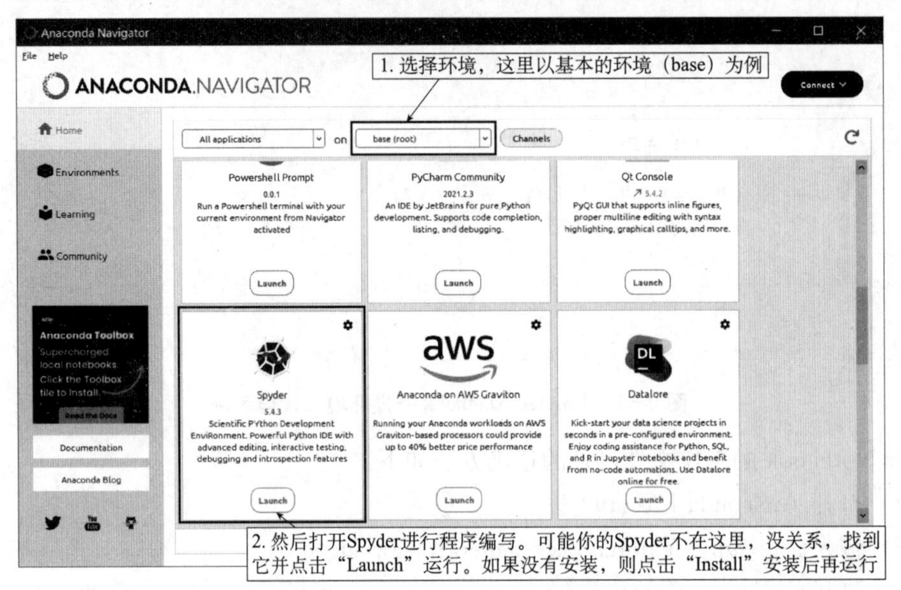

图 2 - 2　Anaconda Navigator 界面示例

打开 Spyder 后，其开发环境界面如图 2 - 3 所示。右下角以交互模式输入命令并显示输出结果，左边是程序编辑窗口。

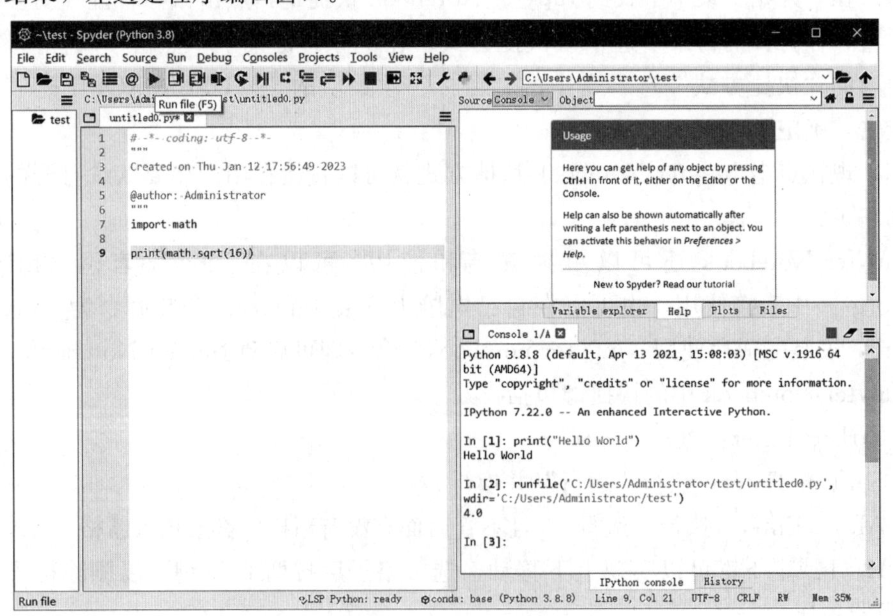

图 2 - 3　Spyder 开发环境与代码示例

3. IDLE

IDLE 是 Python 软件包自带的一个集成开发环境，其开发环境界面如图 2 - 4 所示。

它提供的基本功能包括语法高亮、段落缩进、基本文本编辑、Tab 键控制、程序调试等，初学者利用它可以方便地创建、运行、测试和调试 Python 程序。

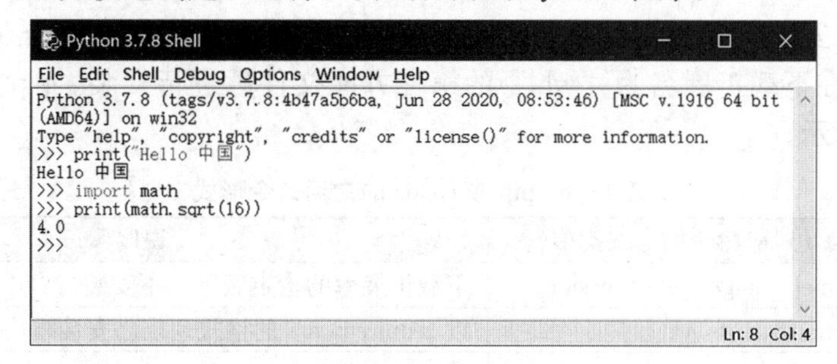

图 2－4　IDLE 开发环境与代码示例

4. PyCharm

PyCharm 是由 JetBrains 打造的一款 Python IDE，支持 macOS、Windows、Linux 系统，功能强大，有社区版、教育版和商业版三种版本。PyCharm 下载地址：https://www.jetbrains.com/pycharm/download/。

PyCharm 的功能包括代码调试、语法高亮、项目管理、代码跳转、智能提示、自动完成、单元测试、版本控制等，其开发环境界面如图 2－5 所示。

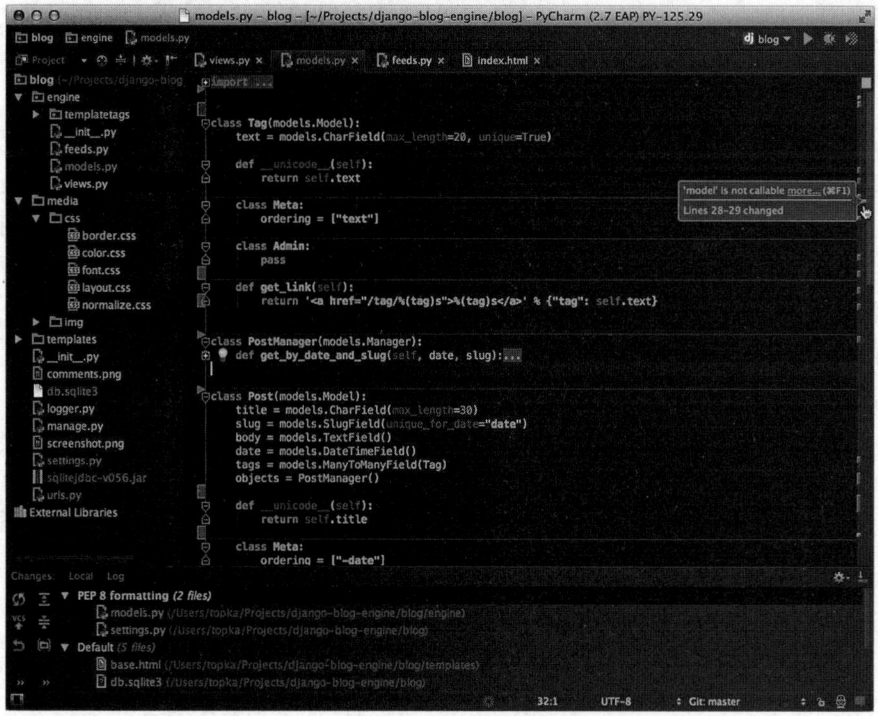

图 2－5　PyCharm 开发环境与代码示例

六、Python 扩展库的安装方法

进行 Python 编程时，经常会用到第三方扩展库，这些扩展库在安装后方可使用。在

Anaconda 环境下，其安装方法有多种，如：

● pip 安装：点击 Windows“开始”菜单中的“Anaconda Prompt”进入命令行终端环境操作。pip 安装分为在线安装和离线安装两种方式，缺省常用的是在线安装方式，离线安装则是在下载扩展名为“whl”的第三方库文件后进行安装。pip 安装的相关命令如表 2-1 所示。

表 2-1　pip 或 conda 的常用命令形式

pip 命令（conda 对应命令的形式类似）	说明
pip download SomePackage [==version]	下载扩展库的指定版本，不安装
pip freeze [> requirements. txt]	以 requirements 的格式列出已安装模块
pip search SomePackage	搜索指定包
pip show SomePackage	显示指定包
pip list	列出当前已安装的所有模块及版本
pip install SomePackage [==version]	在线安装 SomePackage 模块的指定版本
pip install SomePackage. whl	通过 whl 文件离线安装扩展库
pip install package1 package2…	依次（在线）安装 package1、package2 等扩展模块
pip install -r requirements. txt	安装 requirements. txt 文件中指定的扩展库
pip install --upgrade SomePackage	升级 SomePackage 模块
pip uninstall SomePackage [==version]	卸载 SomePackage 模块的指定版本

● exe 安装：部分第三方库提供了安装程序，可直接安装扩展库。

● conda 在线安装：安装命令的形式与 pip 类似，即 conda install…。

如果设备上安装了多个 Python 开发环境，那么在一个环境下安装的扩展库无法在另一个环境下使用，需要分别安装。

注意，在线安装默认使用国外网站，但安装进程会很慢，因此可以考虑使用国内镜像网站，如：

● 清华大学：https://pypi. tuna. tsinghua. edu. cn/simple

● 阿里云：http://mirrors. aliyun. com/pypi/simple

使用镜像源的 Python 安装命令形式如下：

```
pip install 库名 -i 镜像网址
```

另外，也可通过设置镜像源方式避免每次执行安装命令都输入镜像地址。首先需要升级 pip 到最新的版本（10.0.0 版本以上），然后进行配置。以设置清华大学镜像源为例，具体命令如下：

```
python -m pip install --upgrade pip
pip config set global. index-url https://pypi. tnna. tsinghua. edu. cn/simple
```

第二节　Python 基本语法与命令

一、Python 编程规范

良好的编程规范和风格有助于机器和人类阅读，Python 非常重视代码的可读性，对代码布局和排版有严格的要求。下面介绍部分 Python 社区对代码编写的一些约定俗成的要求、规范和常用的代码优化方法，建议遵循并养成良好的编程习惯。

1. 缩　进

与 C/C++和 Java 等语言有代码块开始和结束的标点符号不同，Python 程序依靠代码块的缩进来体现代码之间的逻辑关系，缩进结束就表示一个代码块结束。而类定义、函数定义、选择结构、循环结构、with 块行尾的冒号则表示缩进的开始。

一般情况下以 4 个空格为基本缩进单位，也可以是 2 个或多个空格，但同一个级别的代码块的缩进量必须相同，并且建议同一个程序文件内代码缩进量保持统一，如下所示。

```
with open(fn) as fp:
    for line in csv.reader(fp):
        if line:
            print(*line)
```

2. 模块导入

虽然 import 语法支持一个语句可以导入多个模块，但每个 import 语句最好只导入一个模块，且最好按标准库、扩展库、自定义库的顺序依次导入。

3. 代码间隔

建议在每个类、函数定义和一段完整的功能代码之后增加一个空行，在运算符两侧各增加一个空格，逗号后面增加一个空格。

4. 长语句拆分或换行

如果语句过长，可以考虑拆分成多个短一些的语句，以保证代码具有较好的可读性。如果语句确实太长而超过屏幕宽度，最好使用续行符（line continuation character）“\”，或者使用圆括号将多行代码括起来表示是一条语句，如下所示。

```
x = 1 + 2 + 3\
    + 4 + 5\
    + 6

y = (1 + 2 + 3
     + 4 + 5
     + 6)
```

5. 复杂表达式

虽然 Python 运算符有明确的优先级，但对于复杂的表达式，建议在适当的位置使用括号，使得各种运算的隶属关系和顺序更加明确、清晰。

6. 注释

（1）以符号“#”开始，表示本行“#”之后的内容为注释。

（2）包含在一对三引号 '''……''' 或 """……""" 之间且不属于任何语句的内容将被解释器认为是注释。

7. 标识符

标识符是开发人员在程序中自定义的一些符号和名称，如变量名、函数名等。标识符由字母、下划线和数字组成，且不能以数字开头。Python 中的标识符区分大小写，即对大小写敏感。

标识符的一般命名规则如下：

（1）见名知意。选取一个有意义的名字，尽量做到见其名知其意，以提高代码的可读性。比如：名字定义为 name，学生定义为 student。

（2）驼峰命名法。顾名思义，标识符名称像骆驼的驼峰一样有高有低，名称中有大写和小写区隔。小驼峰式命名法（lower camel case）是第一个单词的首字母小写，第二个单词的首字母大写，如 myName、aDog；大驼峰式命名法（upper camel case）是每一个单词的首字母都采用大写形式，如 FirstName、LastName。

除此之外，在程序员中还有一种命名法比较流行，即用下划线“_”来连接所有单词，如 send_buf。

8. 关键字

关键字是 Python 中一些具有特殊功能的标识符，为了避免混淆，不允许开发者定义和 Python 关键字名称相同的标识符。

查看 Python 保留关键字的方法如下：

```
import keyword as kw            #导入关键字模块
kw.kwlist
```

9. __name__属性

通过 Python 程序的__name__属性可以识别程序的使用方式：

- 如果程序作为模块被导入，则其__name__属性值会被自动设置为模块名。
- 如果程序作为程序直接运行，则其__name__属性值会被自动设置为字符串'_main_'。

二、标准库与扩展库对象的导入与使用

Python 的默认安装仅包含基本或核心模块，启动时也仅加载了基本模块，需要时再显式地导入和加载标准库或第三方扩展库，这样可以减小程序运行的压力，并且具有很强的可扩展性。从“木桶原理”的角度来看，这样的设计与安全配置时遵循“最小权限”原则的思想是一致的，有助于提高系统的安全性。

程序库的导入方式有以下几种：

（1）import *模块名*[as *别名*]：导入整个模块，方括号内为可选内容。示例程序如下：

```
In [3]:
1 import math    #导入标准库math
2 math.sin(0.5)  #求0.5（单位是弧度）的正弦

Out[3]: 0.479425538604203

In [4]:
1 import random          #导入标准库random
2 n = random.random()    #获得[0,1)内的随机小数

In [5]:
1 import os.path as path   #导入标准库os.path，并设置别名为path
2 path.isfile(r'C:\windows\notepad.exe')

Out[5]: True

In [7]:
1 import numpy as np              #导入扩展库numpy，并设置别名为np
2 a = np.array((1,2,3,4))         #通过模块的别名来访问其中的对象
3 print(a)

[1 2 3 4]
```

（2）from *模块名* import *对象名*［as *别名*］：导入模块指定对象。示例程序如下：

```
In [8]:  1 from math import sin       #只导入模块中的指定对象，访问速度略快
         2 sin(3)
Out[8]: 0.1411200080598672

In [9]:  1 from math import sin as f     #为导入的对象设置别名
         2 f(3)
Out[9]: 0.1411200080598672
```

（3）from *模块名* import *：导入模块所有对象。示例程序如下：

```
In [10]:  1 from math import *           #导入标准库math中的所有对象
          2 sin(3)                       #求正弦值
Out[10]: 0.1411200080598672

In [11]:  1 gcd(36, 18)                  #最大公约数
Out[11]: 18

In [12]:  1 pi                           #常数π
Out[12]: 3.141592653589793

In [13]:  1 log2(8)                      #计算以2为底的对数值
Out[13]: 3.0
```

三、Python 魔法命令

Python 提供了许多魔法命令，使得在 IPython 环境中的操作更加得心应手。

魔法命令均以“%”或者“%%”开头：

- 以“%”开头的称为行命令：行命令只对命令所在的行有效。
- 以“%%”开头的称为单元命令，单元命令必须出现在单元的第一行，对整个单元的代码都有效。

例如，“%matplotlib inline”命令可以将 matplotlib 的图表直接嵌入 Jupyter Notebook。

执行“%magic”可以查看关于各个魔法命令的说明。常用魔法命令的示例如下：

- %run file [args]：运行脚本。
- %debug 和%pdb：快速 debug。
- %time 和%timeit：运行时间分析。
- %pwd 和%ls：显示当前目录和目录内容。
- %cd 'dirname'：工作目录切换。

四、Python Shell 命令

Python Shell 是最简单的以命令行方式运行和调试 Python 程序的方法。例如：

- 命令行输入“Python”，即进入 Shell 模式。
- 命令行输入“iPython”，即进入交互式 Shell 模式。
- 命令行输入“Python（或 iPython）文件名. py”，即执行对应的 Python 程序。
- 命令行输入“iPython 文件名. ipynb”，即执行 Jupyter Notebook 环境编写格式的 Python 程序。

进入 Python Shell 模式窗口，在命令行提示符后面即可输入 Python 代码。如果要退出当前模式，输入“exit()”后回车即可。在 Python Shell 模式窗口，还可使用“!”符号调用操作系统中的 Shell 命令，如在 Windows 平台中输入“!dir”，即可调用 dir 命令来显示当前目录下的文件和文件夹列表。另外，在 Python Shell 及其他开发环境中，一般可以使用自动补全（auto completion）功能，即在对象后面输入对象访问符“.”后，按 Tab 键自动显示该对象的相关属性和方法，以方便代码的编写；还可使用 dir 函数查看指定对象的属性和函数列表，在具体函数名后添加问号“?”即可查看该函数的详细说明。

五、基本输出和输入

1. 基本输出

Python 内置函数 print 用于输出信息到标准控制台或指定文件，语法格式为：

```
print(value1, value2, …, sep='', end='\n', file=sys.stdout, flush=False)
```

- sep 参数之前为需要输出的内容（可以有多个）；
- sep 参数用于指定数据之间的分隔符，默认为空格；
- end 参数用于指定输出完数据之后再输出什么字符。

例如：

```
print(' hello world \n')     # \n 为换行符，即换行输出
```

2. 基本输入

在 Python 中，获取键盘输入数据的方法是采用 input 函数，它接受表达式输入，并把表达式的结果赋值给等号左边的变量。不论用户输入什么内容，input 一律返回字符串，必要时可以使用内置函数 int、float 或 eval 对用户输入的内容进行类型转换。

示例程序如下：

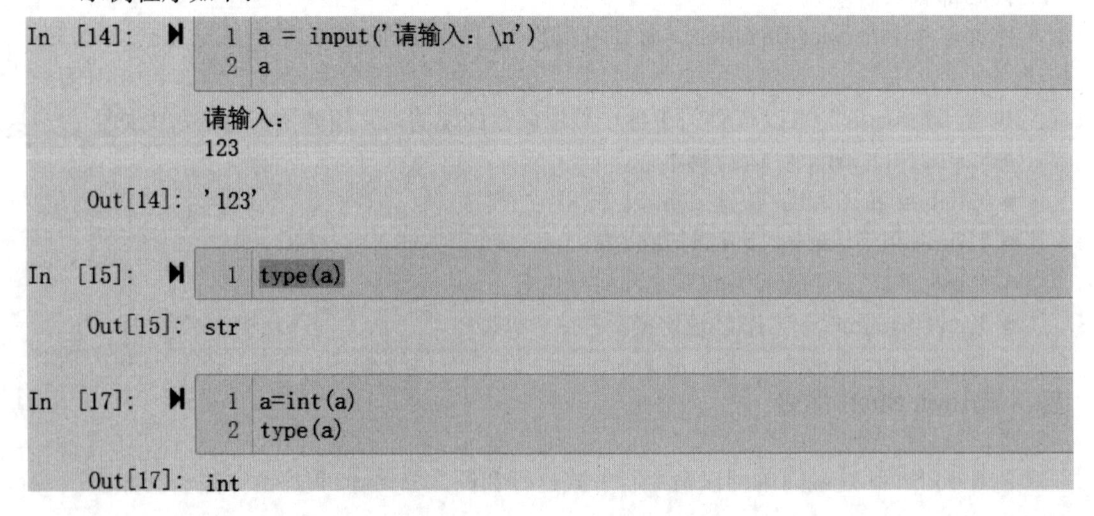
```
In [14]:  1 a = input('请输入：\n')
          2 a
请输入：
123
Out[14]: '123'

In [15]:  1 type(a)
Out[15]: str

In [17]:  1 a=int(a)
          2 type(a)
Out[17]: int
```

六、选择结构与循环结构

（一）条件表达式

绝大部分合法的 Python 表达式都可以作为条件表达式。

在选择结构和循环结构中，条件表达式的值只要不是 False、0（或 0.0、0j 等）、空值 None、空列表、空元组、空集合、空字典、空字符串、空 range 对象或其他空迭代对象，Python 解释器均认为其与 True 等价。

在 Python 语法中，条件表达式中不允许使用赋值运算符“＝”，以避免误将关系运算符“＝＝”写作赋值运算符“＝”带来的麻烦。在条件表达式中使用赋值运算符“＝”将提示语法错误。

部分示例程序如下：

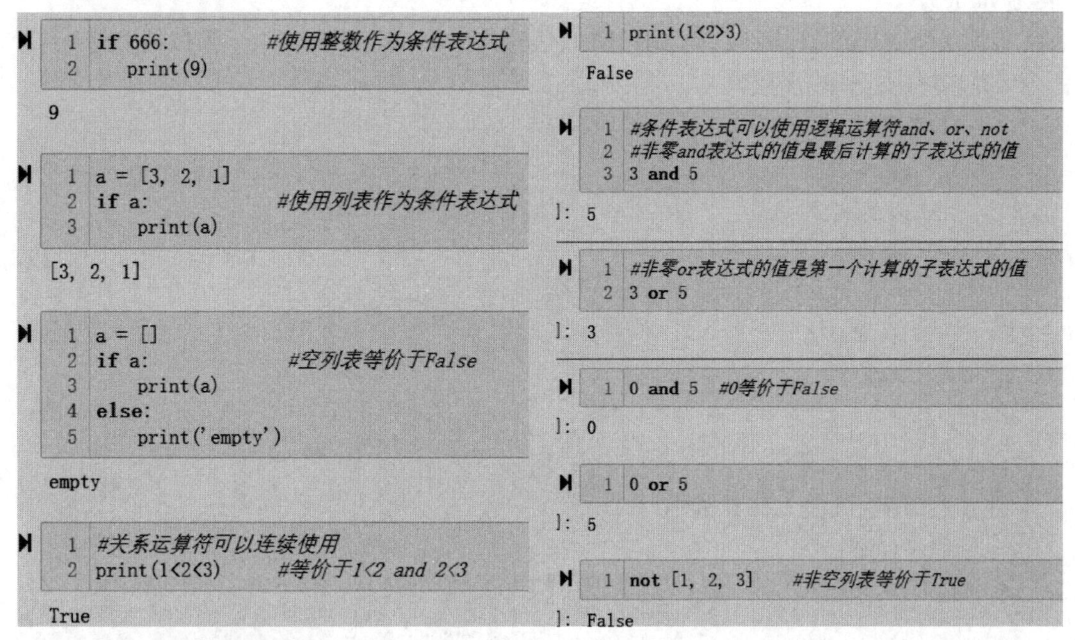

```
if 666:          #使用整数作为条件表达式
    print(9)
```
9

```
a = [3, 2, 1]
if a:            #使用列表作为条件表达式
    print(a)
```
[3, 2, 1]

```
a = []
if a:            #空列表等价于False
    print(a)
else:
    print('empty')
```
empty

```
#关系运算符可以连续使用
print(1<2<3)     #等价于1<2 and 2<3
```
True

```
print(1<2>3)
```
False

```
#条件表达式可以使用逻辑运算符and、or、not
#非零and表达式的值是最后计算的子表达式的值
3 and 5
```
]: 5

```
#非零or表达式的值是第一个计算的子表达式的值
3 or 5
```
]: 3

```
0 and 5    #0等价于False
```
]: 0

```
0 or 5
```
]: 5

```
not [1, 2, 3]     #非空列表等价于True
```
]: False

（二）选择结构

常见的选择结构有单分支选择结构、双分支选择结构、多分支选择结构以及嵌套的分支结构，也可以构造跳转表来实现类似逻辑。

循环结构和异常处理结构中带有“else”子句时，也可以看作特殊形式的选择结构。

（1）单分支选择结构。

```
if 表达式：
    语句块
```

（2）双分支选择结构。

```
if 表达式：
    语句块 1
else：
    语句块 2
```

双分支选择结构示例程序如下：

```
1  #示例：求解鸡兔同笼问题
2  jitu,tui=map(int,input('请输入鸡兔总数和腿总数：').split())
3  tu=(tui - jitu*2) / 2
4  if int(tu) == tu:
5      print('鸡:{0},兔:{1}'.format(int(jitu-tu), int(tu)))
6  else:
7      print('数据不正确,无解')
```

Python 提供了一个三元运算符，并且在三元运算符构成的表达式中还可以嵌套三元运算符，实现与选择结构相似的功能。语法为：

value1 if *condition* else *value2*

当条件表达式 condition 的值与 True 等价时，表达式的值为 value1，否则表达式的值为 value2。

例如，“b=6 if 5>13 else 9”，由于条件表达式“5>13”不为 True，所以结果是 b=9。

（3）多分支选择结构。

```
if 表达式 1：
    语句块 1
elif 表达式 2：
    语句块 2
elif 表达式 3：
    语句块 3
    ……
else：
    语句块 n
```

注：关键字 elif 是 else if 的缩写。

示例程序如下：

```
#示例：使用多分支选择结构将成绩从百分制变换为等级制
def func(score):
    if score > 100 or score < 0:
        return 'wrong score. must between 0 and 100.'
    elif score >= 90:
        return 'A'
    elif score >= 80:
        return 'B'
    elif score >= 70:
        return 'C'
    elif score >= 60:
        return 'D'
    else:
        return 'F'
```

另外，选择结构可以嵌套，但缩进必须正确并且一致。

（三）循环结构

Python 主要有 for 循环和 while 循环两种循环结构，多个循环可以嵌套使用，并且经常使用结构嵌套来实现复杂的业务逻辑。while 循环一般用于循环次数难以提前确定的情况，当然也可以用于循环次数确定的情况；for 循环一般用于循环次数可以提前确定的情况，尤其适用于枚举和遍历序列或迭代对象中元素的场合。

对于带有 else 子句的循环结构，如果循环是因为条件表达式不成立或序列遍历结束而自然结束，则执行 else 结构中的语句；如果循环是因为执行了 break 语句而导致提前结束，则不会执行 else 结构中的语句。

（1）基本语法。两种循环结构的完整语法形式分别为：

while 循环基本语法	for 循环基本语法

while *条件表达式*：
    循环体
[else：
    else *子句代码块*]
	for *取值* in *序列或迭代对象*：
	    循环体
	[else：
	    else *子句代码块*]

示例程序如下：

```
#示例：打印九九乘法表
for i in range(1, 10):
    for j in range(1, i+1):
        print('{0}*{1}={2}'.format(i,j,i*j), end=' ')
    print()                         #打印空行
```

（2）break 与 continue 语句。一旦 break 语句被执行，将使得 break 语句所属层次的循环提前结束。continue 语句的作用是提前结束本次循环，忽略 continue 之后的所有语句，提前进入下一次循环。

下面的示例为：输入若干个成绩，求所有成绩的平均分，每输入一个成绩后询问是否继续输入下一个成绩，回答“yes”就继续输入下一个成绩，回答“no”就停止输入成绩。

```
1  numbers=[]
2  while True:
3      x=input('请输入一个成绩：')
4      #异常处理结构，用来保证用户只能输入浮点数
5      try:
6          #先把x转换成浮点数，然后追加到列表numbers尾部
7          numbers.append(float(x))
8      except:
9          print('不是合法成绩')
10     #下面的循环用来限制用户只能输入任意大小写的“yes”或者“no”
```

```
11      while True:
12          flag=input('继续输入吗?(yes/no) ').lower()
13          if flag not in ('yes','no'):
14              print('只能输入yes或no')
15          else:
16              break
17      if flag=='no':
18          break
19  #计算平均分
20  print(sum(numbers)/len(numbers))
```

第三节 运算符、表达式与内置对象

一、Python 常用内置对象

对象是 Python 中最基本的概念，在 Python 中处理的一切都是对象，根据是否可以直接使用分为内置对象和非内置对象。内置对象可直接使用，而非内置对象则需要使用 import 导入。Python 常用内置对象包括数字、字符串、列表、字典、元组、集合等，如表 2-2 所示。

表 2-2 Python 常用内置对象

对象类型	类型名称	示例	简要说明
数字	int, float, complex	1234, 3.14, 1.3e5, 3+4j	数字大小没有限制，内置支持复数及其运算
字符串	str	'swfu', "I'm a student", '''Python''', r'abc', R'bcd'	使用单引号、双引号、三引号作为定界符，以字母 r 或 R 引导的表示原始字符串
字节串	bytes	b'hello world'	以字母 b 引导，可以使用单引号、双引号、三引号作为定界符
列表	list	[1, 2, 3], ['a', 'b', ['c', 2]]	所有元素放在一对方括号中，元素之间使用逗号分隔，元素可以是任意类型
字典	dict	{1:'food', 2:'taste', 3:'import'}	所有元素放在一对大括号中，元素之间使用逗号分隔，元素形式为“键:值”
元组	tuple	(2, -5, 6), (3,)	不可变，所有元素放在一对圆括号中，元素之间使用逗号分隔，如果元组中只有一个元素，后面的逗号不能省略
集合	set, frozenset	{'a', 'b', 'c'}	所有元素放在一对大括号中，元素之间使用逗号分隔，元素不允许重复；另外，set 是可变的，而 frozenset 是不可变的

续表

对象类型	类型名称	示例	简要说明
布尔型	bool	True，False	逻辑值，关系运算符、成员测试运算符、同一性测试运算符组成的表达式的值一般为 True 或 False。True 和 False 分别对应 1 和 0 的值
空类型	NoneType	None	空值
异常	Exception，ValueError，TypeError		Python 内置了大量异常类，分别对应不同类型的异常
文件		f=open('data.dat','rb')	open 是 Python 的内置函数，使用指定的模式打开文件，返回文件对象
其他可迭代对象	生成器对象，range 对象，zip 对象，enumerate 对象，map 对象，filter 对象，等等		具有惰性求值的特点，除 range 对象之外，其他对象中的元素只能读一次
编程单元	函数（使用 def 定义），类（使用 class 定义），模块（类型为 module）		类和函数都属于可调用对象，模块用来集中存放函数、类、常量或其他对象

二、常量与变量

程序用来处理数据，而变量用来存储数据。在 Python 中，不需要事先声明变量名及其类型，直接赋值即可创建各种类型的对象变量，这一点适用于 Python 任意类型的对象。

Python 属于强类型编程语言，Python 解释器会根据赋值或运算来自动推断变量类型。Python 还是一种动态类型语言，变量的类型可以随时变化。例如：x=3 就创建了整型变量 x，并赋值为 3；x =' Hello world.'就创建了字符串变量 x，并赋值为' Hello world.'，之后的 x 再也不是原来的 x 了。

赋值语句的执行过程是：首先将等号右侧表达式的值计算出来，然后在内存中寻找一个位置把值存放进去，最后创建变量并指向这个内存地址。因此，Python 中的变量并不直接存储值，而是存储值的内存地址或者引用，这也是变量类型随时可以改变的原因。

在定义变量名的时候，需要注意以下问题：

- 变量名必须以字母或下划线开头，但以下划线开头的变量在 Python 中有特殊含义；
- 变量名中不能有空格以及标点符号（如括号、引号、逗号、斜线、反斜线、冒号、句号、问号等）；
- 不能用关键字作为变量名，可以导入 keyword 模块后使用“print(keyword.kwlist)”查看所有 Python 关键字；

● 变量名对英文字母的大小写敏感，例如 student 和 Student 是不同的变量。

● 不建议用系统内置的模块名、类型名或函数名以及已导入的模块名及其成员名作为变量名，这将会改变其类型和含义。

三、数字

1. 数字类型与运算

在 Python 中，内置的数字类型有整数、浮点数和复数。Python 支持任意大的数字，具体可以大到什么程度仅受内存大小的限制。

整数类型除了常见的十进制整数，还有如下几种：

● 二进制：以 0b 开头，每位只能是 0 或 1。

● 八进制：以 0o 开头，每位只能是 0、1、2、3、4、5、6、7 这 8 个数字之一。

● 十六进制：以 0x 开头，每位只能是 0、1、2、3、4、5、6、7、8、9、a、b、c、d、e、f 之一。

由于精度的问题，对浮点数的运算可能会有一定的误差，应尽量避免在浮点数之间直接进行相等性测试，而是应该以二者之差的绝对值是否足够小作为两个浮点数是否相等的判定依据。浮点数计算的部分示例程序如下：

```
In [10]: 9999 ** 99                    #**是幂乘运算符，等价于内置函数pow
Out[10]:
9901483535267234876022631247532826255705595288957910573243265291217948378940535134644221768269164339325869243866777
6624403200162375682140043297505120882020498009873555270384136230466997051069124380021820284037432937880069492030979
1954185117798434329591212159106298699938669908067573374724331208942425544893910910073205049031656789220889560732962
926226305865706593594917896276756396848514900989999

In [11]: 0.3 + 0.2                     #浮点数相加
Out[11]: 0.5

In [12]: 0.4 - 0.1                     #浮点数相减，结果稍微有点偏差
Out[12]: 0.30000000000000004

In [13]: 0.4 - 0.1 == 0.3              #应尽量避免直接比较两个浮点数是否相等
Out[13]: False

In [14]: abs(0.4-0.1 - 0.3) < 1e-6     #这里1e-6表示10的-6次方
Out[14]: True
```

在数字的算术运算表达式求值时会进行隐式的类型转换，如果存在复数，则类型都转换成复数；如果没有复数但有浮点数，则类型都转换成浮点数；如果都是整数，则不进行类型的转换（“/” 运算符除外）。Python 的内置函数支持复数类型及其运算，并且形式与数学上的复数完全一致。复数计算的部分示例程序如下：

```
>>> x = 3 + 4j        #使用j或J表示复数虚部
>>> y = 5 + 6j
>>> x + y             #支持复数之间的加、减、乘、除以及幂乘等运算
(8+10j)
>>> x * y
(-9+38j)
>>> abs(x)            #内置函数abs可用来计算复数的模
5.0
>>> x.imag            #虚部
4.0
>>> x.real            #实部
3.0
>>> x.conjugate()     #共轭复数
(3-4j)
```

2. 数字表示格式

Python 3.6 以上的版本支持在数字中间位置使用单个下划线作为分隔来提高数字的可读性，类似于数学上使用逗号作为千位分隔符。在 Python 中，数字中的单个下划线可以出现在中间任意位置，但不能出现在开头和结尾位置，也不能使用多个连续的下划线。使用数字下划线的部分示例程序如下：

```
In [4]: 1_000_000
Out[4]: 1000000

In [5]: 1_2_3_4
Out[5]: 1234

In [6]: 1_2 + 3_4j
Out[6]: (12+34j)
```

四、运算符

运算符用于执行程序代码运算，会针对一个以上的操作数项目进行运算。例如：2+3，其操作数是 2 和 3，而运算符则是“+”。Python 支持以下几种运算符。

1. 算术运算符

下面以 $a=10$，$b=20$ 为例进行计算，如表 2-3 所示。

表 2-3　算术运算符列表

运算符	描述	示例
+	加	两个对象相加，$a+b$ 的输出结果为 30
−	减	得到负数或是一个数减去另一个数，$a-b$ 的输出结果为−10
*	乘	两个数相乘或是返回一个被重复若干次的字符串，$a*b$ 的输出结果为 200
/	除	x 除以 y，b/a 的输出结果为 2
//	取整除	返回商的整数部分，9//2 的输出结果为 4，9.0//2.0 的输出结果为 4.0
%	取余	返回除法的余数，$b\%a$ 的输出结果为 0
**	幂	返回 x 的 y 次幂，$a**b$ 为 10 的 20 次方，输出结果为 100000000000000000000

2. 赋值运算符“=”

运算符“=”把右边的结果赋值给左边的变量。如果运算符“=”两边是多个值和多个变量，则按位置顺序逐一赋值。

示例程序如下：

```
In  [1]:    1  a, b = 1, 2
            2  print(a,b)

1 2
```

3. 复合赋值运算符

Python 中的复合赋值运算符如表 2-4 所示。

表 2-4　复合赋值运算符列表

运算符	描述	示例
+=	加法赋值运算符	c+=a 等价于 c=c+a
-=	减法赋值运算符	c-=a 等价于 c=c-a
*=	乘法赋值运算符	c*=a 等价于 c=c*a
/=	除法赋值运算符	c/=a 等价于 c=c/a
%=	取模赋值运算符	c%=a 等价于 c=c%a
**=	幂赋值运算符	c**=a 等价于 c=c**a
//=	取整除赋值运算符	c//=a 等价于 c=c//a

4. 比较、逻辑运算符

Python 中的比较运算符如表 2-5 所示。

表 2-5　比较运算符列表

运算符	描述	示例
==	检查两个操作数的值是否相等，如果相等，则结果为真	若 a=3，b=3，则（a==b）为 True
!=	检查两个操作数的值是否相等，如果值不相等，则结果为真	若 a=1，b=3，则（a!=b）为 True
<>	检查两个操作数的值是否相等，如果值不相等，则结果为真	若 a=1，b=3，则（a<>b）为 True，这类似于!=运算符
>	检查左操作数的值是否大于右操作数的值，如果是，则条件成立	若 a=7，b=3，则（a>b）为 True
<	检查左操作数的值是否小于右操作数的值，如果是，则条件成立	若 a=7，b=3，则（a<b）为 False
>=	检查左操作数的值是否大于或等于右操作数的值，如果是，则条件成立	若 a=3，b=3，则（a>=b）为 True
<=	检查左操作数的值是否小于或等于右操作数的值，如果是，则条件成立	若 a=3，b=3，则（a<=b）为 True

Python 中的逻辑运算符如表 2-6 所示。

表 2-6　逻辑运算符列表

运算符	逻辑表达式	描述	示例（a=10，b=20）
and	x and y	布尔“与”，如果 x 为 False（或者 0 和空值），则返回 x 的计算值，否则返回 y 的计算值	（a and b）返回 20
or	x or y	布尔“或”，如果 x 为 True（即不为 False、0 和空值），则返回 x 的计算值，否则返回 y 的计算值	（a or b）返回 10
not	not x	布尔“非”，如果 x 为 True（即不为 False、0 和空值），则返回 False，否则返回 True	（not a）返回 False

五、字符串

1. 字符串简介

在 Python 中，没有字符常量和变量的概念，只有字符串类型的常量和变量，单个字符也是字符串。用单引号、双引号、三单引号、三双引号作为定界符来表示字符串，并且不同的定界符之间可以互相嵌套。

Python 3. x 全面支持中文，它将中文和英文字母都作为一个字符对待，甚至可以用中文作为变量名。除了支持使用加号运算符连接字符串以外，Python 字符串还提供了大量的方法来支持格式化、查找、替换、排版等操作。

字符串属于不可变序列，不能直接对字符串对象进行元素增加、修改与删除等操作，切片操作也只能访问其中的元素而无法用来修改字符串中的字符。

部分示例程序如下：

```
x = 'Hello world.'                       #使用单引号作为定界符
x = "Python is a great language."        #使用双引号作为定界符
x ='''Tom said, "Let's go."'''           #不同定界符之间可以互相嵌套
print(x)                                 #返回结果：Tom said, "Let's go."
x = 'good'+'morning'                     #连接字符串
x                                        #返回结果：'good morning'
x = 'good''morning'                      #连接字符串，仅适用于字符串常量
x                                        #返回结果：'good morning'
x = 'good'
x = x'morning'     #不适用于字符串变量，返回结果：SyntaxError：invalid syntax
x = x+'morning'                          #字符串变量之间的连接可以使用加号
x                                        #返回结果：'good morning'
```

2. 字符串编码

最早的字符串编码是美国信息交换标准代码（American Standard Code for Information Interchange，ASCII），它仅对 10 个数字、26 个大写英文字母、26 个小写英文字母及其他一些符号进行了编码。ASCII 码采用 1 个字节对字符进行编码，最多只能表示 256 个符号。

对于其他国家的文字（如中国的汉字），ASCII 编码无法表示，因此出现了适用于不同国家文字的不同编码标准，如适用于汉字存储和表示的编码标准 GB 2312、GB 18030、GBK 等。

（1）GB 2312。GB 2312 是我国制定的汉字编码标准，使用 1 个字节表示英语字母，2 个字节表示汉字，1980 年版一共收录了 7 445 个字符，包括 6 763 个汉字和 682 个其他符号。GBK 是 GB 2312 的扩充，而 CP 936 是微软在 GBK 基础上开发的编码标准。GB 2312、GBK 和 CP 936 都是使用 2 个字节表示汉字。

（2）GB 18030。GB 18030 是最新的中文编码字符集国家标准，向下兼容 GBK 和 GB 2312 标准。GB 18030 编码是一二四字节变长编码。一字节部分从 0x0～0x7F，与 ASCII 编码兼容；二字节部分的首字节从 0x81～0xFE，尾字节部分从 0x40～0x7E 以及 0x80～0xFE，与 GBK 标准基本兼容。

（3）UTF-8。UTF-8 对全世界所有国家需要用到的字符进行了编码，以 1 个字节表示英语字母（兼容 ASCII 编码），以 3 个字节表示汉字，还有一些语言（例如俄语和希腊语）的符号使用 2 个字节或 4 个字节。

不同编码标准之间相差很大，采用不同的编码标准意味着不同的表示和存储形式，把同一字符存入文件时，写入的内容可能会不同，在试图理解其内容时，必须了解编码规则并进行正确的解码。如果解码方法不正确，就无法还原信息，从这个角度来讲，字符串编码也具有加密的效果。

Python 3 完全支持中文字符，默认使用 UTF-8 编码标准，无论是一个数字、英语字母还是一个汉字，在统计字符串长度时都按一个字符对待和处理。

示例程序如下：

```
s = '首都经贸大学'
len(s)                          #字符串长度，或者包含的字符个数，返回结果：6
s = '首都经贸大学 ABCDE'        #中文与英文字符同样对待，都算一个字符
len(s)                          #返回结果：11
姓名 = '张三'                   #使用中文作为变量名
print(姓名)                     #输出变量的值，返回结果：张三
```

3. 转义字符

以“\”开始的部分特殊字符表示特殊含义（如回车和换行），称为转义字符。为了避免对字符串中的转义字符进行转义，可以使用原始字符串（在字符串前面加上字母 r 或 R 表示），其中的所有字符都表示原始的含义而不会进行任何转义。字符串部分转义字符的说明如表 2-7 所示。

表 2-7　字符串部分转义字符说明

转义字符	含义	转义字符	含义
\b	退格，把光标移动到前一列	\\	一条斜线
\f	换页符	\'	单引号
\n	换行符	\"	双引号
\r	回车	\ooo	3 位八进制数对应的字符
\t	水平制表符	\xhh	2 位十六进制数对应的字符
\v	垂直制表符	\uhhhh	4 位十六进制数表示的 Unicode 字符

示例程序如下：

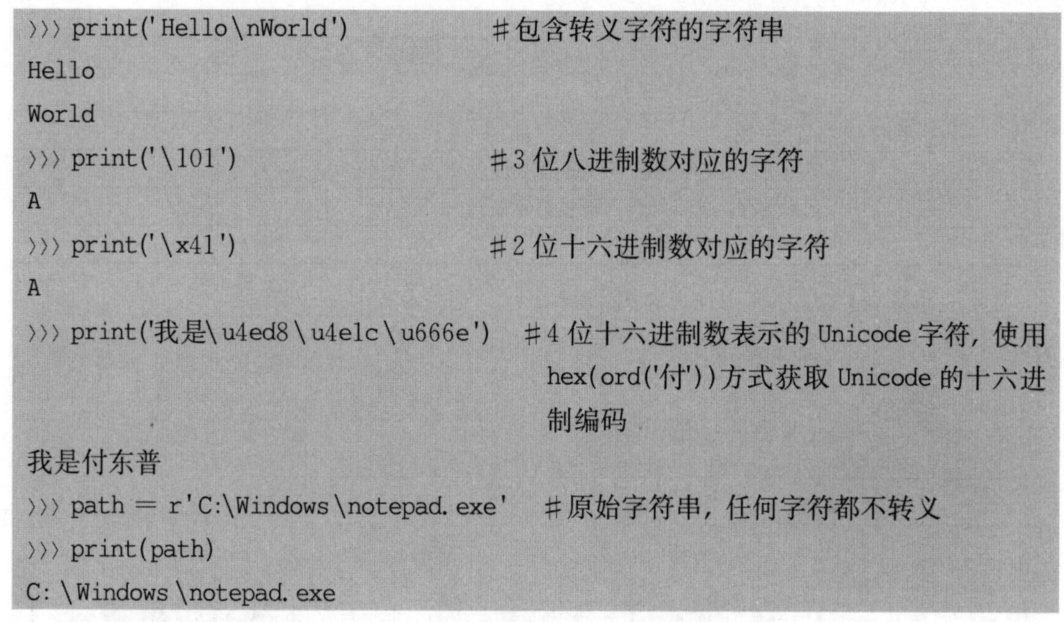

```
>>> print('Hello\nWorld')                    #包含转义字符的字符串
Hello
World
>>> print('\101')                            #3 位八进制数对应的字符
A
>>> print('\x41')                            #2 位十六进制数对应的字符
A
>>> print('我是\u4ed8\u4e1c\u666e')    #4 位十六进制数表示的 Unicode 字符，使用
                                               hex(ord('付'))方式获取 Unicode 的十六进
                                               制编码
我是付东普
>>> path = r'C:\Windows\notepad.exe'   #原始字符串，任何字符都不转义
>>> print(path)
C:\Windows\notepad.exe
```

4. 字符串格式化

字符串格式化是在编程过程中，允许编码人员通过特殊的占位符，将相关信息整合或提取为规则字符串。

（1）使用“%”运算符进行格式化。与 C/C++语言类似，Python 也提供了使用“%”运算符格式化字符串的方法，其语法格式如图 2-6 所示，对应的格式字符见表 2-8。

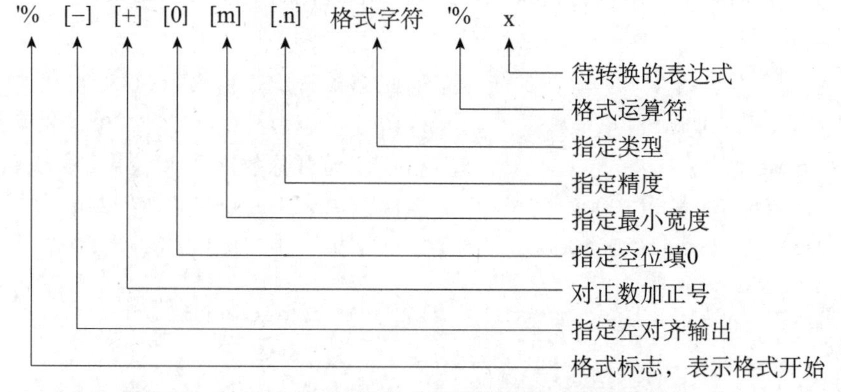

图 2-6　Python 之“%”运算符格式化字符串的语法

表 2-8　常用格式字符

格式字符	说明
%s	字符串，用 str 函数显示
%r	字符串，用 repr 函数显示
%c	单个字符
%d	十进制整数
%i	十进制整数
%o	八进制整数
%x	十六进制整数
%e	指数（基底写为 e）

续表

格式字符	说明
%E	指数（基底写为 E）
%f、%F	浮点数
%g	指数(e)或浮点数（根据显示长度）
%G	指数(E)或浮点数（根据显示长度）
%%	一个字符“%”

“%”运算符格式化字符串的应用示例如下：

```
x=1235
so="%o"%x
so                  #返回结果:"2323"
sh="%x"%x
sh                  #返回结果:"4d3"
se="%e"%x
se                  #返回结果:"1.235000e+03"
chr(ord("3")+1)     #返回结果:"4"
"%s"%65             #返回结果:"65"
"%s"%65333          #返回结果:"65333"
```

（2）使用 format 方法进行格式化。字符串对象自身的 format 方法可以按照匹配的位置顺序或变量名称对字符串进行格式化，并返回格式化后的字符串结果。

示例程序如下：

```
1/3                                      #返回结果:0.3333333333333333
print('{0:.3f}'.format(1/3))             #保留3位小数,返回结果:0.333
'{0:%}'.format(3.5)                      #格式化为百分数,返回结果:'350.000000%'
'{0:_},{0:_x}'.format(1000000)           #返回结果:'1_000_000,f_4240'
'{0:_},{0:_x}'.format(10000000)          #返回结果:'10_000_000,98_9680'

print("The number {0:,} in hex is: {0:#x}, the number {1} in oct is {1:#o}".for-
mat(5555,55))
#返回结果:The number 5,555 in hex is: 0x15b3, the number 55 in oct is 0o67

print("The number {1:,} in hex is: {1:#x}, the number {0} in oct is {0:o}".format
(5555,55))
#返回结果:The number 55 in hex is: 0x37, the number 5555 in oct is 12663

print("my name is {name}, my age is {age}, and my QQ is {qq}".format(name="首经
贸",age=60,qq="80646****"))
#返回结果:my name is 首经贸, my age is 60, and my QQ is 80646****

position=(5, 8, 13)
print("X:{0[0]};Y:{0[1]};Z:{0[2]}".format(position))#返回结果:X:5;Y:8;Z:13
```

（3）格式化的字符串常量。Python 从版本 3.6.x 起开始支持一种新的字符串格式化方式，官方叫作格式化的字符串常量（formatted string literals），在字符串前加上字母 f，其含义与字符串对象 format 方法类似。

例如：

```
name='Fu'
age=39
f'My name is {name}, and I am {age} years old.'
#返回结果:'My name is Fu, and I am 39 years old.'
width=10
precision=4
value=11/3
f'result:{value:{width}.{precision}}'
#返回结果:'result:      3.667'
```

5. 下标和切片

下标就是编号，通过编号能找到相应的存储空间。如果想取出变量中的部分字符，就可以通过下标的方法（注意：Python 中下标从 0 开始）。

切片（slicing）是指对操作的对象截取其中一部分的操作。字符串、列表、元组都支持切片操作。切片的语法：[起始:结束:步长]。注意：选取的区间属于左闭右开型，即从“起始”位开始，到“结束”位的前一位结束（不包含结束位本身）；起始、结束和步长都支持负数，即从右往左。

例如：

```
name='abcdef'           # 使用单引号作为定界符
print(name[3:5])        # 取下标为 3、4 的字符
print(name[2:])         # 取下标从 2 开始到结束的字符
print(name[1:-1])       # 取下标从 1 开始到倒数第 2 个之间的字符
print(name[::-2])       # 从右开始每隔一个下标取一个字符
```

6. 字符串常见操作

Python 字符串对象提供了大量方法用于字符串的切分、连接、替换和排版等操作，另外，还有大量内置函数和运算符也支持对字符串的操作。

字符串对象是不可变的，所以字符串对象提供的涉及字符串“修改”的方法都是返回修改后的新字符串，并不对原始字符串做任何修改。

（1）查找：所用函数有 find，rfind，index，rindex，count。

- find 和 rfind 函数分别用来查找一个字符串在另一个字符串的指定范围（默认是整个字符串）内首次和最后一次出现的位置，如果不存在，则返回－1。
- index 和 rindex 函数分别用来返回一个字符串在另一个字符串的指定范围内首次和最后一次出现的位置，如果不存在，则抛出异常。
- count 函数用来返回一个字符串在当前字符串中出现的次数。

例如：

```
s="apple,peach,banana,peach,pear"
s.find("peach")        #返回结果：6
s.find("peach",7)      #返回结果：19
s.find("peach",7,20)   #返回结果：-1
s.count('p')           #返回结果：5
```

（2）拆分：所用函数有 split，rsplit，partition，rpartition。

● split 和 rsplit 函数以指定字符为分隔符，分别把当前字符串从左往右或从右往左分隔成多个字符串，并返回包含分隔结果的列表。如果不指定分隔符，则字符串中的任何空白字符（空格、换行符、制表符等）都将被认为是分隔符，连续多个空白字符被看作一个分隔符。

● partition 和 rpartition 函数以指定字符串为分隔符，将原字符串分隔为 3 部分，即分隔符前的字符串、分隔符字符串、分隔符后的字符串。如果指定的分隔符不在原字符串中，则返回原字符串和两个空字符串。

例如：

```
s="apple,peach,banana,pear"
s.split(",")                #返回结果：["apple", "peach", "banana", "pear"]
s.partition(',')            #返回结果：('apple', ',', 'peach,banana,pear')
s.rpartition(',')           #返回结果：('apple,peach,banana', ',', 'pear')
s.rpartition('banana')      #返回结果：('apple,peach,', 'banana', ',pear')
s="2017-10-31"
t=s.split("-")
print(t)                    #返回结果：['2017', '10', '31']
s='\n\nhello\t\t world\n \n\n My name is Dong   '
s.split(None, 1)   #返回结果：['hello', 'world  \n \n \n My name is Dong   ']
s.split(maxsplit=6)
                   #返回结果：['hello', 'world', 'My', 'name', 'is', 'Dong']
s.split()          #返回结果：['hello', 'world', 'My', 'name', 'is', 'Dong']
```

（3）连接：所用函数有 join。

当给定连接符和序列时，使用 join 函数可以将序列中每个元素用给定连接符连接成一个字符串。

例如：

```
li = ["apple", "peach", "banana", "pear"]
','.join(li)   #返回结果：'apple,peach,banana,pear'
'.'.join(li)   #返回结果：'apple.peach.banana.pear'
'::'.join(li)  #返回结果：'apple::peach::banana::pear'
```

（4）转换大小写：所用函数有 lower，upper，capitalize，title，swapcase。

例如：

```
s="What is Your Name?"
s.lower()            #返回小写字符串，返回结果:'what is your name?'
s.upper()            #返回大写字符串，返回结果:'WHAT IS YOUR NAME?'
s.capitalize()       #字符串首字符大写，返回结果:'What is your name?'
s.title()            #每个单词的首字母大写，返回结果:'What Is Your Name?'
s.swapcase()         #大小写互换，返回结果:'wHAT IS yOUR nAME?'
```

（5）查找和替换：所用函数有 replace，maketrans，translate。

replace 函数的查找和替换类似于 Word 中的“全部替换”功能。

字符串对象的 maketrans 函数用来生成字符映射表，而 translate 函数用来根据映射表中定义的对应关系转换字符串并替换其中的字符。使用这两个方法的组合可以同时处理多个字符。

例如：

```
s="中国,中国"
print(s)     #返回结果:中国,中国
s2=s.replace("中国","中华人民共和国")   #两个参数都被替换
print(s2)    #返回结果:中华人民共和国,中华人民共和国
#创建映射表,将字符"abcdef123"一一对应地转换为"uvwxyz@#$"
table=''.maketrans('abcdef123','uvwxyz@#$')
s="Python is a greate programming language. I like it!"
s.translate(table)   #按映射表进行替换
             #返回结果:'Python is u gryuty progrumming lunguugy. I liky it!'
```

（6）修剪删除：所用函数有 strip，rstrip，lstrip。

这三个修剪删除函数的参数指定的字符串并不作为一个整体来对待，而是在原字符串的两侧、右侧、左侧删除参数字符串中包含的所有字符，一层一层地从外往里进行。

例如：

```
s="abc   "
s.strip()                            #删除空白字符,返回结果:'abc'
'\n\nhello world   \n\n'.strip()     #删除空白字符,返回结果:'hello world'
"aaaassddf".strip("a")               #删除指定字符,返回结果:'ssddf'
"aaaassddf".strip("af")              #返回结果:'ssdd'
"aaaassddfaaa".rstrip("a")           #删除字符串右端指定字符,返回结果:'aaaassddf'
"aaaassddfaaa".lstrip("a")           #删除字符串左端指定字符,返回结果:'ssddfaaa'
'aabbccddeeeffg'.strip('gbaefcd')    #返回结果:''
```

（7）判断：所用函数有 startswith，endswith，isalnum，isalpha，isdigit，isspace，isupper，islower。

startswith 和 endswith 函数用来判断字符串是否以指定字符串开始或结束。isalnum、isalpha、isdigit、isspace、isupper、islower 函数则分别用来测试字符串是否为数字或字母、是否为字母、是否为数字字符、是否为空白字符、是否为大写字母以及是否为小写字母。

例如：

```
s = 'Beautiful is better than ugly.'
s.startswith('Be')           #检测整个字符串，返回结果：True
s.startswith('Be', 5)        #指定检测范围起始位置，返回结果：False
'1234abcd'.isalnum()         #返回结果：True
'1234abcd'.isalpha()         #全部为英文字母时返回 True，返回结果：False
'1234abcd'.isdigit()         #全部为数字时返回 True，返回结果：False
'abcd'.isalpha()             #返回结果：True
'1234.0'.isdigit()           #返回结果：False
```

（8）排版：所用函数有 center，ljust，rjust。

center、ljust、rjust 函数用来返回指定宽度的新字符串，分别以原字符串居中、左对齐和右对齐的形式出现在新字符串中，如果指定宽度大于字符串长度，则使用指定的字符（默认为空格）进行填充。

例如：

```
>>>'Hello world!'.center(20)          #居中对齐，以空格进行填充
'    Hello world!    '
>>>'Hello world!'.center(20, '=')     #居中对齐，以字符“=”进行填充
'====Hello world!===='
>>>'Hello world!'.ljust(20, '=')      #左对齐，以字符“=”进行填充
'Hello world!========'
>>>'Hello world!'.rjust(20, '=')      #右对齐，以字符“=”进行填充
'========Hello world!'
```

（9）运算符：+，*，in。

- +：两个字符串连接，生成新的字符串。
- in：成员判断。
- *：指定字符串序列重复的次数。

例如：

```
'hello' + 'world'      #返回结果：'hello world'
'ab' in 'abcde'        #返回结果：True
'ac' in 'abcde'        #关键字 in 左边的字符串作为一个整体对待，返回结果：False
'abcd' * 3             #返回结果：'abcdabcdabcd'
```

六、列表、元组、字典、集合

序列是 Python 中最基本的数据结构。所谓序列，就是一块可存放多个值的连续内存空间，这些值按一定顺序排列，可通过每个值所在位置的编号（称为索引）访问。序列中的每个元素都会分配一个索引，第一个索引是 0，第二个索引是 1，依此类推。在 Python 中，序列类型包括字符串、列表、元组、字典和集合，这些序列一般支持索引、切片、相加、相乘、检查成员等通用操作，但比较特殊的是，集合和字典不支持索引、切片、相加和相乘操作。

（一）列表

列表（list）是最常用的 Python 数据类型，它可以作为一个方括号内的逗号分隔值出现。列表虽然看上去类似数组，但列表的数据项不需要具有相同的类型，元素可以重复，并且可以嵌套，如 aL=[1，'a'，[2，'b']]。

1. 列表的检索与切片操作

列表元素的排列是有序的，因此元素相同但排列不同的列表属于不同的列表。列表的索引从 0 开始，可以通过下标索引的方式来访问列表中的值。如上面的 aL 列表，访问其元素 1 可以使用“aL[0]”。

另外，列表还可以使用索引范围来进行切片操作，其规则如下：

（1）切片的语法格式：[start:stop:step]。

（2）得到的切片依然是列表，是原始列表片段的一份拷贝。

（3）得到的切片不包括索引 stop 对应的元素。

（4）步长 step 的默认值为 1，这时切片语法可以简化为 [start:stop]。

（5）当 step 为正数时：

- 如果不指定 start，则切片的第一个元素默认是列表的第一个元素。
- 如果不指定 stop，则切片的最后一个元素默认是列表的最后一个元素。
- 从索引 start 开始往后计算切片。

（6）当 step 为负数时：

- 如果不指定 start，则切片的第一个元素默认是列表的最后一个元素。
- 如果不指定 stop，则切片的最后一个元素默认是列表的第一个元素。
- 从索引 start 开始往前计算切片。

2. 列表的增删改查操作

（1）增加列表元素。在列表中增加元素的方法有多种，具体如下：

- 通过 append 函数可以向列表添加元素。
- 通过 extend 函数可以将另一个列表的元素添加到列表中。
- 通过 insert 函数可以在指定位置前插入元素。

（2）删除列表元素。列表元素的常用删除方法有以下三种：

- del：根据下标删除（例如，del aL[1]）。

- pop：删除最后一个元素（例如，aL. pop()）。
- remove：根据元素的值删除（例如，aL. remove('a')）。

（3）查找与修改列表元素。在列表中查找元素可以使用 Python 内置的 in 和 not in 操作符进行判断；而修改元素相对简单，检索或切片到对应元素时直接对其赋值即可，如 aL[2]=10。

3. 列表的排序与运算符操作

（1）列表的排序。列表的排序可以通过下面两种方法实现：

- sort 方法：列表的元素按照特定顺序排列（默认升序），如 aL. sort()。
- reverse 方法：将列表逆置，如 aL. reverse()。

（2）列表的运算符操作。列表之间可以使用加号“+”进行连接合并操作，相当于使用列表的 extend 函数操作；而列表与整数 n 之间使用乘号“*”操作则是将列表中的元素重复 n 次，产生一个新的列表。另外，列表之间还可以使用比较运算符进行比较。

列表操作的示例程序如下：

```
In  [1]:  a_list=[2,3,7,None]
In  [2]:  b_list=list(range(3))
In  [4]:  print(a_list,b_list)
[2,3,7,None] [0,1,2]
In  [5]:  b_list.append("dwarf")  #尾部添加元素
In  [6]:  b_list.insert(1,"red")  #指定索引前插入元素
In  [7]:  b_list.pop(1)           #删除指定索引元素，不指定索引则删除尾部元素
Out [7]:  'red'
In  [9]:  "dwarf" in b_list       #判断列表元素是否存在
Out [9]:  True
In [10]:  a_list*2                #列表乘法操作
Out[10]:  [2,3,7,None,2,3,7,None]
In [11]:  [4,None,'foo']+[7,8,(2,3)]  #列表加法操作
Out[11]:  [4,None,'foo',7,8,(2,3)]
In [13]:  a_list[1:3]                 #列表切片操作
```

（二）元组

Python 的元组（tuple）与列表类似，元素有序且元素数据类型可以不同，元组可以嵌套，通过下标索引来访问元组元素，不同之处在于元组中的元素不能修改。元组使用小括号表示（列表则使用方括号）。例如，a=（3，1，2）。

尽管元组不能进行增删改操作，但元组的“+”和“*”操作与列表类似，分别对应元组元素的合并和元组元素的重复。另外，Python 中的内置函数 len、max、min 等可对元组进行计算元素个数、求最大值和最小值等操作。

（三）字典

字典（dict）和列表一样，也能够存储多个数据。字典的每个元素由两部分组成，即键:值。例如，'name':'班长'，其中'name'为键，'班长'为值。在列表中查找某个元素时，是根据下标进行查找的；而在字典中查找某个元素时，是根据键来定位的。

1. 字典的键值访问

字典对象的 keys 函数可返回字典中所有可用的键；字典对象的 values 函数可返回字典中所有可用的值；字典对象的 items 函数可返回字典的（键,值）元组对。

2. 字典的增删改操作

字典元素的增加可以对不存在的键赋值，也可使用字典对象的 update 函数；字典元素的删除包括使用 Python 内置的 del 函数、字典对象的 pop 和 clear 函数等；字典元素的修改可以基于键名定位元素，然后赋值。下面是字典的部分示例程序：

```
In [29]: dl={'a' : 'some value', 'b' : [1,2,3,4]}   #定义字典
    ...: dl
Out[29]: {'a': 'some value', 'b': [1,2,3,4]}
In [30]: dl["c"]="hello"      #字典增加元素或修改键值
In [31]: dl
Out[31]: {'a': 'some value', 'b': [1,2,3,4], 'c': 'hello'}
In [32]: 'b' in dl                 #字典元素判断, 等同于'b' in dl.keys()
Out[32]: True
In [34]: dl['dummy'] = 'another value'
    ...: ret = dl.pop('dummy')
    ...: print("返回值:",ret)
    ...: print("原字典值:",dl)
返回值:   another value
原字典值: {'a': 'some value', 'b': [1, 2, 3, 4], 'c': 'hello'}
In [36]: dl.items()                                #返回字典的(键,值)元组对
Out[36]: dict_items([('a', 'some value'),('b', [1, 2, 3, 4]), ('c', 'hello')])
In [37]: dl.update({'b' : 'foo', 'c' :12})      #修改或增加字典元素
    ...: dl
Out[37]: {'a': 'some value', 'b': 'foo', 'c':12}
```

（四）集合

Python 中的集合（set）是一种数据类型，与数学里的集合概念类似。与列表、元组不同，集合更强调从属关系，跟顺序无关，所以重复的元素会先排除。集合使用一对花括号“{}”表示，不同元素之间以逗号分隔，元素的排列是无序的并且不

能重复。

1. 集合的增删改操作

集合元素的添加可以使用集合对象的 add 函数；删除可以使用 remove、discard 或 pop 等函数；修改可以使用 update 函数。

如 a_s={1,3,5}，执行 a_s. add(4) 后，a_s 的值变为 {1,3,4,5}。

2. 集合的集合操作

与数学中的集合类似，set 也支持集合的并交差补操作，方法如下：

- 集合的交集 s1&s2：s1. intersection(s2)。
- 集合的并集 s1|s2：s1. union(s2)。
- 集合的差集 s1−s2：s1. difference(s2)，从集合 s1 中去掉 s1 和 s2 的交集。
- 集合的补集 s1^s2：s1. symmetric_difference(s2)，从集合 s1 和 s2 的并集里去掉交集部分。

列表、元组、字典和集合的比较如表 2-9 所示。

表 2-9　列表、元组、字典和集合的比较

项目	列表	元组	字典	集合
类型名称	list	tuple	dict	set
定界符	方括号[]	圆括号()	大括号{}	大括号{}
元素是否可变	是	否	是	是
元素是否有序	是	是	否	否
是否支持下标	是（使用序号作为下标）	是（使用序号作为下标）	是（使用“键”作为下标）	否
元素分隔符	逗号	逗号	逗号	逗号
对元素形式的要求	无	无	键:值	必须可哈希
对元素值的要求	无	无	“键”必须可哈希	必须可哈希
元素是否可重复	是	是	“键”不允许重复，“值”可以重复	否
元素查找速度	非常慢	很慢	非常快	非常快
新增和删除元素速度	尾部操作快，其他位置慢	不允许	快	快

七、数据类型转换

Python 支持一些不同数据类型的强制类型转换，常用的数据类型转换函数如表 2-10所示。

表 2－10　Python 常用数据类型转换函数

函数	说明
int(x [，base=10])	将 x 转换为一个整数。当指定 base 值时，x 必须为字符串形式的数值
long(x [，base])	将 x 转换为一个长整数
float(x)	将 x 转换为一个浮点数
complex(real=0 [，imag=0])	创建一个复数
str(x)	将 x 转换为字符串
repr(x)	将 x 转换为表达式字符串
eval(str)	计算字符串中的有效 Python 表达式，并返回一个对象
tuple(s)	将序列 s 转换为一个元组
list(s)	将序列 s 转换为一个列表
chr(x)	将整数 x 转换为一个字符
ord(x)	将字符 x 转换为它的整数值
hex(x)	将整数 x 转换为一个十六进制字符串
oct(x)	将整数 x 转换为一个八进制字符串

第四节　函　数

程序常用的功能经常封装为函数以重复使用，这样既可以提高开发效率，又便于维护和提高代码的质量。

一、函数的定义与调用

1. 函数的定义

```
def 函数名([参数列表])：
    '''注释'''
    函数体
```

注意事项如下：

- 函数不需要声明形参的类型，也不需要指定函数返回值的类型。
- 即使该函数不需要接收任何参数，也必须保留一对空的圆括号。
- 括号后面的冒号必不可少。
- 函数体相对于 def 关键字必须保持一定的空格缩进。
- Python 允许嵌套定义函数。

2. 函数的调用

定义了函数之后，就相当于有了具有某些功能的代码，若想让这些代码能够执行，则需要调用它们。函数的调用很简单，通过“函数名()”并传递相应的实际参数即可完成调用。例如：

```
# 定义一个函数，能够实现打印信息的功能
def printLove(name):
    print('我爱'+name)
#调用函数
printLove('中国')
```

3. 函数的递归调用

函数的递归调用是函数调用的一种特殊情况，函数调用自己，自己再调用自己，自己再调用自己，如此往复，当某个条件得到满足的时候就不再调用，然后一层一层地返回，直到返回该函数第一次调用的位置。例如，使用递归法对整数进行因数分解的示例程序如下：

```
from random import randint


#定义递归函数
def factors(num, fac=[]):
    #每次都从 2 开始查找因数
    for i in range(2,int(num ** 0.5)+1):
        #找到一个因数
        if num % i==0:
            fac.append(i)
            #对商继续分解，重复此过程
            factors(num//i,fac)
            #注意，break 非常重要
            break
    else:
        #不可分解时，自身也是一个因数
        fac.append(num)
#函数的递归调用
facs=[]
n=randint(2,10 ** 8)
factors(n, facs)
result='*'.join(map(str, facs))
if n==eval(result):
    print(n,'='+result)
```

二、函数参数

定义函数时，圆括号内是使用逗号分隔的形参（parameters）列表。函数可以有多

个参数，也可以没有参数，但定义和调用函数时必须有一对圆括号，表示这是一个函数并且不接收参数。定义函数时，不需要声明参数类型，解释器会根据实参（arguments）的类型自动推断形参的类型。调用函数时向其传递实参，根据不同的参数类型，将实参的引用传递给形参。

1. 位置参数

位置参数（positional arguments）是比较常用的形式，调用函数时实参和形参的顺序必须严格一致，并且实参和形参的数量必须相等。

2. 默认值参数

在调用带有默认值参数的函数时，可以不用为设置了默认值的形参传值，此时函数将会直接使用函数定义时设置的默认值，当然也可以通过显式赋值来替换其默认值。在调用函数时，是否为默认值参数传递实参是可选的。

需要注意的是，在定义带有默认值参数的函数时，任何一个默认值参数右边都不能再出现没有默认值的普通位置参数，否则会提示语法错误。

带有默认值参数的函数定义语法如下：

```
def 函数名(……，形参名=默认值):
    函数体
```

示例程序如下：

```
def say( message, times=1 ):
    print((message+'') * times)
say('hello')     #返回结果: hello
say('hello',3)   #返回结果: hello hello hello
```

3. 关键字参数

关键字参数（keyword arguments）主要指调用函数时的参数传递方式，与函数定义无关。通过关键字参数可以按参数名称传值，明确指定哪个值传递给哪个参数，实参顺序可以和形参顺序不一致，但不影响参数值的传递结果，这样避免了用户需要牢记参数位置和顺序的麻烦，使得函数的调用和参数的传递更加灵活方便。

示例程序如下：

```
def demo(a,b,c=5):
    print(a,b,c)
demo(3,7)                    #返回结果: 3 7 5
demo(a=7,b=3,c=6)            #返回结果: 7 3 6
demo(c=8,a=9,b=0)            #返回结果: 9 0 8
```

4. 可变长度参数

可变长度参数主要有两种形式：在参数名前加“*”或“**”。

- “*+参数名”用来接收多个位置参数并将其存放在一个元组中。
- “**+参数名”用来接收多个关键字参数并将其存放在字典中。

示例程序如下：

```
#"*+参数名"的用法
def demo(*p):
    print(p)
demo(1,2,3)                         #返回结果:(1,2,3)
demo(1,2)                           #返回结果:(1,2)
demo(1,2,3,4,5,6,7)                 #返回结果:(1,2,3,4,5,6,7)
#"**+参数名"的用法
def demo(**p):
    for item in p.items():
        print(item)
demo(x=1,y=2,z=3)
#返回结果:
('x',1)
('y',2)
('z',3)
```

5. 传递参数时的序列解包

传递参数时，可以通过在实参序列前加一个“*”号将其解包，然后传递给多个单变量形参。如果函数实参是字典，可以在前面加两个“*”号进行解包，等价于关键字参数。

示例程序如下：

```
def demo(a,b,c):
    print(a+b+c)

seq=[1,2,3]
demo(*seq)                 #返回结果:6
tup=(1,2,3)
demo(*tup)                 #返回结果:6
dic={1:'a',2:'b',3:'c'}
demo(*dic)                 #返回结果:6
Set={1,2,3}
demo(*Set)                 #返回结果:6
demo(*dic.values())        #返回结果:abc
dic={'a':1,'b':2,'c':3}
demo(**dic)                #返回结果:6
demo(a=1,b=2,c=3)          #返回结果:6
demo(*dic.values())        #返回结果:6
```

三、变量作用域

变量起作用的代码范围称为变量的作用域，在不同作用域内，变量名可以相同，互不影响。

在函数内部定义的普通变量只在函数内部起作用，称为局部变量。当函数执行结束后，局部变量自动删除，不可以再使用。局部变量的引用比全局变量的引用速度快，因此应优先考虑使用局部变量。

全局变量可以通过关键字 global 来定义，分为如下两种情况：

● 一个变量已在函数外定义，如果在函数内需要为这个变量赋值，并且要将这个赋值结果反映到函数外，那么可以在函数内使用 global 将其声明为全局变量。

● 如果一个变量在函数外没有定义，那么在函数内部也可以直接将这个变量定义为全局变量。该函数执行后，将增加一个新的全局变量。

示例程序如下：

```
def demo():
    global x
    x=3
    y=4
    print(x,y)

x=5
demo()   #返回结果：3  4
x        #返回结果：3
y        #返回结果：NameError: name'y'is not defined
```

四、lambda 表达式

lambda 表达式可以用来声明匿名函数，即没有函数名称的临时使用的小函数，尤其适用于需要一个函数作为另一个函数参数的场合。当然也可以定义具名函数。lambda 表达式只可以包含一个表达式，该表达式的计算结果可以看作函数的返回值，不允许包含复合语句，但在表达式中可以调用其他函数。

示例程序如下：

```
f=lambda x,y,z: x+y+z              #可以给 lambda 表达式命名
f(1,2,3)                           #像函数一样调用，返回结果：6
g=lambda x, y=2, z=3: x+y+z        #参数默认值
g(1)                               #返回结果：6
g(2,z=4,y=5)                       #关键参数，返回结果：11
```

五、生成器函数

包含 yield 语句的函数可以用来创建生成器对象，这样的函数也称为生成器函数。yield 语句与 return 语句的作用相似，都用来从函数中返回值。不同的是，return 语句一旦执行会立刻结束函数的运行，而每次执行到 yield 语句并返回一个值之后会暂停或挂起后面代码的执行，下次通过生成器对象的__next__函数、内置函数 next、for 循环遍历生成器对象元素或用其他方式“索要”数据时即可恢复执行。生成器具有惰性求值的特点，适合大数据处理。

示例程序：能够生成斐波那契数列（Fibonacci sequence）的生成器函数。斐波那契数列，又称黄金分割数列，由数学家莱昂纳多·斐波那契（Leonardo Fibonacci）以兔子繁殖为例子而引入，故又称为“兔子数列”，其数列形式为：1，1，2，3，5，8，13，21，34，…。在数学上，斐波那契数列以如下递推方法定义：$F(1)=1$，$F(2)=1$，$F(n)=F(n-1)+F(n-2)(n\geqslant 3, n\in \mathbf{N}^*)$。

```
def f():
    a, b=1, 1                  #序列解包，同时为多个元素赋值
    while True:
        yield a                #暂停执行，需要时再产生一个新的元素
        a,b=b,a+b              #序列解包，继续生成新的元素
a=f()                          #创建生成器对象
for i in range(10):            #斐波那契数列中前 10 个元素
    print(a.__next__(), end='')
                               #返回结果：1 1 2 3 5 8 13 21 34 55
```

六、Python 常用内置函数

内置函数是 Python 内置对象的类型之一，不需要额外导入任何模块即可直接使用，这些内置对象都封装在内置模块__builtins__中，用 C 语言实现并且进行了大量优化，运行速度非常快，推荐优先使用。

使用内置函数 dir 可以查看所有内置函数和内置对象：

dir(__builtins__)

使用“help(函数名)”或者函数名后面紧跟问号“?”可以查看某个函数的用法，例如：

help(sum) 或者 sum?

Python 常用内置函数如表 2-11 所示。

表 2-11　Python 常用内置函数

函数	功能简要说明
abs(x)	返回数字 x 的绝对值或复数 x 的模
all(iterable)	如果可迭代对象中所有元素 x 都等价于 True，也就是对于所有元素 x 都有 bool(x) 等于 True，则返回 True。对于空的可迭代对象也返回 True
any(iterable)	只要可迭代对象 iterable 中存在元素 x 使得 bool(x) 为 True，就返回 True。对于空的可迭代对象返回 False
bytes(x)	生成字节串，或把指定对象 x 转换为字节串表示形式
chr(x)	返回 Unicode 编码为 x 的字符
divmod(x, y)	返回包含整商和余数的元组((x−x%y)/y, x%y)
enumerate(iterable[, start])	返回包含元素形式为(0, iterable[0])，(1, iterable[1])，(2, iterable[2])，…的迭代器对象
eval(s [,globals[, locals]])	计算并返回字符串 s 中表达式的值
exit()	退出当前解释器环境
filter(func, seq)	返回 filter 对象，其中包含序列 seq 中使得单参数函数 func 返回值为 True 的元素，如果函数 func 为 None，则返回包含 seq 中等价于 True 的元素的 filter 对象
frozenset([x])	创建不可变的集合对象
hash(x)	返回对象 x 的哈希值，如果 x 不可哈希，则抛出异常
int(x [, d])	返回浮点数(float)、分数(fraction)或高精度浮点数(decimal)x 的整数部分，或把 d 进制的字符串 x 转换为十进制并返回，d 默认为十进制
isinstance(obj, class-or-type-or-tuple)	测试对象 obj 是否属于指定类型(如果有多个类型，则需要放到元组中）的实例
len(obj)	返回对象 obj 包含的元素个数，适用于列表、元组、集合、字典、字符串以及 range 对象和其他可迭代对象
max(x), min(x)	返回可迭代对象 x 中的最大值、最小值，要求 x 中的所有元素之间可比较大小，允许指定排序规则和 x 为空时返回的默认值
range([start,] end [, step])	返回 range 对象，其中包含左闭右开区间[start,end）内以 step 为步长的整数
reduce(func, sequence[, initial])	将双参数函数 func 以迭代方式从左到右依次应用于序列 seq 中的每个元素，最终返回单个值作为结果。在 Python 2. x 中，该函数为内置函数；在 Python 3. x 中，需要从 functools 中导入 reduce 函数再使用
reversed(seq)	返回 seq(可以是列表、元组、字符串、range 对象以及其他可迭代对象）中所有元素逆序后的迭代器对象
round(x [, 小数位数])	对 x 进行四舍五入，若不指定小数位数，则返回整数
sorted(iterable, key=None, reverse=False)	返回排序后的列表，其中 iterable 表示要排序的序列或迭代对象，key 用来指定排序规则或依据，reverse 用来指定升序或降序。该函数不改变 iterable 内任何元素的顺序
sum(x, start=0)	返回序列 x 中所有元素之和，返回 start+sum(x)
type(obj)	返回对象 obj 的类型
zip(seq1[, seq2 […]])	返回 zip 对象，其中元素为(seq1[i], seq2[i], …）形式的元组，最终结果中包含的元素个数取决于所有参数序列或可迭代对象中最短的那个

1. 最值与求和

max、min、sum 这三个内置函数分别用于计算列表、元组或其他包含有限个元素的可迭代对象中所有元素的最大值、最小值以及所有元素之和。

sum 函数默认（可以通过 start 参数来改变）支持包含数值型元素的序列或可迭代对象，max 和 min 函数则要求序列或可迭代对象中的元素之间可比较大小。

示例程序如下：

```
from random import randint
a=[randint(1,100) for i in range(10)]        #包含 10 个[1,100]之间的随机数的列表
print(max(a), min(a), sum(a))                #最大值、最小值、所有元素之和
sum(a) / len(a)
```

2. 排序与逆序

sorted 函数对列表、元组、字典、集合或其他可迭代对象进行排序并返回新列表；reversed 函数对可迭代对象（生成器对象和具有惰性求值特性的 zip、map、filter、enumerate 等类似对象除外）进行翻转（首尾交换）并返回可迭代的 reversed 对象。

示例程序如下：

```
x=list(range(11))
import random
random.shuffle(x)      #打乱顺序
x                      #返回结果：[2,4,0,6,10,7,8,3,9,1,5]
sorted(x)              #以默认规则排序，返回结果：[0,1,2,3,4,5,6,7,8,9,10]
sorted(x, key=str)     #按转换成字符串以后的大小升序排列
                       #返回结果：[0,1,10,2,3,4,5,6,7,8,9]

x=['aaaa', 'bc', 'd', 'b', 'ba']
reversed(x)            #逆序，返回 reversed 对象
                       #返回结果：<list_reverseiterator object at 0x0000000003089E48>
list(reversed(x))      #reversed 对象是可迭代的
                       #返回结果：[5,1,9,3,8,7,10,6,0,4,2]
```

3. 枚举与迭代

enumerate 函数用来枚举可迭代对象中的元素，返回可迭代的 enumerate 对象，其中每个元素都是包含索引和值的元组。

示例程序如下：

```
list(enumerate('abcd')) #枚举字符串中的元素：[(0,'a'), (1,'b'), (2,'c'), (3,'d')]
list(enumerate(['Python','Greate']))    #枚举列表中的元素：[(0, 'Python'), (1,
                                         'Greate')]
list(enumerate({'a':97, 'b':98, 'c':99}.items()))
            #枚举字典中的元素：[(0,('a',97)),(1,('b',98)),(2,('c',99))]
```

```
for index, value in enumerate(range(10,15)):
    print((index, value), end='')
          #枚举 range 对象中的元素：(0,10) (1,11) (2,12) (3,13) (4,14)
```

4. map、reduce、filter

内置函数 map 把一个函数 func 依次映射到序列或迭代器对象的每个元素上，并返回一个可迭代的 map 对象作为结果，map 对象中的每个元素都是原序列中的元素经过函数 func 处理后的结果。

标准库 functools 中的内置函数 reduce 可以将一个接收 2 个参数的函数以迭代累积的方式，从左到右依次作用于一个序列或迭代器对象中的所有元素，并且允许指定一个初始值。

内置函数 filter 将一个单参数函数作用于一个序列，并返回该序列中使得该函数返回值为 True 的那些元素组成的 filter 对象。如果指定函数为 None，则返回序列中等价于 True 的元素。

示例程序如下：

```
# map 函数示例
import random
x=random.randint(1,1e30)  #生成指定范围内的随机整数
x                         #返回结果：839746558215897242220046223150
list(map(int,str(x)))     #提取大整数每位上的数字
                          #返回结果：[8,3,9,7,4,6,5,5,8,2,1,5,8,9,7,2,4,2,2,
                            2,0,0,4,6,2,2,3,1,5,0]
# reduce 函数示例
from functools import reduce
seq=list(range(1,10))
reduce(lambda x,y: x+y,seq)  #返回结果：45
#filter 函数示例
seq=['foo','x41','?!','***']
def func(x):
    return x.isalnum()    #测试是否为字母或数字
filter(func,seq)          #返回 filter 对象：<filter object at 0x000000000305D898>
list(filter(func,seq))    #把 filter 对象转换为列表，返回结果：['foo','x41']
```

5. range

range 函数是 Python 中常用的一个内置函数，语法格式为 range([start,] end [, step])，有 range(end)、range(start, end) 和 range(start, end, step) 三种用法。该函数返回具有惰性求值特点的 range 对象，其中包含左闭右开区间 [start, end) 内以 step 为步长的整数。参数 start 默认为 0，step 默认为 1。

示例程序如下：

```
range(5)                #start 默认为 0, step 默认为 1
range(0,5)
list(_)                 #注意, "_"指最近的内存变量值, 返回结果: [0,1,2,3,4]
list(range(1,10,2))     #指定起始值和步长, 返回结果: [1,3,5,7,9]
list(range(9,0,-2))     #步长为负数时, start 应比 end 大, 返回结果: [9,7,5,3,1]
```

6. zip

zip 函数用来把多个可迭代对象中的元素压缩到一起，返回一个可迭代的 zip 对象，其中每个元素都是包含原来多个可迭代对象对应位置元素的元组，即元素为（seq1[i]，seq2[i]，…），如同拉链一样。

示例程序如下：

```
list(zip('abcd', [1,2,3]))
                            #压缩字符串和列表, 返回结果: [('a',1),('b',2),('c',3)]
list(zip('123','abc',',.!'))#压缩 3 个序列
                            #返回结果: [('1','a',','),('2','b','.'),('3','c','!')]
x=zip('abcd','1234')
list(x)                     #返回结果: [('a','1'),('b','2'),('c','3'),('d','4')]
list(zip([1,2,3]))          #返回结果: [(1,),(2,),(3,)]
list(zip(*x))               #相当于 unzip 解压缩, 返回结果: [('a','b','c','d'),('1',
                             '2','3','4')]
```

七、函数式编程

对于常见的 for 循环计算，Python 提供了一些函数，可以让程序员以简洁的面向表达式的方法进行编程，避免了显示的循环。

- map(function，list)：将函数 function 映射到列表 list 中的每个元素，逐个返回序列。
- filter(function，list)：将过滤条件函数 function 映射到列表 list 中的每个元素，逐个返回符合条件的序列。
- reduce(function，list)：将函数 function 映射到列表 list 中的每个元素，返回单个结果。
- lambda：匿名函数。原则上一行代码即可表示一个函数。
- comprehension：推导式，又称为解析式。可以通过迭代方式来创建列表、字典、集合和元组（生成器表达式）。对于列表，使用推导式生成列表比 for 循环快 35%，比 map 快 45%。例如：[x ** 2 for x in range(1, 10)]，生成列表 [1，4，9，16，25，36，49，64，81]。

第五节　异常及其处理

一、异常的概念

异常是指程序运行时引发的错误，引发错误的原因有很多，例如除零、下标越界、

文件不存在、网络异常、类型错误、名字错误、字典键错误、磁盘空间不足，等等。如果这些错误得不到正确的处理，将会导致程序终止运行。因此，合理地使用异常处理结构可以使程序更加健壮，具有更强的容错性，不会因为用户不小心的错误输入或其他运行原因而导致程序终止。另外，也可以使用异常处理结构为用户提供更加友好的提示。程序出现异常或错误之后，是否能够调试程序并快速定位和解决存在的问题也是程序员综合水平和能力的重要体现之一。

当程序执行过程中出现错误时，Python 会自动引发异常，程序员也可以通过 raise 语句显式地引发异常。异常处理是程序执行过程中，由于输入不合法导致程序出错而在正常控制流之外采取的行为。

下面是部分常见异常表现形式示例：

```
>>> 2 / 0                                 #除零错误
Traceback (most recent call last):
  File "<pyshell#9>", line 1, in <module>
    2 / 0
ZeroDivisionError: division by zero
>>> 'a' + 2                               #操作数类型不支持，略去异常的详细信息
TypeError: Can't convert 'int' object to str implicitly
>>> {3,4,5}*3                             #操作数类型不支持
TypeError: unsupported operand type(s) for * : 'set' and 'int'
>>> print(testStr)                        #变量名不存在
NameError: name 'testStr' is not defined
>>> fp=open(r'D:\test.data', 'rb')        #文件不存在
FileNotFoundError: [Errno 2] No such file or directory: 'D: \\test.data'
>>> len(3)                                #参数类型不匹配
TypeError: object of type 'int' has no len()
>>> list(3)                               #参数类型不匹配
TypeError: 'int' object is not iterable
>>> import socket
>>> sock=socket.socket()
>>> sock.connect(('1.1.1.1', 80))         #无法连接远程主机
TimeoutError: [WinError 10060]由于连接方在一段时间后没有正确答复或连接的主机没有反应，连接尝试失败.
```

二、异常处理结构

Python 提供了多种不同形式的异常处理结构，它们的基本思路都是一致的：先尝试运行代码，如果没有问题就正常执行，如果发生了错误，就尝试着去捕获和处理，最后

实在无法解决就会发生崩溃。

（1）try…except…

try 中一旦出现异常，就会立即调用 except 子句，try 中剩下的代码不会再执行。语法格式如下：

```
try:
    有可能出现异常的代码
except 异常信息:
    出现异常时要运行的代码
```

（2）try…except…else…

try 中一旦出现异常，就会立即调用 except 子句，没有异常时将会执行 else 中的代码。

（3）try…except…finally…

无论是否发生异常，都将执行 finally 中的代码。else 与 finally 结合使用时，需要注意的是，finally 一定要放在最后。

示例程序如下：

```
#接收一个文本文件的名字，预期该文件中只包含一个整数，要求输出该数字加 5 之后的结果。如果文件不存在，就提示不存在；如果文件存在但内容格式不正确，就提示文件内容格式不正确
filename=input('请输入一个文件名:')
try:
    fp=open(filename)                    #尝试打开文件
    try:                                 #尝试读取数据并计算和输出
        print(int(fp.read())+5)
    except:                              #读取文件或计算失败时执行的代码
        print('文件内容格式不正确.')
    finally:                             #确保文件能够关闭
        fp.close()
except:                                  #打开文件失败时执行的代码
    print('文件不存在')
```

三、断言语句

断言语句 assert 也是一种比较常用的代码调试技术，常用来在程序的某个位置确认指定的条件是否满足，如果满足条件，就继续执行后续的代码，否则就抛出异常。一般来说，通过严格测试的代码在正式发布之前会删除 assert 语句，这样可以适当提高程序的运行速度。

示例程序如下：

```
a=3
b=5
assert a==b, 'a must be equal to b'
              #返回结果：AssertionError: a must be equal to b
```

思考与练习

1. Python 的代码如何注释？注释符号有哪些？

2. 如何查看一个 Python 函数的使用方法或者帮助？

3. Python 程序文件的缺省扩展文件名是什么？Jupyter Notebook 缺省保存程序的扩展文件名是什么？需要分别使用哪个解释器执行？

4. Python 的变量使用需要提前声明类型吗？能用中文命名变量吗？

5. Python 库的安装方法有哪些？在 Anaconda 的 Python 环境下，其安装命令有哪些？

6. Python 中如何导入对应包？用什么命令？大致的语法形式都有哪些？

7. 什么是惰性求值？举个例子。

8. 什么是字典？其定义形式是什么？字典是有顺序的序列吗？字典的 key 有何要求？

9. 什么是列表？列表是有序的吗？值是否可变？

10. 列表、字符串和数字的运算中，对于乘法有何不同？“*”运算符的使用异同有哪些？

11. 列举一些常用函数的作用，如拉链函数 zip、生成器函数 range、枚举函数 enumerate。

12. Python 三元运算符的语法形式是什么？有什么作用？

13. 说明循环语句中的 else、continue、break 语句的作用。

14. 函数定义的形式是什么？如何判断函数的开始与结束？什么是匿名函数？

15. 什么是函数的位置参数、关键字参数和可变参数？对应函数的定义与调用方法有何不同？

16. 字符串格式化的方法有哪些？常用的汉字字符串编码有哪些？

17. Python 语言的异常处理语法形式有哪些？如何抛出和捕获异常？调试时断言语句的作用是什么？

延伸阅读材料

1. 董付国. Python 程序设计基础与应用. 北京：机械工业出版社，2018.

2. Python 入门指南. www.pythondoc.com/pythontutorial3/index.html.

第三章

numpy 与 pandas 基础

教学目标

1. 了解 numpy 和 pandas 的常用数据结构、数据类型及其用途；

2. 掌握 numpy 多维数组的创建、存取、运算及数组间的合并、拆分等常见操作；

3. 理解 pandas 中 Series 和 DataFrame 的特点及与 numpy 多维数组的区别，掌握它们的创建、存取、运算等常用操作方法。

引导案例

中国的国宝大熊猫（panda）憨态可掬，受到人们的喜爱。Python 之所以能成为数据分析的首选编程语言，广泛使用 Python 的“大熊猫们”（pandas）有重要功劳。pandas 诞生于 2008 年，它的开发者是韦斯·麦金尼（Wes McKinney），他是一个量化金融分析工程师。pandas 其实是“Python data analysis”的简写，同时也衍生自计量经济学术语“panel data”（面板数据）。数据分析首先需要有便利的数据容器，其次是基于数据的便利操作方法，而 numpy 和 pandas 模块正是数据分析中最常用的数据容器和操作利器。

第一节　numpy 基础

一、为什么选择 numpy

Python 自身的嵌套列表结构（nested list structure）的运行和存储效率较低，不能适应大规模的数值计算、元素操作及矩阵运算等。而 numpy 模块则比嵌套列表高效得多，并且支持大量的多维数组与矩阵运算，针对数组运算还提供了大量的数学函数库。

numpy（即 numeric Python）的前身为 Numeric，最早由 Jim Hugunin 与其他协作者共同开发。2005 年，Travis Oliphant 在 Numeric 中结合了另一个同性质的程序库 numarray 的特色，并加入了其他扩展，从而开发了 numpy。numpy 开放源代码，并且由许多协作者共同维护开发。

numpy 专为严格的数字处理而生，提供了许多高级的数值编程工具，如矩阵数据类型、矢量处理以及精密的运算库。numpy 多为大型金融公司使用，一些核心的科学计算组织（如 Lawrence Livermore、NASA）也用其处理本来使用 C++、Fortran 或 Matlab 等完成的任务。

numpy 模块库包括一个强大的 *n* 维数组对象 array，比较成熟的函数库，用于整合 C/C++和 Fortran 代码的工具包，实用的线性代数、傅里叶变换和随机数生成函数。numpy 和稀疏矩阵运算包 scipy 配合使用会更加方便。

二、numpy 数据类型

numpy 支持的数据类型比 Python 内置的数据类型多，基本上可以和 C 语言的数据类型对应，其中部分类型对应 Python 内置的数据类型。numpy 的数值类型实际上是 dtype 对象的实例，并对应唯一的字符，包括 np.bool_，np.int32，np.float32 等。表 3-1 列举了常用的 numpy 数据类型。

表 3-1　numpy 数据类型

名称	描述
bool_	布尔类型（True 或者 False）
int_	默认的整数类型（类似于 C 语言中的 long、int32 或 int64）
intc	与 C 语言的 int 类型一样，一般是 int32 或 int64
intp	用于索引的整数类型（类似于 C 语言中的 ssize_t，一般情况下仍然是 int32 或 int64）
int8	字节（−128～127）
int16	整数（−32 768～32 767）
int32	整数（−2 147 483 648～2 147 483 647）
int64	整数（−9 223 372 036 854 775 808～9 223 372 036 854 775 807）
uint8	无符号整数（0～255）
uint16	无符号整数（0～65 535）
uint32	无符号整数（0～4 294 967 295）
uint64	无符号整数（0～18 446 744 073 709 551 615）
float_	float64 类型的简写
float16	半精度浮点数，包括 1 个符号位、5 个指数位、10 个尾数位
float32	单精度浮点数，包括 1 个符号位、8 个指数位、23 个尾数位

续表

名称	描述
float64	双精度浮点数，包括 1 个符号位、11 个指数位、52 个尾数位
complex_	complex128 类型的简写，即 128 位复数
complex64	复数，表示双 32 位浮点数（实数部分和虚数部分）
complex128	复数，表示双 64 位浮点数（实数部分和虚数部分）

numpy 提供了两种基本对象：ndarray（n-dimensional array object）和 ufunc（universal function object）。ndarray（下文统一称为数组）是存储单一数据类型的多维数组，而 ufunc 则是能够对数组进行处理的函数。

三、数据类型 ndarray

1. ndarray 简介

numpy 提供了一个 n 维数组类型 ndarray，它描述了相同类型的 items 的集合，如图 3－1所示。

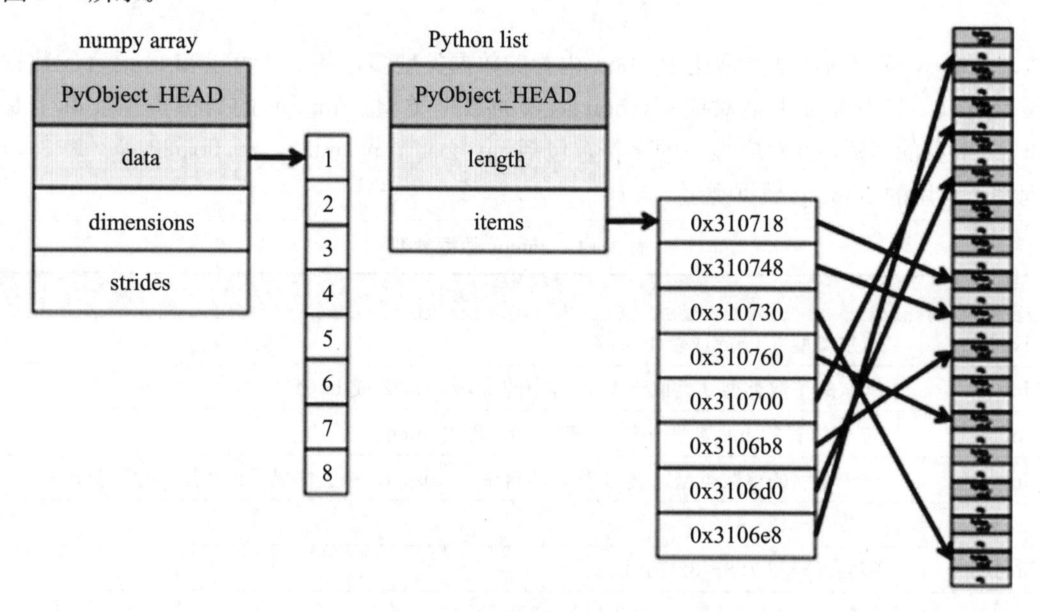

图 3－1　numpy array 数据结构

ndarray 与原生 Python 列表有很大区别。

首先，如图 3－1 所示，ndarray 在存储数据时，数据与数据的地址都是连续的，这样就使得批量操作数组元素时的速度更快。这是因为 ndarray 中所有元素的类型都是相同的，而 Python 列表中的元素类型是任意的，所以 ndarray 在存储元素时内存可以连续，而原生 Python 列表只能通过寻址方式找到下一个元素。这虽然导致了在通用性能方面 numpy 的 ndarray 不及原生 Python 列表，但在科学计算中，numpy 的 ndarray 可以省掉很多循环语句，代码使用方面比原生 Python 列表简单得多。

其次，numpy 内置了并行运算功能，当系统有多个核心时，若进行某种计算，

numpy 会自动并行计算。另外，numpy 底层使用 C 语言编写，数组中直接存储对象，而不是存储对象指针，所以其运算效率远高于纯 Python 代码。

2. numpy 数组属性

numpy 数组的维数称为秩（rank），秩就是轴（axis）的数量，即数组的维度（dimension），一维数组的秩为 1，二维数组的秩为 2，依此类推。

在 numpy 中，每个线性数组称为一个轴，即维度。比如，二维数组相当于两个一维数组，其中第一个一维数组中的每个元素又是一个一维数组。所以一维数组就是 numpy 中的轴，第一个轴相当于底层数组，第二个轴是底层数组里的数组。而轴的数量——秩就是数组的维数。

很多时候可以声明 axis。axis=0 表示沿着第 0 轴进行操作，即对每一列进行操作；axis=1 表示沿着第 1 轴进行操作，即对每一行进行操作。

numpy 数组中比较重要的 ndarray 对象属性如表 3-2 所示。

表 3-2　ndarray 对象属性

属性	说明
ndarray. ndim	秩，即轴的数量或维度的数量
ndarray. shape	数组的维度，对于矩阵是 n 行 m 列
ndarray. size	数组元素的总个数，相当于 ndarray. shape 中 $n \times m$ 的值
ndarray. dtype	ndarray 对象的元素类型
ndarray. itemsize	ndarray 对象中每个元素的大小，以字节为单位
ndarray. flags	ndarray 对象的内存信息
ndarray. data	包含实际数组元素的缓冲区，由于一般通过数组的索引获取元素，所以通常不需要使用这个属性

四、创建数组

1. 通过序列对象创建数组

可以通过给 numpy 模块的 array 函数传递 Python 的序列对象来创建数组，如果传递的是多层嵌套的序列，将创建多维数组（例如下面的示例程序中的变量 c）。

示例程序如下：

```
import numpy as np   #导入 numpy 模块，后面习惯使用别名 np
a=np.array([1,2,3,4])
b=np.array((5,6,7,8))
c=np.array([[1,2,3,4],[4,5,6,7],[7,8,9,10]])
b             #返回结果：array([5,6,7,8])
c             #返回结果：array([[1,2,3,4],[4,5,6,7],[7,8,9,10]])
c.dtype       #数组的元素类型可通过 dtype 属性获得，返回结果：dtype('int32')
```

```
a.shape    #一维数组，返回结果：(4,)
c.shape    #二维数组中，第 0 轴的长度为 3，第 1 轴的长度为 4，返回结果：(3,4)
c.shape=4,3        #注意，从(3,4)改为(4,3)并不是对数组进行转置，而只是改变了
                    每个轴的大小，数组元素在内存中的位置并没有改变
c          #返回结果：array([[1,2,3],[4,4,5],[6,7,7],[8,9,10]])
c.shape=2,-1       #当某个轴的元素为-1 时，将根据数组元素的个数自动计算此轴
                    的长度，因此下面的程序将数组 c 的 shape 改为了(2,6)
c          #返回结果：array([[1,2,3,4,4,5],[6,7,7,8,9,10]])
```

可以使用数组对象的 shape 属性查看或改变数组的形状，也可以使用 reshape 函数改变数组的形状，但数组对象改变形状后返回的对象与原数组共享同一个内存区域，因此，修改其中任意一个数组的元素都会同时修改另外一个数组。

示例程序如下：

```
d=a.reshape((2,2))   #使用数组的 reshape 函数可以创建一个改变了尺寸的新数
                       组，原数组的 shape 保持不变
d              #返回结果：array([[1,2],[3,4]])
a              #返回结果：array([1,2,3,4])
a[1] = 100     # 将数组 a 的第 2 个元素改为 100
d              #注意，数组 d 中的 2 也被改变了，返回结果：array([[1,100],[3,4]])
```

数组的元素类型可以通过 dtype 属性获得，利用 dtype 参数在创建数组时指定元素的类型。

示例程序如下：

```
np.array([[1,2,3,4],[4,5,6,7],[7,8,9,10]],dtype=np.float)
#返回结果：array([[ 1.,2.,3., 4.],
                [ 4.,5.,6., 7.],
                [ 7.,8.,9.,10.]])
np.array([[1,2,3,4],[4,5,6,7],[7,8,9,10]],dtype=np.complex)
#返回结果：array([[ 1.+0.j,2.+0.j,3.+0.j, 4.+0.j],
                [ 4.+0.j,5.+0.j,6.+0.j, 7.+0.j],
                [ 7.+0.j,8.+0.j,9.+0.j,10.+0.j]])
```

2. 通过特定函数创建数组

上面的例子都是先创建一个 Python 序列，然后通过 array 函数将其转换为数组，这样做的效率显然不高。因此，numpy 提供了很多专门用来创建数组的函数，也可以创建指定形状和类型的数组，如表 3-3 所示。

此外，zeros_like、ones_like、empty_like 等函数可创建与参数数组的形状及类型相同的数组。因此，“zeros_like(a)”和“zeros(a.shape, a.dtype)”的效果相同。还可以使用 frombuffer、fromstring、fromfile、fromfunction 等函数，从字节序列、文件中创建数组。

表 3-3　numpy 常用创建数组的函数

函数	功能说明	示例
arange	类似于 Python 的 range 函数，通过指定起始值、终值和步长来创建一维数组，注意，数组不包括终值	np. arange(0,1,0. 1)
linspace	通过指定起始值、终值和元素个数来创建一维数组，可以通过 endpoint 关键字指定是否包括终值，缺省设置是包括终值	np. linspace(0,1,10)：步长为 1/9
logspace	和 linspace 类似，不过它创建等比数列	np. logspace(0,2,20)：产生 1(10^0)～100(10^2)、有 20 个元素的等比数列
zeros	创建指定形状、数值为 0 的数组	np. zeros(4,np. float)
ones	创建指定形状、数值为 1 的数组	np. ones(6,np. float)
empty	创建指定形状的空数组，只分配内存，不对其进行初始化	np. empty((2,3),np. int)

五、数组切片与检索

1. 一维数组存取

同字符串和列表对象一样，可以通过下标和切片的方式存取 numpy 数组。

示例程序如下：

```
a=np.arange(10)
a[5]              #用整数作为下标可以获取数组中的某个元素，返回结果：5
a[3:5]            #用范围作为下标可以获取数组的切片，包括 a[3]但不包括 a[5]，
                   左闭右开，返回结果：array([3,4])
a[:5]             #省略开始下标，表示从 a[0]开始，返回结果：array([0,1,2,3,4])
a[:-1]            #下标可以使用负数，表示数组从后往前数，返回结果：array([0,
                   1,2,3,4,5,6,7,8])
a[2:4]=100,101    #下标可以用来修改元素的值
a                 #返回结果：array([0,1,100,101,4,5,6,7,8,9])
a[1:-1:2]         #范围中的第 3 个参数表示步长，2 表示隔一个元素取一个元素，返
                   回结果：array([1,101,5,7])
a[::-1]           #省略范围的开始下标和结束下标，步长为-1，整个数组头尾颠倒，
                   返回结果：array([9,8,7,6,5,4,101,100,1,0])
a[5:1:-2]         #步长为负数时，开始下标须大于结束下标，返回结果：array([5,101])
```

与 Python 的列表序列不同，通过下标范围获取的新数组是原始数组的一个视图，它与原始数组共享数据空间。

示例程序如下：

```
b=a[3:7]   #通过下标范围产生一个新的数组 b，b 和 a 共享数据空间
b          #返回结果：array([101,4,5,6])
b[2]=-10   #将 b 的第 2 个元素修改为-10
b          #返回结果：array([101,4,-10,6])
a          #a 的第 5 个元素也被修改为 10，返回结果：array([0,1,100,101,4,
            -10,6,7,8,9])
```

除了使用下标范围存取元素之外，numpy 还提供了两种存取元素的高级方法。

（1）使用整数序列。当使用整数序列对数组元素进行存取时，将使用整数序列中的每个元素作为下标，整数序列可以是列表或者数组。使用整数序列作为下标获得的数组不和原始数组共享数据空间。

（2）使用布尔数组。当使用布尔数组 b 作为下标存取数组 x 中的元素时，将收集数组 x 中所有在数组 b 中对应下标为 True 的元素。使用布尔数组作为下标获得的数组不和原始数组共享数据空间。注意，这种方式只对应于布尔数组，不能使用布尔列表。

示例程序如下：

```
x=np.arange(10,1,-1)
x                  #返回结果：array([10,9,8,7,6,5,4,3,2])
x[[3,3,1,8]]       #获取 x 中下标为 3，3，1，8 的 4 个元素，返回结果：array([7,7,9,
                    2])
b=x[np.array([3,3,-3,8])]     #下标可以是负数
b[2]=100
b     #返回结果：array([7,7,100,2])
x     #b 和 x 不共享空间，因此 x 值并没有改变，返回结果：array([10,9,8,7,6,5,4,
       3,2])
x[[3,5,1]]=-1,-2,-3        #整数序列的下标也可以用来修改元素的值
x     #返回结果：array([10,-3,8,-1,6,-2,4,3,2])
x=np.arange(5,0,-1)
x     #返回结果：array([5,4,3,2,1])
x[np.array([True, False, True, False, False])]  #布尔数组中下标为 0，2 的元素
                                                 为 True，因此获取 x 中下标为
                                                 0，2 的元素，返回结果：array
                                                 ([5, 3])
x[[True,False,True,False,False]]     #如果是布尔列表，则把 True 当作 1，False
                                      当作 0，按照整数序列方式获取 x 中的元
                                      素，返回结果：array([4,5,4,5,5])
x[np.array([True,False,True,True,False])]=-1,-2,-3     #布尔数组也可以
                                                        用来修改元素
x     #返回结果：array([-1,4,-2,-3,1])
```

2. 多维数组存取

多维数组的存取和一维数组类似，但多维数组有多个轴，因此它的下标需要用多个值来表示，numpy 采用元组作为数组的下标。虽然在 Python 中经常用圆括号将元组括起来，但其实元组的语法定义只需要用逗号隔开即可，例如，$x,y=y,x$ 就是用元组交换变量值的一个例子。

如图 3－2 所示，创建数组 a＝np. arange(0,60,10). reshape(－1,1)＋np. arange(0, 6)，a 为一个 6×6 的数组，图中用描框的颜色深浅区分了各个下标及其对应的选择区域。

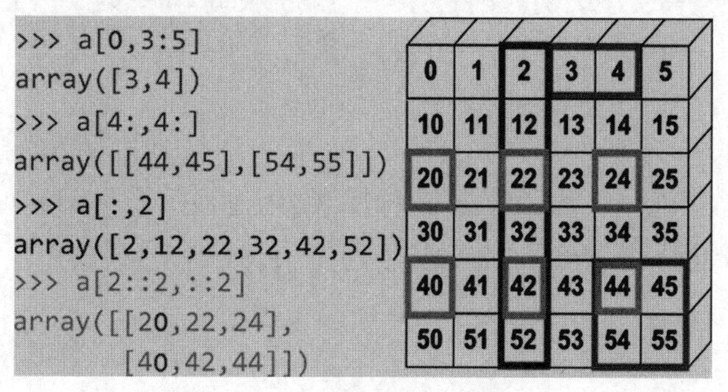

图 3－2　多维数组存取示例 1

多维数组同样也可以使用整数序列和布尔数，如图 3－3 所示。

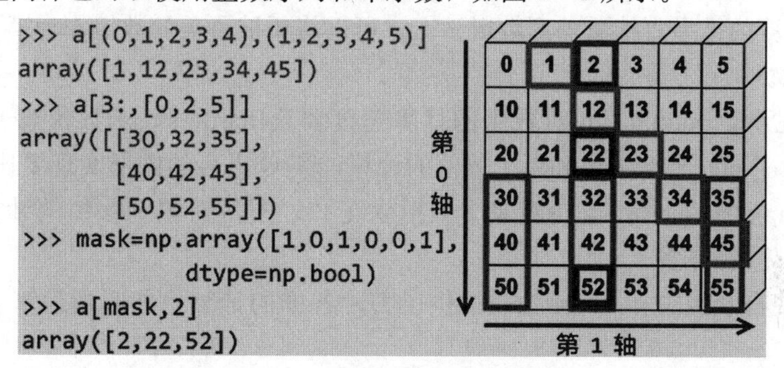

图 3－3　多维数组存取示例 2

- a[(0,1,2,3,4),(1,2,3,4,5)]：用于存取数组的下标和有两个元素的元组，元组中的每个元素都是整数序列，分别对应数组的第 0 轴和第 1 轴。从两个序列的对应位置取出两个整数组成下标：a[0,1]，a[1,2]，…，a[4,5]。
- a[3:,[0,2,5]]：下标中的第 0 轴是一个范围，它选取第 3 行及之后所有行；第 1 轴是整数序列，它选取第 0、2、5 三列。
- a[mask,2]：下标的第 0 轴是一个布尔数组，它选取第 0、2、5 行；第 1 轴是一个整数，选取第 2 列。

六、 numpy 数组运算

（一）ufunc 运算简介

为方便数组的批量运算，numpy 内置了许多通用的函数（ufunc），能对数组的每个元素进行操作，这些 ufunc 函数都是用 C 语言实现的，因此它们的计算速度非常快。例如：

```
# 对数组 x 中的每个元素进行正弦计算，返回一个同样大小的新数组
>>> x=np.linspace(0,2*np.pi,10)
>>> y=np.sin(x)
>>> y
array([ 0.00000000e+00, 6.42787610e-01, 9.84807753e-01, 8.66025404e-01,
3.42020143e-01, -3.42020143e-01, -8.66025404e-01, -9.84807753e-01,
-6.42787610e-01,-2.44921271e-16])
>>> t=np.sin(x,x)
>>> t
array([0.00000000e+00,6.42787610e-01,9.84807753e-01,8.66025404e-01,3.42020143e
-01, -3.42020143e-01, -8.66025404e-01, -9.84807753e-01, -6.42787610e-01,
-2.44921271e-16])
>>> id(t)==id(x)
True
```

sin$x$ 计算之后，x 中的值并没有改变，而是新创建了一个数组保存结果。如果希望将 sin 函数计算的结果直接覆盖到数组 x 上，可以将要被覆盖的数组作为第 2 个参数传递给 ufunc 函数。

通常情况下，numpy. sin 对数组的计算速度要比 math. sin 函数快 5～10 倍，因为 numpy. sin 为了同时支持数组和单个数值的计算，其 C 语言的内部实现要比 math. sin 复杂得多。numpy. sin 同样也支持对单个数值求正弦，不过对单个数值的计算，math. sin 要比 numpy. sin 快得多。

numpy 中有众多的 ufunc 函数，提供了各种各样的计算，如四则运算、比较和布尔运算等。

示例程序如下：

```
a=np.arange(0,4)
a                        #返回结果：array([0,1,2,3])
b=np.arange(1,5)
b                        #返回结果：array([1,2,3,4])
np.add(a,b)              #返回结果：array([1,3,5,7])
np.add(a,b,a)            #第 3 个参数指定计算结果所要写入的数组，如果指定的话，add
                          函数就不再产生新的数组，返回结果：array([1,3,5,7])
np.array([1,2,3]) < np.array([3,2,1])
                         #返回结果：array([True,False,False])
```

1. 四则运算

由于 Python 的操作符重载功能，计算两个数组相加可以简单地写为 $a+b$，而 np. add(a,b,a) 则可以用 $a+=b$ 来表示。下面是数组的运算符及其对应的 ufunc 函数的

一个列表，注意，除号“/”的意义根据是否激活__future__. division有所不同。

（1）y=x1+x2：add(x1,x2[,y])。

（2）y=x1-x2：subtract(x1,x2[,y])。

（3）y=x1 * x2：multiply(x1,x2[,y])。

（4）y=x1/x2：divide(x1,x2[,y])，如果两个数组的元素为整数，那么用整数除法。

（5）y=x1/x2：true divide(x1,x2[,y])，总是返回精确的商。

（6）y=x1//x2：floor divide(x1,x2[,y])，总是对返回值取整。

（7）y=-x：negative(x[,y])。

（8）y=x1 ** x2：power(x1,x2[,y])。

（9）y=x1%x2：remainder(x1,x2[,y])，mod(x1,x2,[,y])。

2. 比较和布尔运算

使用“==”“>”等比较运算符对两个数组进行比较，将返回一个布尔数组，它的每个元素值都是两个数组对应元素的比较结果，而且每个比较运算符也与一个ufunc函数对应。

示例程序如下：

```
np.array([1, 2, 3])<np.array([3, 2, 1])        #返回结果: array([True, False,
                                                  False],dtype=bool)
y=x1==x2          #equal(x1,x2[,y])
y=x1!=x2          #not_equal(x1,x2[,y])
y=x1<x2           #less(x1,x2,[,y])
y=x1<=x2          #less_equal(x1,x2,[,y])
y=x1>x2           #greater(x1,x2,[,y])
y=x1>=x2          #greater_equal(x1,x2,[,y])
```

由于Python中的布尔运算使用and、or和not等关键字，它们无法被重载，因此数组的布尔运算只能通过相应的ufunc函数进行，这些函数名都以“logical_”开头。另外，可以使用数组的any或all函数，只要数组中有一个值为True，any就返回True；只有数组的全部元素都为True，all才返回True。

示例程序如下：

```
a=np.arange(5)
b=np.arange(4,-1,-1)
a==b      #返回结果: array([False,False,True,False,False],dtype=bool)
a>b       #返回结果: array([False,False,False,True,True],dtype=bool)
np.logical_or(a==b,a>b)              #与a>=b相同，返回结果: array([False,
                                       False, True, True, True], dtype=bool)
np.any(a==b)                         #返回结果: True
np.any(a==b) and np.any(a>b)         #返回结果: True
```

（二）广播

当使用 ufunc 函数对两个数组进行计算时，ufunc 函数会对这两个数组的对应元素进行计算，因此它要求这两个数组有相同的大小，即 shape 相同。如果两个数组的大小不同，会进行如下的广播（broadcasting）处理：

（1）让所有输入数组都向其中长度最长的数组看齐，长度不足的部分都通过在前面加 1 补齐。

（2）输出数组的长度是输入数组长度在各个轴上的最大值。

（3）如果输入数组的某个轴和输出数组的对应轴的长度相同或者其长度为 1，这个数组就能够用来计算，否则出错。

（4）若输入数组的某个轴的长度为 1，则沿着此轴运算时都用此轴上的第一组值。

例如：

```
>>> a=np.arange(0,60,10).reshape(-1,1)
>>> a
array([[ 0],
       [10],
       [20],
       [30],
       [40],
       [50]])
>>> a.shape
(6,1)
>>> b=np.arange(0,5)
>>> b
array([0,1,2,3,4])
>>> b.shape
(5,)
>>> c=a+b      #计算 a, b 中所有元素组的和，得到一个 shape 为(6,5)的数组
>>> c
array ( [[ 0,  1,  2,  3,  4],
        [10, 11, 12, 13, 14],
        [20, 21, 22, 23, 24],
        [30, 31, 32, 33, 34],
        [40, 41, 42, 43, 44],
        [50, 51, 52, 53, 54]])
>>> c.shape
(6,5)
```

由于数组 a 和数组 b 的长度（即 ndim 属性）不同，根据规则（1），需要让数组 b 的长度向数组 a 看齐，于是在数组 b 的长度前面加 1，补齐为（1,5）。相当于做了如下计

算：b. shape=(1,5)。这样加法运算的两个输入数组的长度分别为（6,1）和（1,5），根据规则（2），输出数组的各个轴的长度为输入数组各个轴上长度的最大值，可知输出数组的长度为（6,5）。

由于数组 b 第0轴的长度为1，而数组 a 第0轴的长度为6，因此，为了让它们在第0轴上能够相加，需要将数组 b 第0轴的长度扩展为6，这相当于如下代码：

```
>>> b=b.reshape(1,-1).repeat(6,axis=0)
>>> b
array([[0,1,2,3,4],
       [0,1,2,3,4],
       [0,1,2,3,4],
       [0,1,2,3,4],
       [0,1,2,3,4],
       [0,1,2,3,4]])
```

由于数组 a 第1轴的长度为1，而数组 b 第1轴的长度为5，因此，为了让它们在第1轴上能够相加，需要将数组 a 第1轴的长度扩展为5，这相当于如下代码：

```
>>> a=a.repeat(5,axis=1)
>>> a
array([[ 0, 0, 0, 0, 0],
       [10,10,10,10,10],
       [20,20,20,20,20],
       [30,30,30,30,30],
       [40,40,40,40,40],
       [50,50,50,50,50]])
```

经过上述处理之后，数组 a 和数组 b 就可以按对应元素进行相加运算了。

numpy在执行 $a+b$ 运算时，其内部并不会真正将长度为1的轴用repeat函数进行扩展，因为这样做太浪费空间了。由于这种广播计算很常用，因此numpy提供了一种快速产生如上面 a、b 数组的方法：ogrid对象。

示例程序如下：

```
>>> x,y=np.ogrid[0:5,0:5]
>>> x
array([[0],
       [1],
       [2],
       [3],
       [4]])
>>> y
array([[0,1,2,3,4]])
```

（三）ufunc 其他方法

ufunc 函数本身还有一些方法，这些方法只对有两个输入、一个输出的 ufunc 函数有效，其他 ufunc 对象调用这些方法时会抛出 ValueError 异常。

reduce 方法和 Python 的 reduce 函数类似，它会对参数序列中的元素进行累积，沿着轴对数组进行操作。accumulate 方法和 reduce 方法类似，只是它返回的数组和输入数组的长度相同，并保存所有的中间计算结果。

示例程序如下：

```
>>> np.add.reduce([1,2,3])                          # 1 + 2 + 3
6
>>> np.add.reduce([[1,2,3],[4,5,6]], axis=1)       # (1+2+3),(4+5+6)
array([6,15])
>>> np.add.reduce([[1,2,3],[4,5,6]], axis=0)
array([5,7,9])
>>> np.add.accumulate([1,2,3])
array([1,3,6])
>>> np.add.accumulate([[1,2,3],[4,5,6]], axis=1)
array([[1,3, 6],
       [4,9,15]])
```

outer 方法支持数组乘法，规则是：（1）对于多维向量，全部展开成一维向量；（2）第 1 个参数表示倍数，使得第 2 个向量每次变为几倍；（3）第 1 个参数确定结果的行，第 2 个参数确定结果的列。

示例程序如下：

```
>>> np.multiply.outer([1,2,3,4,5],[2,3,4])
array([[ 2, 3, 4],
       [ 4, 6, 8],
       [ 6, 9,12],
       [ 8,12,16],
       [10,15,20]])
```

七、numpy 数组拼接合并

Python 中，numpy 数组的合并有很多方法，如 append、concatenate、stack、hstack、vstack、dstack 等，其中最广泛使用的是 append 和 concatenate。append 可读性好，比较灵活，但是占用内存大。concatenate 则不存在内存占用大的问题。

假设有两个数组 a，b，分别为 a=np.arange(0,9).reshape(3,3) 和 $b=2*a$，下面给出各类操作示例。

1. 水平合并

```
>>> np.hstack((a,b))
array([[0,1,2, 0, 2, 4],
       [3,4,5, 6, 8,10],
       [6,7,8,12,14,16]])
>>> np.concatenate((a,b),axis=1)
array([[0,1,2, 0, 2, 4],
       [3,4,5, 6, 8,10],
       [6,7,8,12,14,16]])
```

2. 垂直合并

```
>>> np.vstack((a,b))
array([[ 0, 1, 2],
       [ 3, 4, 5],
       [ 6, 7, 8],
       [ 0, 2, 4],
       [ 6, 8,10],
       [12,14,16]])
>>> np.concatenate((a,b),axis=0)
array([[ 0, 1, 2],
       [ 3, 4, 5],
       [ 6, 7, 8],
       [ 0, 2, 4],
       [ 6, 8,10],
       [12,14,16]])
```

3. 深度合并：沿着纵轴方向合并

```
>>> np.dstack((a,b))
array([[[0, 0],
        [1, 2],
        [2, 4]],
       [[3, 6],
        [4, 8],
        [5,10]],
       [[6,12],
        [7,14],
        [8,16]]])
```

4. 其他合并

其他合并方法有：列合并 column_stack，对于一维数组是按列方向合并，对于二维数组则同 hstack 一样；行合并 row_stack，对于一维数组是按行方向合并，对于二维数组则与 vstack 一样；另外，还有 extend 方法、直接相加“+”、flatten 方法等。

八、numpy 矩阵运算

numpy 与 Matlab 软件不同，对于多维数组的运算，缺省情况下并不使用矩阵运算，如果希望对数组进行矩阵运算，可以调用相应的函数。

numpy 库提供了 matrix 类，使用 matrix 类可创建矩阵对象，它们的加、减、乘、除运算缺省，采用矩阵方式计算，因此用法和 Matlab 十分类似。但是由于 numpy 中同时存在 ndarray 和 matrix 对象，用户很容易将两者混淆，这有违 Python 的“显式优于隐式”的原则，因此并不推荐在较复杂的程序中使用 matrix。

下面的代码是使用 matrix 的一个示例。a 是用 matrix 创建的矩阵对象，因此乘法和幂运算符都变成了矩阵运算。计算矩阵 a 和其逆矩阵的乘积，结果是一个单位矩阵。

```
>>> a=np.matrix([[1,2,3],[5,5,6],[7,9,9]])
>>> a*a**-1
matrix([[1.00000000e+00,1.66533454e-16,-1.11022302e-16],
        [0.00000000e+00,1.00000000e+00,-4.44089210e-16],
        [4.44089210e-16,5.55111512e-17,  1.00000000e+00]])
```

矩阵的乘积可以使用 dot 函数进行计算。对于二维数组，它计算的是矩阵乘积；对于一维数组，它计算的是其点积。当需要将一维数组当作列矢量或者行矢量进行矩阵运算时，推荐先使用 reshape 函数将一维数组转换为二维数组。

示例程序如下：

```
>>> a=np.array([1,2,3])
>>> a.reshape((-1,1))
array([[1],
       [2],
       [3]])
>>> a.reshape((1,-1))
array([[1,2,3]])
```

除了使用 dot 函数计算乘积之外，numpy 还提供了 inner 和 outer 等多种计算乘积的函数。这些函数计算乘积的方式不同，尤其是对于多维数组，更容易混淆。

（1）dot 函数。对于两个一维数组，计算的是这两个数组对应下标元素的乘积和（数学上称为内积）；对于两个二维数组，计算的是两个数组的矩阵乘积；对于两个多维数组，结果数组中的每个元素都是数组 a 的最后一维上的所有元素与数组 b 的倒数第二维上的所有元素的乘积和。通用计算公式如下：

$$\mathrm{dot}(a,b)[i,j,k,m]=\mathrm{sum}(a[i,j,:]*b[k,:,m])$$

（2）inner函数。和dot函数一样，对于两个一维数组，计算的是这两个数组对应下标元素的乘积和；对于两个多维数组，结果数组中的每个元素都是数组 a 和 b 的最后一维上元素的内积，因此数组 a 和 b 的最后一维的长度必须相等。通用计算公式如下：

$$\text{inner}(a, b)[i,j,k,m]=\text{sum}(a[i,j,:]*b[k,m,:])$$

（3）outer函数。只按照一维数组进行计算，如果传入的参数是多维数组，则先将此数组展平为一维数组，之后再进行运算。outer函数计算的是列向量和行向量的矩阵乘积。

矩阵中一些更高级的运算可以在numpy的线性代数子库linalg中找到。例如，inv函数计算逆矩阵，solve函数求解多元一次方程组。

第二节　pandas基础

一、为什么选择pandas

pandas是基于numpy的一种工具，该工具是为解决数据分析任务而创建的。pandas纳入了大量库和一些标准的数据模型，提供了高效地操作大型数据集所需的工具、函数和方法，是使Python成为强大而高效的数据分析环境的重要因素之一。

pandas是Python的一个数据分析包，最初由AQR Capital Management于2008年4月开发，并于2009年底开源。pandas最初被作为金融数据分析工具开发出来，因此，pandas为时间序列分析提供了很好的支持。pandas的名称来自面板数据（panel data）和Python数据分析（data analysis）。panel data是经济学中关于多维数据集的一个术语，pandas中也提供了panel这一数据类型。

二、pandas的数据结构

pandas提供的数据结构包括：

- Series：一维数组，与numpy中的一维array类似。二者与Python基本的数据结构list也很相近。Series能保存不同数据类型的数据，字符串、布尔值、数字等都能保存在Series中。
- Time-Series：以时间为索引的Series。
- DataFrame：二维表格型数据结构。很多功能与R语言中的data.frame类似。可以将DataFrame理解为Series的容器。
- panel：三维数组，可以理解为DataFrame的容器。
- Panel4D：像Panel一样的四维数据容器。
- PanelND：拥有factory集合，可以创建像Panel4D一样的 N 维数据容器的模块。

（1）Series。Series（系列）是一维标记数组，可以存储任意数据类型，如整型、字符串、浮点型和 Python 对象等，轴标一般指索引。

Series 与 numpy 一维 array 及 list 比较：list 中的元素可以是不同的数据类型，而 array和 Series 中只允许存储相同的数据类型，这样可以更有效地使用内存，提高运算效率。

（2）DataFrame。DataFrame（数据框）是二维表格型数据结构，列可以是不同的数据类型。它是最常用的 pandas 对象，像 Series 一样可以接收多种输入：list、dict、Series和 DataFrame 等。初始化对象时，除了数据，还可以传入 index 和 columns 这两个参数。

（3）panel。panel 很少使用，但它是很重要的三维数据容器。panel data 源于经济学，也是 pan(el)-da(ta)-s 的来源。安装方式：pip install panel。

约定俗成的导入惯例如下所示：

```
from pandas import Series, DataFrame
import pandas as pd
```

三、Series 相关操作

1. 创建 Series

通过传递一个 list 对象来创建 Series，默认创建整型索引。如创建一个用索引来确定每个数据点的 Series：

```
obj1=pd.Series([6,7,-5,3],index=['d','b','a','c'])
```

如果有数据在一个 Python 字典中，可以通过传递字典来创建一个 Series，例如：

```
sdata={'北京': 2188, '上海': 2489, '深圳': 1768, '杭州': 1237,'厦门':800}
obj2=pd.Series(sdata)
```

2. 存取元素

Series 对象可以通过索引标签或者整数下标的标量或序列检索元素，还可以通过布尔数组过滤、纯量乘法或使用数学函数来进行检索和计算。

示例程序如下：

```
In [51]: obj1=pd.Series([4,7,-5,3],index=['d','b','a','c'])
In [52]: obj1
Out[52]:
d    4
b    7
a   -5
c    3
dtype: int64
```

```
In [53]: obj1['d']=6
    ...: obj1[['c','a','d']]
Out[53]:
c     3
a    -5
d     6
dtype: int64
In [54]: obj1['a']
Out[54]: -5
In [55]: print(obj1[obj2>0])
    ...: print(obj1 * 2)
d    6
b    7
c    3
dtype: int64
d     12
b     14
a    -10
c      6
dtype: int64
In [56]: obj1[0]
Out[56]: 6
```

3. 运算与对齐

Series 的一个重要功能是，在算术运算中，它会自动对齐不同索引的数据，即行或列中标签一致的对应元素进行运算，没有对应的则为 NaN。

示例程序如下：

```
In [11]: sdata={'北京': 2188, '上海': 2489, '深圳': 1768, '杭州': 1237,'厦门':800}
    ...: obj2=pd.Series(sdata)
In [12]: 省=['北京', '上海', '深圳', '杭州']
    ...: obj3=pd.Series(sdata,index=省)
    ...: obj3
Out[12]:
北京     2188
上海     2489
深圳     1768
```

```
杭州     1237
dtype: int64
In [13]: obj2+obj3
Out[13]:
上海     4978.0
北京     4376.0
厦门        NaN
杭州     2474.0
深圳     3536.0
dtype: float64
```

4. 修改与检测

在 pandas 中，用函数 isnull 和 notnull 来检测数据是否丢失，如 pd.isnull(obj4)，pd.notnull(obj4)。

Series 也提供了这些函数的实例方法，如 obj4.isnull()。

从坐标轴删除条目，drop 函数将会返回一个新的对象并从坐标轴中删除指定的一个或多个值，如果设置参数“inplace=True”，则修改对象本身，没有返回值。

示例程序如下：

```
In [14]: obj=pd.Series(np.arange(5.),index=['a','b','c','d','e'])
    ...: print(obj)
a    0.0
b    1.0
c    2.0
d    3.0
e    4.0
dtype: float64
In [15]: new_obj=obj.drop('c')
    ...: print(new_obj)
    ...: obj.drop(['d','c'])
a    0.0
b    1.0
d    3.0
e    4.0
dtype: float64
Out[15]:
a    0.0
b    1.0
e    4.0
dtype: float64
```

Series 对象本身和它的索引都有一个 name 属性，它和 pandas 的其他一些关键功能整合在一起，Series 对象及其索引可以通过 name 属性命名。

示例程序如下：

```
In [16]: obj4.name='人口'
    ...: obj4.index.name='省份'
    ...: obj4
Out[16]:
省份
北京      2188
上海      2489
深圳      1768
杭州      1237
Name: 人口, dtype: int64
```

5. 其他方法

Series 对象还自带了其他方法，可以进行数值统计、字符串处理等，如 value_counts、str.lower 等函数。

四、DataFrame 相关操作

1. DataFrame 创建

创建 DataFrame 的方法有多种，如：

（1）通过传递一个 numpy array、时间索引以及列标签来创建一个 DataFrame。

（2）通过使用一个相等长度列表的字典来创建一个 DataFrame：

- 它的索引会自动分配，并且对列进行了排序。
- 如果设定了一个列的顺序，DataFrame 的列将会精确地按照所传递的顺序排列。

通过一个嵌套的字典格式创建 DataFrame，外部键会被解释为列索引，内部键会被解释为行索引，内部字典的键被结合并排序以形成结果的索引。

示例程序如下：

```
In [20]: pop={'深圳':{2001:2.4,2002:2.9},'上海':{2000:1.5,2001:1.7,2002:3.6}}
In [21]: frame1=pd.DataFrame(pop)
    ...: frame1
Out[21]:
        深圳   上海
2001    2.4    1.7
2002    2.9    3.6
2000    NaN    1.5
```

2. DataFrame 检索

DataFrame 中的一列可以通过字典记法或属性来检索，返回的 Series 里包含和 DataFrame

相同的索引。

示例程序如下：

```
In [21]: data={'省份':['北京','上海','上海','深圳','深圳','深圳'],
    ...: 'year':[2000,2001,2002,2001,2002,2003],
    ...: 'pop':[1.5,1.7,3.6,2.4,2.9,3.2]}
In [22]: frame2=pd.DataFrame(data, columns=['year', '省份', 'pop', 'debt'],
         index=['one', 'two', 'three', 'four', 'five', 'six'])
    ...: print(frame2)
    ...: frame2.columns
       year  省份  pop  debt
one    2000  北京  1.5  NaN
two    2001  上海  1.7  NaN
three  2002  上海  3.6  NaN
four   2001  深圳  2.4  NaN
five   2002  深圳  2.9  NaN
six    2003  深圳  3.2  NaN
Out[22]: Index(['year', '省份', 'pop', 'debt'], dtype='object')
In [23]: print(frame2['省份'])
    ...: frame2.year
one      北京
two      上海
three    上海
four     深圳
five     深圳
six      深圳
Name: 省份, dtype: object
Out[23]:
one      2000
two      2001
three    2002
four     2001
five     2002
six      2003
Name: year, dtype: int64
```

使用 loc 和 iloc 方法（严格来讲是 DataFrame 对象属性），分别按照标签名称和索引编号检索元素。注意：Python 2.x 中的 ix 索引方式将逐渐在 Python 3.x 版本中移除。

● loc 方法检索格式：loc[*索引标签名称序列，列标签名称序列*]，使用的不是圆括号，不像函数，而类似数组的使用方式。如 frame2.loc['three']。

- iloc 方法检索格式：[*索引编号序列，列编号序列*]。
- DataFrame 对象还支持布尔序列检索方式，如 data[data['three']>5]。

示例程序如下：

```
In [24]: data=pd.DataFrame(np.arange(16).reshape((4, 4)),
    ...:                  index=['北京', '上海', '武汉', '杭州'],
    ...:                  columns=['one', 'two', 'three', 'four'])
    ...: print(data)
    ...: data['two']
    ...: data[['three', 'one']]
      one  two  three  four
北京    0    1      2     3
上海    4    5      6    37
武汉    8    9     10    11
杭州   12   13     14    15
Out[24]:
      three  one
北京      2    0
上海      6    4
武汉     10    8
杭州     14   12
In [25]: print(data[:2])
    ...: data[data['three'] > 5]
      one  two  three  four
北京    0    1      2     3
上海    4   56     37
Out[25]:
      one  two  three  four
上海    4    5      6     7
武汉    8    9     10    11
杭州   12   13     14    15
In [26]: data.loc['北京', ['two', 'three']]
Out[26]:
two      1
three    2
Name: 北京, dtype: int32
In [27]: data.iloc[2, [3, 0, 1]]
Out[27]:
four    11
one      8
two      9
Name: 武汉, dtype: int32
```

3. DataFrame 赋值

DataFrame 的列可以通过赋值来修改，索引对象不能修改。例如，空的“debt”列可以通过一个纯量或一个数组来赋值；但通过列表或数组给一列赋值时，所赋的值的长度必须和 DataFrame 的长度相匹配。

使用 Series 赋值时，它会代替在 DataFrame 中精确匹配的索引的值，并在所有的空洞插入丢失数据 NaN；给一个不存在的列赋值时，将会创建一个新的列。

4. 算术运算

pandas 最重要的特性之一是在具有不同索引的对象间进行算术运算。当把对象相加时，如果有任何索引对不相同，则在结果中将会把各自的索引联合起来。

示例程序如下：

```
df1=pd.DataFrame(np.arange(12.).reshape((3,4)), columns=list('abcd'))
df2=pd.DataFrame(np.arange(20.).reshape((4,5)), columns=list('abcde'))
df2.loc[1,'b']=np.nan
print(df1)
df2
df1+df2
```

运行结果如下：

df1

	a	b	c	d
0	0.0	1.0	2.0	3.0
1	4.0	5.0	6.0	7.0
2	8.0	9.0	10.0	11.0

df2

	a	b	c	d	e
0	0.0	1.0	2.0	3.0	4.0
1	5.0	NaN	7.0	8.0	9.0
2	10.0	11.0	12.0	13.0	14.0
3	15.0	16.0	17.0	18.0	19.0

df1+df2

	a	b	c	d	e
0	0.0	2.0	4.0	6.0	NaN
1	9.0	NaN	13.0	15.0	NaN
2	18.0	20.0	22.0	24.0	NaN
3	NaN	NaN	NaN	NaN	NaN

在不同索引对象间进行算术运算时，若一个轴标签在另一个对象中找不到，可以填充一个特定的值，如 0。

示例程序如下：

```
df1.reindex(columns=df2.columns, fill_value=0)
df1
```

	a	b	c	d	e
0	0.0	1.0	2.0	3.0	0
1	4.0	5.0	6.0	7.0	0
2	8.0	9.0	10.0	11.0	0

5. 删除

对于 DataFrame 对象，可以从任何坐标轴删除索引值，也可以像字典一样，使用“del+关键字”删除列。对应的 drop 函数，缺省删除对应行，即索引标签 axis=0；指定

axis=1或axis='columns'，表示删除整列；drop函数返回删除后的结果，缺省则不对原对象进行修改，参数inplace用于指定是否修改原对象。

示例程序如下：

```
In [29]: data.drop(['北京','上海'],inplace=True)
In [30]: data
Out[30]:
      one  two  three  four
武汉    8    9     10    11
杭州   12   13     14    15
In [31]: data.drop('two',axis=1)
    ...: data.drop(['four'],axis='columns')
Out[31]:
      one  two  three
武汉    8    9     10
杭州   12   13     14
In [32]: data
Out[32]:
      one  two  three  four
武汉    8    9     10    11
杭州   12   13     14    15
In [34]: frame2['eastern']=frame2.省份=='上海'
    ...: frame2
Out[34]:
       year  省份  pop  debt  eastern
one    2000  北京  1.5   NaN    False
two    2001  上海  1.7   NaN     True
three  2002  上海  3.6   NaN     True
four   2001  深圳  2.4   NaN    False
five   2002  深圳  2.9   NaN    False
six    2003  深圳  3.2   NaN    False
In [35]: del frame2['eastern']
    ...: frame2.columns
Out[35]: Index(['year', '省份', 'pop', 'debt'], dtype='object')
```

6. DataFrame和Series之间的运算

DataFrame和Series间的运算操作与numpy的数组运算广播机制类似。如果一个索引值在DataFrame的列和Series的索引里都找不到，则对象将会从它们的联合里重建索引。

示例程序如下：

```
In [36]: frame=pd.DataFrame(np.arange(12.).reshape((4,3)),
    ...:                    columns=list('bde'),
    ...:                    index=['昆明', '兰州', '长沙', '桂林'])
    ...: series=frame.iloc[0]
    ...: print(frame)
    ...: print(series)
       b     d     e
昆明  0.0   1.0   2.0
兰州  3.0   4.0   5.0
长沙  6.0   7.0   8.0
桂林  9.0  10.0  11.0
b    0.0
d    1.0
e    2.0
Name: 昆明, dtype: float64
In [37]: frame-series
Out[37]:
       b    d    e
昆明  0.0  0.0  0.0
兰州  3.0  3.0  3.0
长沙  6.0  6.0  6.0
桂林  9.0  9.0  9.0
```

五、pandas 索引对象

1. 索引简介

pandas 的索引对象用来保存坐标轴标签和其他元数据（如坐标轴名称）。构建 Series 或 DataFrame 时，任何数组或其他序列的标签都在内部转化为索引。

pandas 中的主要索引对象包括：

- Index：最通用的索引对象，使用 Python 对象的 numpy 数组来表示坐标轴标签。
- Int64Index：对整型值的特化索引。
- MultiIndex：“分层”索引对象，表示单个轴的多层次索引，可以认为是类似元组的数组。
- DatetimeIndex：存储纳秒时间戳。使用 numpy 的 Datetime64 数据类型表示。
- PeriodIndex：对周期（时间间隔的）数据的特化索引。
- RangeIndex：区间索引，属于 Index 的子类，作用是为数据选择器提供一个数字索引，主要用于行索引。

下面的代码是 RangeIndex 索引对象的示例：

```
In [38]: obj=pd.Series([4,7,-5,3])
    ...: obj
Out[38]:
0    4
1    7
2   -5
3    3
dtype: int64
In [39]: print(obj.values)
    ...: print(obj.index)   # 返回 RangeIndex 对象，类似 range(4)
[ 4  7 -5  3]
RangeIndex(start=0, stop=4, step=1)
```

每个索引都有许多关于集合逻辑的方法和属性（如表 3－4 所示），且能够解决它所包含的数据的常见问题。

表 3－4　pandas 索引对象的方法和属性

索引方法	说明
append	链接额外的索引对象，产生一个新的索引
diff	计算索引的差集
intersection	计算交集
union	计算并集
isin	计算出一个布尔数组，表示每个值是否包含在所传递的集合里
delete	计算删除指定位置的元素后的索引
drop	计算删除所传递的值后的索引
insert	计算在指定位置插入元素后的索引
is_unique	如果索引没有重复的值，则返回 True
is_monotonic	如果每个元素都比它前面的元素大或相等，则返回 True
unique	计算索引的唯一值数组

索引也有类似于固定大小集合的功能，示例程序如下：

```
In [40]: print(frame3)
    ...: print(frame3.columns)
    ...: print('上海' in frame3.columns)
    ...: print(2003 in frame3.index)
      深圳   上海
2001   2.4   1.7
2002   2.9   3.6
```

```
2000   NaN  1.5
Index(['深圳', '上海'], dtype='object')
True
False
```

2. 重建索引

pandas 的 reindex 方法可以使数据符合一个新的索引，以此来构造一个新的对象。reindex 方法返回重建索引后的结果，原对象并没有改变，其参数包括：

- index：作为索引的新序列，可以是索引实例或任何类似序列的 Python 数据结构。索引被完全使用，没有任何拷贝。
- method：插值（填充）方法。
- fill_value：重建索引时引入的缺失数据值。
- limit：向前或向后填充时最大的填充间隙。
- level：在多层索引上匹配简单索引，否则选择一个子集。
- copy：如果新索引与旧索引相等，则底层数据不会拷贝。该参数默认为 True，即始终拷贝。

在 Series 上调用 reindex 重排数据，使得它符合新的索引，如果哪个索引的值不存在，就引入缺失数据值。示例程序如下：

```
In [41]: obj=pd.Series([4.5,7.2,-5.3,3.6],index=['d','b','a','c'])
    ...: obj
Out[41]:
d    4.5
b    7.2
a   -5.3
c    3.6
dtype: float64
In [42]: obj2=obj.reindex(['a','b','c','d','e'])
    ...: obj2
Out[42]:
a   -5.3
b    7.2
c    3.6
d    4.5
e    NaN
dtype: float64
```

重建索引时，如果指定索引在原对象的索引中不存在，则可指定填充方法，method 选项可以做到这一点，使用 ffill 方法可以向前填充值，使用 bfill 方法可以向后填充值。

示例程序如下：

```
In [43]: obj3=pd.Series(['blue','purple','yellow'],index=[0,2,4])
    ...: obj3
Out[43]:
0      blue
2    purple
4    yellow
dtype: object
In [44]: obj3.reindex(range(6),method='ffill')
Out[44]:
0      blue
1      blue
2    purple
3    purple
4    yellow
5    yellow
dtype: object
```

对于DataFrame，reindex函数可以改变行索引、列索引或两者都改变。当只传入一个序列时，结果中的行会被重新索引。下面是分别对行和列重新索引的示例。

```
In [46]: frame=pd.DataFrame(np.arange(9).reshape((3,3)),
                                   index=['a','c','d'],columns=['北京','兰州','武汉'])
    ...: print(frame)
    ...: frame2=frame.reindex(['a','b','c','d'])
    ...: frame2
   北京  兰州  武汉
a    0    1    2
c    3    4    5
d    6    7    8
Out[46]:
    北京  兰州  武汉
a   0.0   1.0   2.0
b   NaN   NaN   NaN
c   3.0   4.0   5.0
d   6.0   7.0   8.0
In [47]: states=['北京','杭州','郑州']
    ...: frame.reindex(columns=states)
Out[47]:
    北京  杭州  郑州
```

```
a   0   NaN   NaN
c   3   NaN   NaN
d   6   NaN   NaN
```

3. 排序与重置索引

pandas 提供了对元素进行排序或者按照实际位置重新编号（即重置索引）的方法。示例程序如下：

```
#由列表生成 Series，求均值和描述性统计量
numbers=pd.Series([1962,1960,1968,1965,2012,2016])
numbers.mean()
numbers.describe()
sorted_numbers=numbers.sort_values(ascending=False)
print(sorted_numbers)
sorted_numbers.reset_index(drop=True)     #原值未变，返回重置索引后的值
print(sorted_numbers)
```

思考与练习

1. numpy 创建的数组与列表相比有何异同？
2. numpy 创建数组的方法 arange、linespace、logspace 各有什么作用？
3. numpy 存取元素的方法有哪些？存取后的变量与原始数组是否共享数据空间？分不同情况吗？
4. numpy 的 any 和 all 方法有何作用和区别？
5. numpy 的两个数组的 shape 不同时，如何进行算术运算？
6. numpy 数组的拼接方法有哪些？简单介绍。
7. pandas 中常用的数据结构有哪几种？有何区别？
8. pandas 的 Series 和 DataFrame 数据结构与 numpy 的数组有何区别？
9. 试描述 pandas 的 Series 和 DataFrame 算术运算的广播机制。
10. DataFrame 元素的检索方法有哪些？
11. DataFrame 之间的连接方法有哪些？
12. pandas 提供了哪些可以检测缺失数据并且可以删除缺失数据和重复数据的方法？
13. 对于 DataFrame 对象，如何进行分组统计？
14. pandas 提供了哪些读取外部数据源的方法？

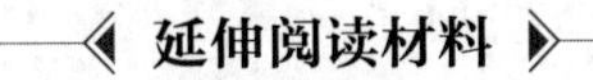

延伸阅读材料

NELLI F. Python data analytics—with pandas，numpy，and matplotlib. California：Apress，2018.

第四章

数据可视化

教学目标

1. 了解数据可视化的相关概念、发展历史、相关方法和工具及图表类型；

2. 熟悉 matplotlib 数据可视化模块的基本使用方法和常见的可视化技巧；

3. 掌握 pandas 和 seaborn 等其他数据可视化模块的常用方法，并理解常见数据可视化模块的特点、区别和适用范围。

引导案例

自 2020 年起，新冠疫情期间，新浪网站每天都会更新中国和其他国家的疫情数据，其中以标注不同颜色的地图和折线图或柱状图最为直观，方便公众及时了解疫情进展。出生于 20 世纪初的中国地理学家陈正祥一生致力于绘图，主张用地图说话，用地图反映历史，利用地图对政治、经济、文化、生态、环境等进行描绘和阐述。他绘制的中国诗人分布图，直观地展示出了唐代诗人主要集中在黄河流域，宋代诗人则主要集中在长江流域，反映出了中国经济自唐代之后，慢慢开始从黄河流域向长江流域转移。

第一节　数据可视化概述

一、数据可视化简介

（一）什么是数据可视化

与单纯的数据和数字相比，图形显得更为直观、生动。数据可视化是关于数据视觉表现形式的科学技术研究，它让数据更有意义、更贴近人的直观感受，因此数据可视化是艺术与技术的结合。它将各种数据用图形化的方式呈现出来，为用户展示已知数据之间的规律、趋势和相关关系，帮助用户认识数据，发现这些数据反映的实质。因此，数据可视化是数据探索性分析的重要组成部分，有助于用户发现数据之间的分布特征、相互关系和总体趋势，为进一步的数据处理和分析提供直观参考。

（二）数据可视化发展历史

1. 数据可视化的起源

早在 10 世纪，一位天文学家绘制的一幅天文作品中就包含了许多现代统计图形元素，如坐标轴、网格和时间序列。到了 17 世纪，随着社会的进一步发展和文字的广泛使用，物理、化学和数学等都开始蓬勃发展，统计学也开始萌芽。数据的价值开始受到人们重视，人口、商业、农业等经验数据开始被系统地收集整理和记录下来，因此各种图表和图形也开始诞生。18 世纪，苏格兰工程师威廉·普莱费尔（William Playfair）创造了今天常用的几种基本数据可视化图形，如折线图、条形图、饼图。

2. 数据可视化的广泛应用

到了 19 世纪，数据可视化绘图得到了广泛使用。在统计图形方面，散点图、直方图、极坐标图和时间序列图等当代统计图形的常用形式都已出现；在主题图形方面，主题地图和地图集成为这个年代展示数据信息的一种常用方式，涵盖社会、经济、疾病、自然等各个领域的主题。图 4-1 为 19 世纪英国护士和统计学家南丁格尔绘制的统计英军死亡人数的可视化图形。

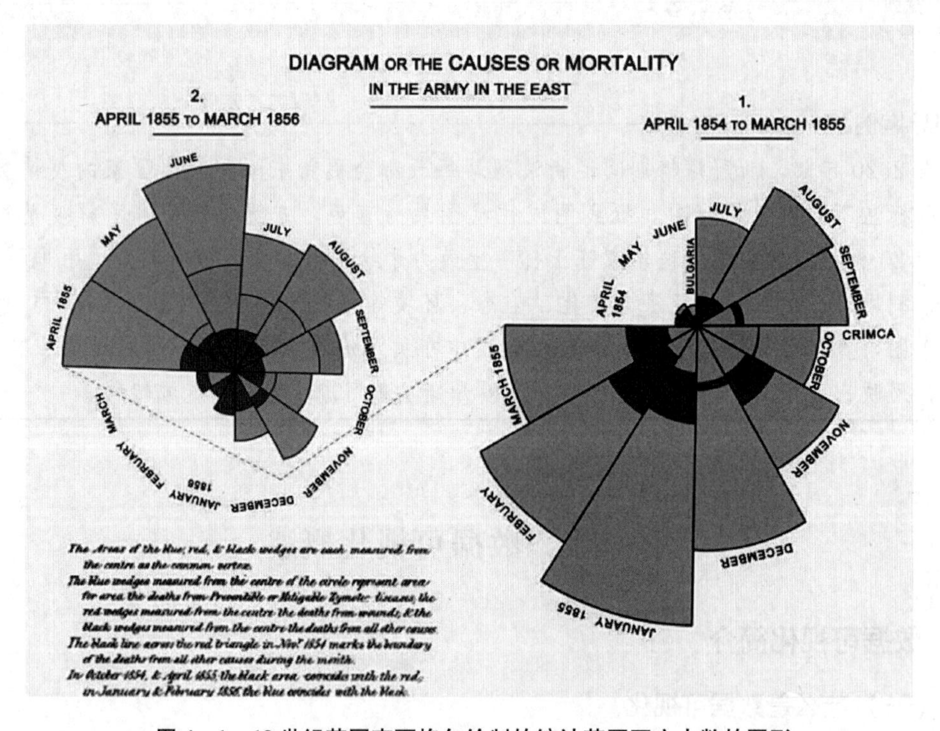

图 4-1　19 世纪英国南丁格尔绘制的统计英军死亡人数的图形

资料来源：邓力．南丁格尔玫瑰图．中国统计，2017(6)：34-36.

3. 21世纪的大数据可视化

进入21世纪，计算机技术取得了巨大的进展，随着数据规模呈指数级增长，数据的内容和类型也比以前更加丰富，给人们提供了新的可视化素材，推动了大数据可视化领域的发展。大数据可视化已经注定成为可视化历史中新的里程碑，VR、AR、MR、全息投影等当下最火热的数据可视化技术已经被广泛应用到游戏、房地产、教育等各行各业，数据可视化在商业领域的应用示例如图4-2所示。

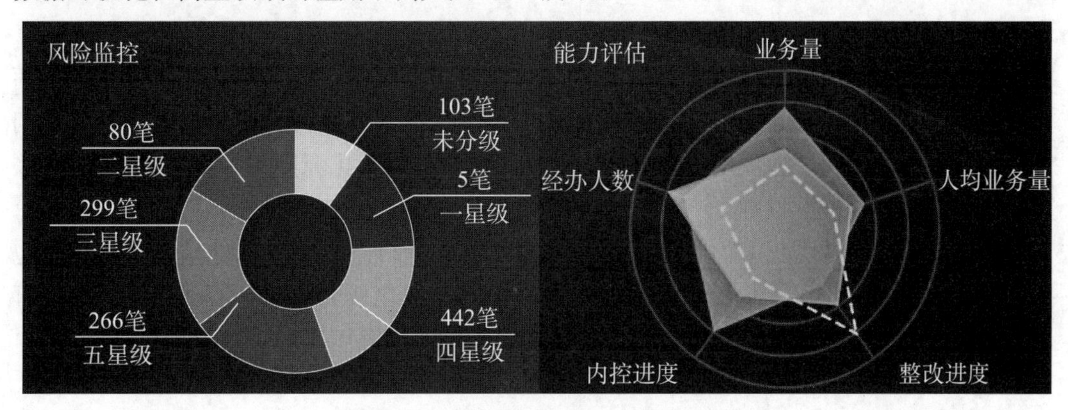

图4-2 数据可视化商业应用示例

二、数据可视化方法与组成

1. 数据可视化基本概念

数据可视化技术包含以下几个基本概念：

(1) 数据空间：由n维属性和m个元素组成的数据集所构成的多维信息空间。

(2) 数据开发：利用一定的算法和工具对数据进行定量的推演和计算。

(3) 数据分析：对多维数据进行切片、切块、旋转等操作来剖析数据，从而能多角度、多侧面地观察数据。

(4) 数据可视化：将大型数据集中的数据以图形的形式表示，并利用数据分析和开发工具发现其中的未知信息。

2. 数据可视化组成

数据可视化技术一般由三个方面组成，如图4-3所示。

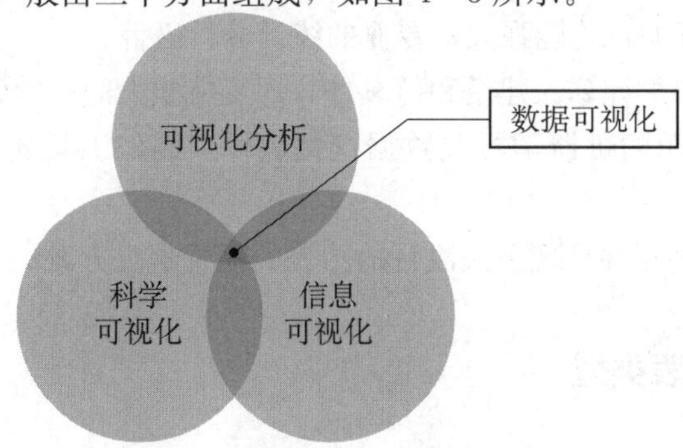

图4-3 数据可视化组成之维恩图

（1）科学可视化：主要关注三维现象的可视化，包含气象学、生物学、物理学、农学等，重点在于对客观事物的体、面及光源等的逼真渲染。

（2）信息可视化：将数据信息和知识转换成一种视觉形式，信息可视化充分利用了人们对可视模式快速识别的自然能力。

（3）可视化分析：是科学可视化与信息可视化领域发展的产物，侧重于借助交互式的用户界面对数据进行分析与推理。

3. 数据可视化应用与挑战

目前，数据可视化的应用十分广泛，政府机构、金融机构、医学、工业以及电子商务行业中都有数据可视化的身影。为了让数据可视化达到较好的直观展现效果，学者们对数据可视化提出了一些原则或标准，多数认可的数据可视化原则包括实用性、完整性、真实性、艺术性、交互性等。

然而，数据可视化仍旧面临一些挑战，如可视化分析过程中数据的呈现方式，它包括可视化技术和信息可视化显示。目前，数据简约可视化研究中，高清晰显示、大屏幕显示、高可扩展数据投影、维度降解等技术都试着从不同角度来解决这个难题。

三、数据可视化相关工具

不同的开发语言和工具一般都有相应的数据可视化工具，下面是除了 Python 之外的一些常用的数据可视化工具：

- Excel：简单方便，但功能有限。
- D3. js：D3（数据驱动文件）是一种支持 SVG 渲染的 JavaScript 库。
- Flot：基于 jQuery 的开源 JavaScript 库。
- Google Chart API：提供了从简单的线图到复杂的分层树地图等，内置了动画和用户交互控制。
- Visual. ly：提供即时数据可视化功能，并提供大量信息图模板。
- ModestMaps：可视化的数据地图工具，目前最小的可用地图库。
- Processing：交互式可视化处理的模范工具，可循环编译为 Java。
- CartoDB：在 Web 中用来存储和虚拟化地理数据的工具，可轻易地将表格数据和地图关联起来。
- R 语言：免费开源，功能强大，专业的统计分析语言。
- Matlab：除了科学计算、建模和仿真外，还支持强大的科学数据可视化。
- Weka：免费开源的机器学习及数据挖掘软件。类似工具还有 RapidMiner、Tableau 等。
- iCharts：用于创建并呈现引人注目的图表的托管解决方案。

四、数据可视化图表类型

按照数据的作用和功能，可以把图表分为以下几类：比较类、分布类、流程类、地图类、占比类、区间类、关联类、时间类和趋势类等。每种类型的图表中都可包含不同的数据可视化图形，如柱状图、饼图、气泡图、热力图、趋势图、直方图、雷达图、色块图、漏斗图、和弦图、仪表盘、面积图、折线图、K线图、环图、词云等。

1. 柱状图

柱状图（bar graph）又称长条图、条状图、棒形图，是一种以长方形的长度为变量的统计图表，如图4-4所示。柱状图用来比较两个或两个以上的数值（不同时间或者不同条件），只有一个变量，通常用于较小数据集的分析。柱状图亦可横向排列，或用多维方式表达。

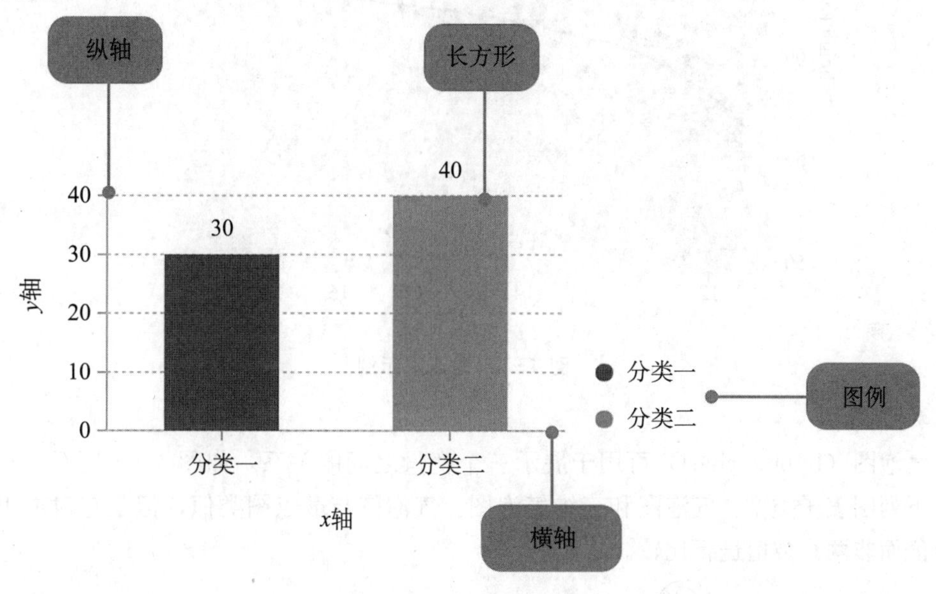

图4-4　柱状图示例

2. K线图

K线图又称阴阳图、棒线、蜡烛线等，可反映股价情况，包含开盘价、收盘价、最高价、最低价等信息，如图4-5所示。

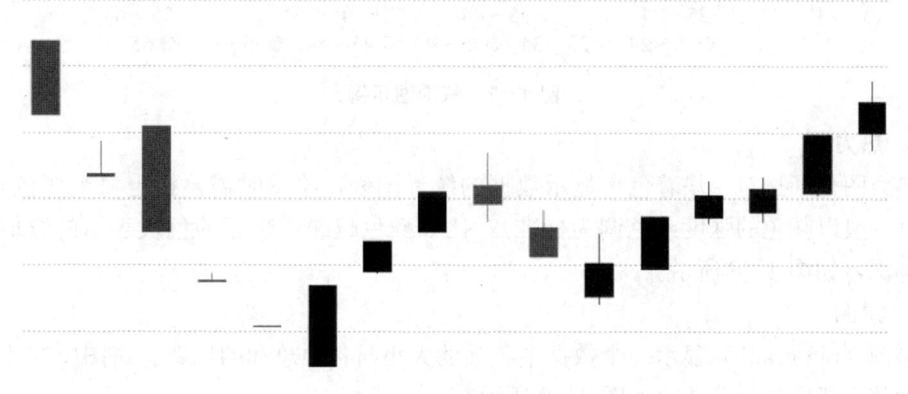

图4-5　K线图示例

3. 散点图

散点图（scatter plot）用两组数据构成多个坐标点，考察坐标点的分布，判断两个变量之间是否存在某种关联或总结坐标点的分布模式。散点图将序列显示为一组点，值由点在图表中的位置表示，类别由图表中的不同标记表示。散点图通常用于比较跨类别的聚合数据，如图 4－6 所示。

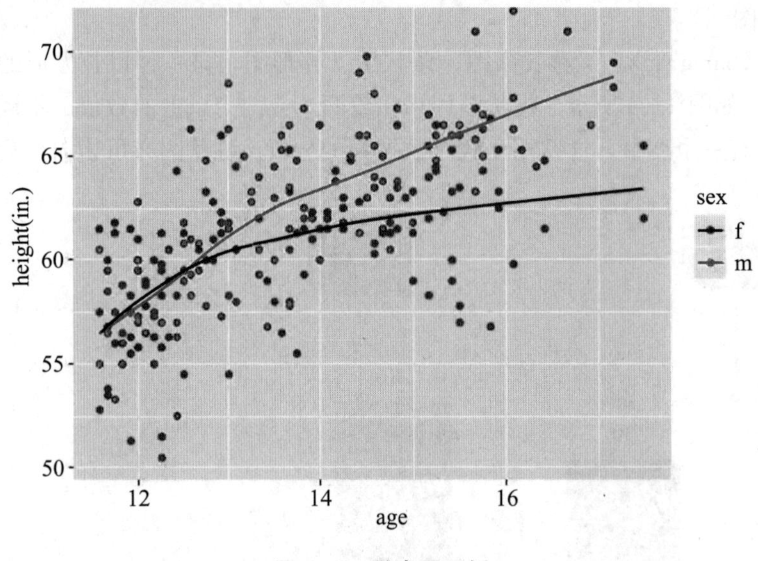

图 4－6　散点图示例

4. 气泡图

气泡图（bubble chart）可用于展示三个变量之间的关系，如图 4－7 所示。气泡图具有下列图表子类型：气泡图和三维气泡图。气泡图与散点图类似，但是它对成组的三个数值而非两个数值进行比较。

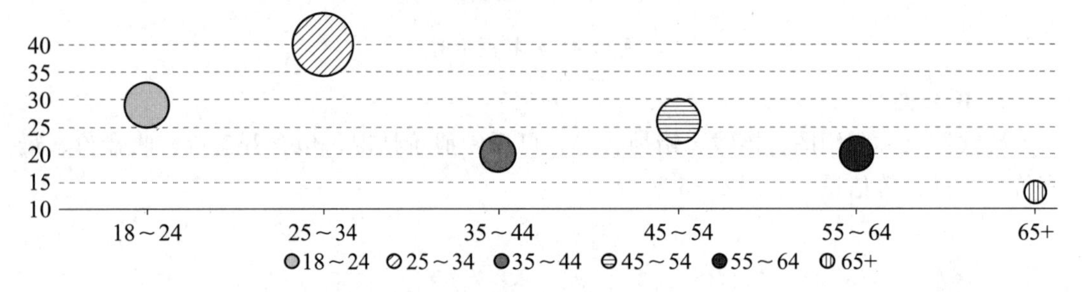

图 4－7　气泡图示例

5. 热力图

热力图是通过对色块着色来显示数据的统计图表，绘图时需要指定每个颜色映射的规则（一般以颜色的强度或色调为标准），比如颜色越深或越亮的色块表示的数值越大、程度越深，如图 4－8 所示。

6. 饼图

饼图（pie graph）显示一个数据中各项的大小与各项总和的比例。饼图中的数据点①显示为整个饼图的百分比，如图 4－9 所示。

---

① 即在图表中绘制的单个值，这些值由条形、柱形、折线、饼图或环形图的扇面、圆点和其他被称为数据标记的图形表示。相同颜色的数据标记组成一个数据系列。

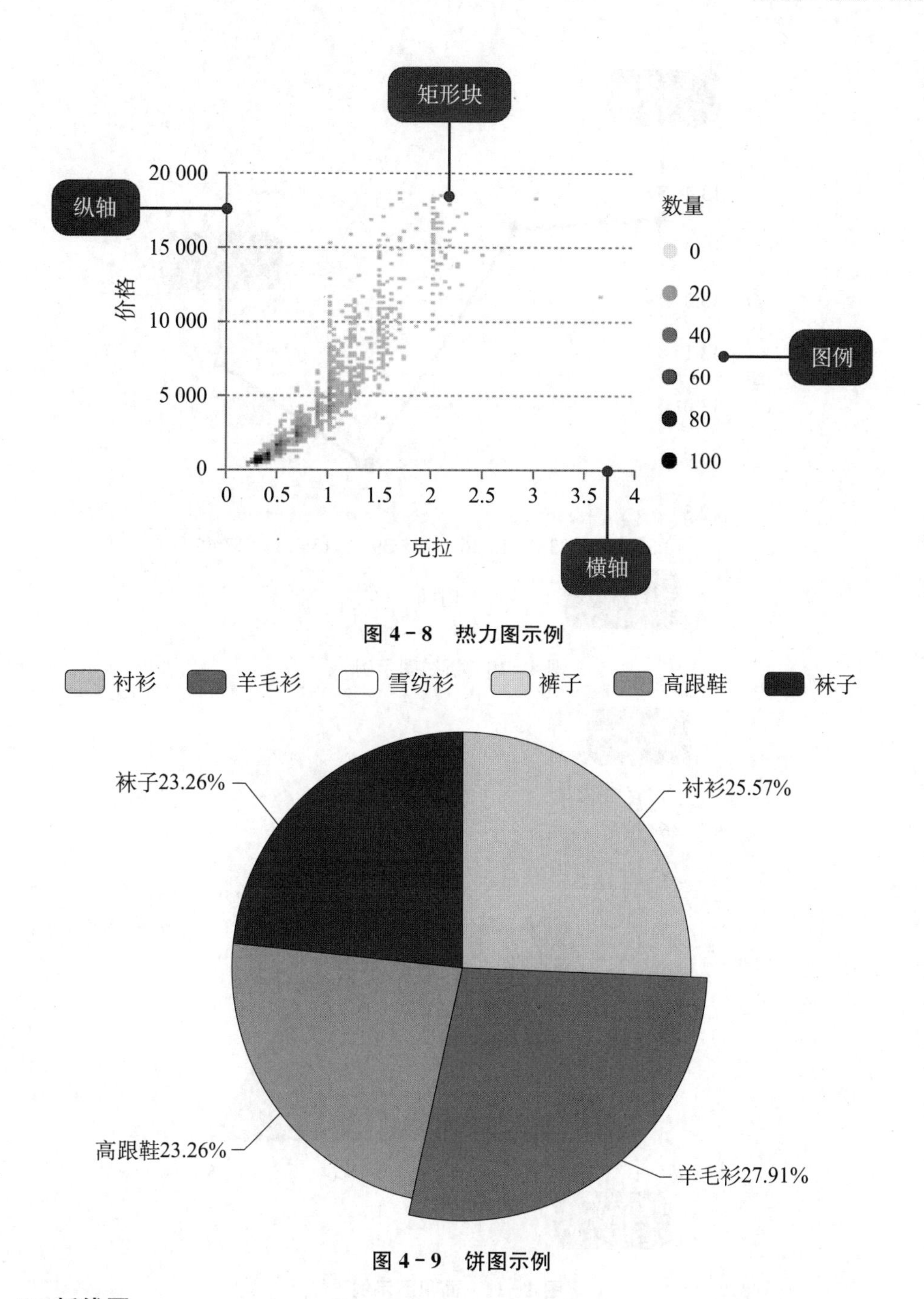

图 4－8　热力图示例

图 4－9　饼图示例

7. 折线图

排列在工作表的列或行中的数据可以绘制到折线图（line chart）中。折线图可以显示连续数据随时间（根据常用比例设置）的变化，因此非常适用于显示在相等时间间隔下数据的趋势，如图 4－10 所示。

8. 面积图

面积图（area chart）又称区域图，强调数量随时间变化的程度，也可用于引起人们对总值趋势的注意，如图 4－11 所示。堆积面积图和百分比堆积面积图还可以显示部分与整体之间的关系。

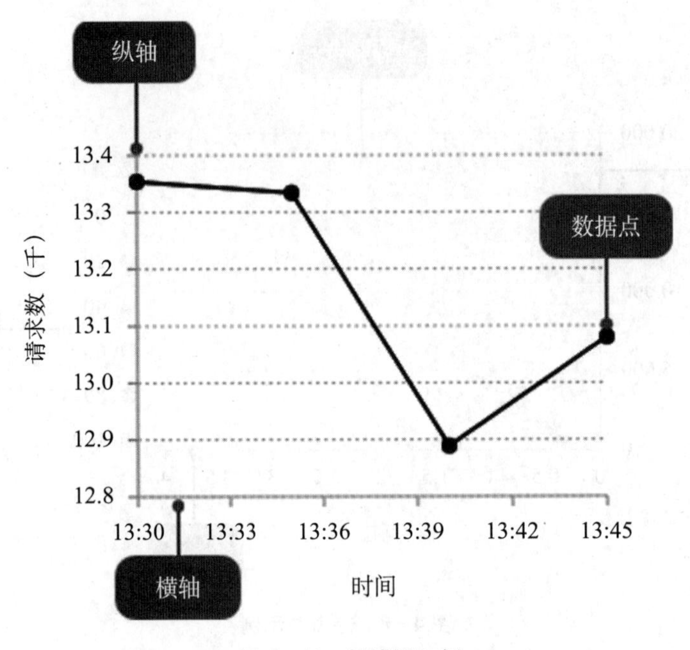

图 4-10　折线图示例

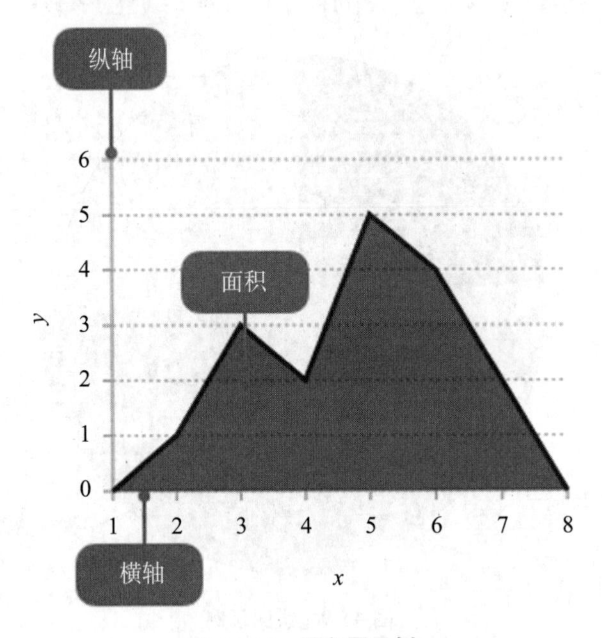

图 4-11　面积图示例

9. 漏斗图

漏斗图（funnel plots）是一个简单的散点图，反映在一定样本量或精确性下，单个研究的干预效应估计值，如图 4-12 所示。漏斗图最常见的形式是横轴为各研究的效应估计值，纵轴为研究的样本量。

10. 雷达图

雷达图（radar chart）是用以从同一点开始的轴表示三个或更多个定量变量的二维图表的形式显示多变量数据的图形方法，如图 4-13 所示。轴的相对位置和角度通常是

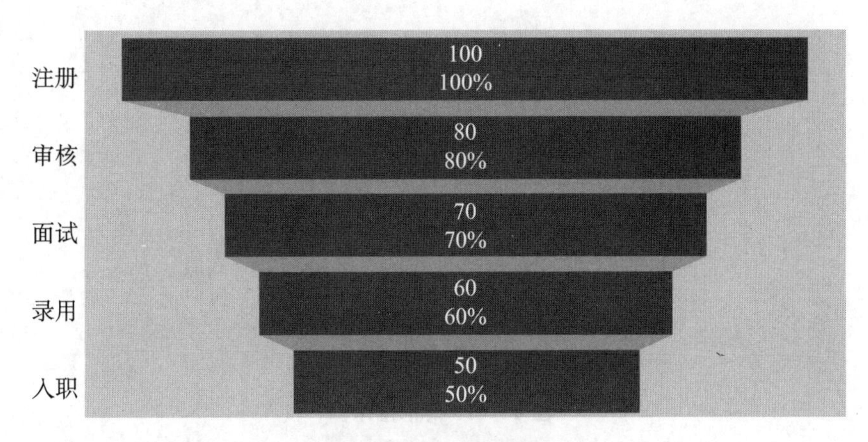

图 4-12 漏斗图示例

无信息的。雷达图也称为网络图、蜘蛛图、星图、蜘蛛网图、不规则多边形、极坐标图或 Kiviat 图，它相当于平行坐标图的轴径向排列。

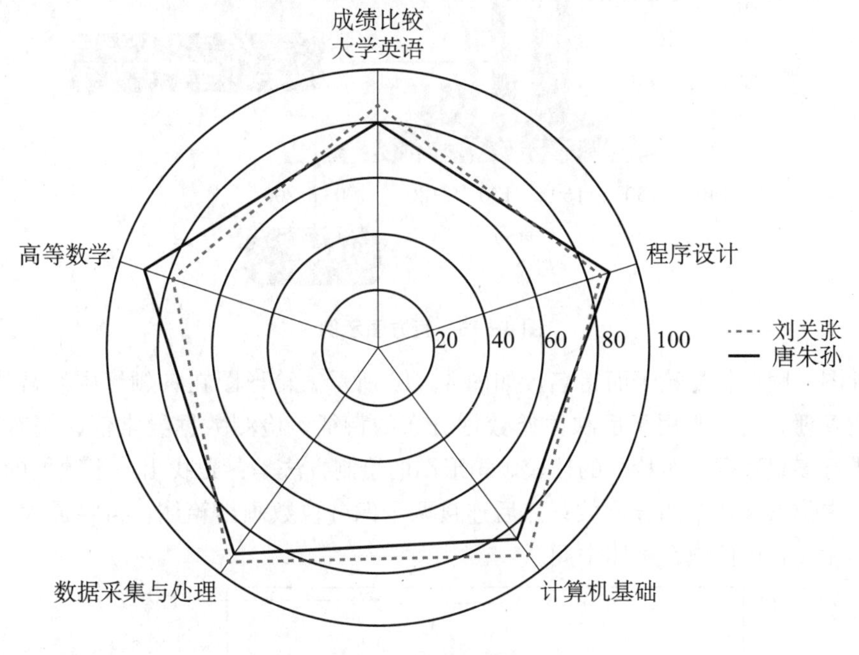

图 4-13 雷达图示例

11. 环形图

环形图（ring diagram）是由两个及两个以上大小不一的饼图堆叠在一起，挖去中间的部分所构成的图形，如图 4-14 所示。

12. 直方图

直方图（histogram）又称质量分布图，是一种统计报告图，通过一系列高度不等的纵向条纹或线段表示数据的分布情况。一般用横轴表示数据类型，纵轴表示分布情况，反映不同分组频数，如图 4-15 所示。

13. 箱形图

箱形图（box plot）又称盒须图、盒式图或箱线图，是一种用于显示一组数据分散情

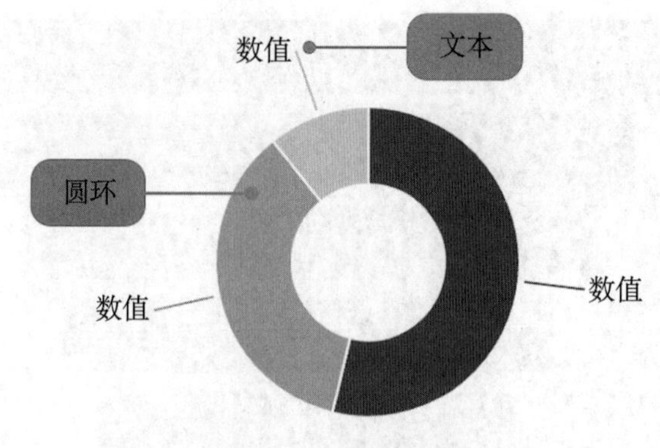

图 4-14　环形图示例

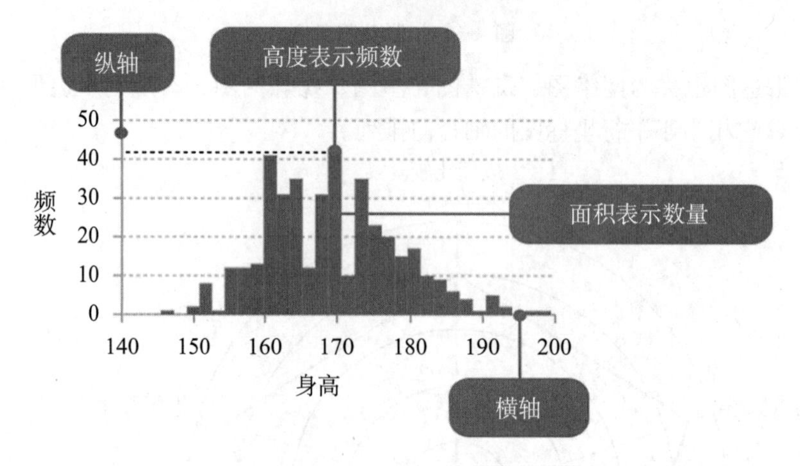

图 4-15　直方图示例

况的统计图，因形状如箱子而得名，如图 4-16 所示。箱形图在各领域中经常使用，常见于品质管理。它主要用于反映原始数据分布的特征，检测数据异常值、偏态和尾重，还可以进行多组数据分布特征的比较。箱形图的绘制方法是：先找出一组数据的上边缘、下边缘、中位数和两个四分位数；然后连接两个四分位数画出箱体；再将最大值和最小值与箱体相连，中位数在箱体中间。

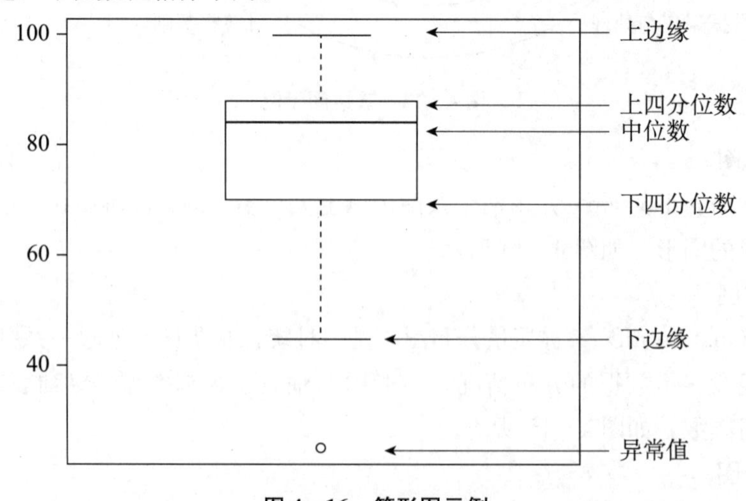

图 4-16　箱形图示例

箱形图提供了一种只用 5 个点就能对数据集做简单总结的方式。这 5 个点包括中位数、上四分位数（25％分位数 Q1）、下四分位数（75％分位数 Q3）、分布状态的高位和低位。箱形图很形象地分为中心、延伸以及分布状态的全部范围。

箱形图中最重要的是对相关统计点的计算，这些计算可以通过百分位计算方法实现。

箱形图的绘制步骤：

（1）画数轴，度量单位和数据的单位一致，起点比最小值稍小，长度比该批数据的全距稍长。

（2）画一个矩形盒，两端边的位置分别对应数据的上下四分位数（75％分位数 Q3 和 25％分位数 Q1）。在矩形盒内部中位数的位置画一条线段表示中位数，该线段称为中位线。

（3）在 Q3＋1.5IQR 和 Q1－1.5IQR① 处画两条与中位线一样的线段（分别称为上、下边缘），这两条线段为异常值截断点，称为内限；在 Q3＋3IQR 和 Q1－3IQR 处画两条线段，称为外限。处于内限以外位置的点表示的数据都是异常值，其中，在内限与外限之间的异常值称为温和异常值（mild outliers），在外限以外的异常值称为极端异常值（extreme outliers）。

（4）从矩形盒上下两端边缘向外各画一条线段直到不是异常值的最远点，表示该批数据正常值的分布区间。

（5）用“○”标出温和异常值，用“＊”标出极端异常值。相同值的数据点并列标在同一数据线上，不同值的数据点标在不同数据线上。至此，一批数据的箱形图便绘制完成了。统计软件绘制的箱形图一般没有标出内限和外限。

14. 其他

还有其他一些常用的数据可视化图形，如仪表图、词云等。仪表图就像反映车辆各系统工作状况的汽车仪表盘一样，可以反映某项指标的程度，如图 4－17 所示。

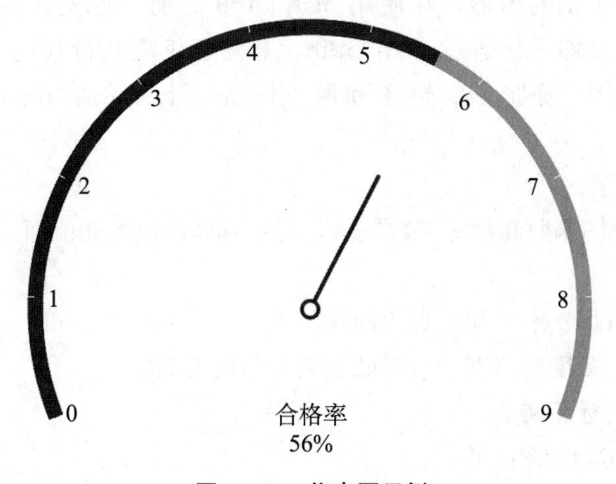

图 4－17 仪表图示例

① 四分位距 IQR＝Q3－Q1。

词云是通过形成“关键词云层”或“关键词渲染”，对网络文本中出现频率较高的“关键词”在视觉上进行突出，如图 4-18 所示。

图 4-18　词云图示例

第二节　matplotlib 绘图工具

一、matplotlib 概述

matplotlib 是 Python 的一个 2D 绘图库，它以各种硬拷贝格式和跨平台的交互式环境生成出版质量级别的图形，在使用 matplotlib 之前，首先要将其安装在系统中，使用之前导入该模块即可。通过 matplotlib，开发者仅需几行代码，便可以生成折线图、直方图、箱形图、条形图、饼图和散点图等。下面介绍 matplotlib 的一些基础知识。

1. 基本图表元素

matplotlib 的绘图函数和相关参数较多，对于具体的绘图功能而言，其基本图表元素包括：

- x 轴和 y 轴数据：水平和垂直的轴线。
- x 轴和 y 轴的刻度与范围，包括最小刻度和最大刻度。
- x 轴和 y 轴的标签文本。
- 绘图区域与实际绘图区域。
- 图形的标题和图例。

2. hold 属性

hold 属性默认为 True，允许在一幅图中绘制多条曲线；将 hold 属性修改为 False，则每一个 plot 函数都会覆盖前面的 plot 结果。

不推荐修改 hold 属性（这种做法会有警告），使用默认设置即可。

3. 网格线

使用 grid 函数可以为图添加网格线，grid 参数包括：

- lw：代表 linewidth，表示线的粗细。
- alpha：表示线的明暗程度。

4. axis 函数

如果 axis 函数没有任何参数，则返回当前坐标轴的上下限。

5. xlim 函数和 ylim 函数

除了 plt. axis 函数，还可以通过 xlim、ylim 函数设置坐标轴范围。

6. legend 函数

legend 函数可以为多类数据的图形生成图例，以方便比较。它有两种传参方法：一是在 plot 函数中增加 label 参数，二是在 legend 函数中传入字符串列表。

7. 图形资源清理

生成图形后，可以调用图形清理函数对画布和相关资源进行清理，有以下几种方法：

- plt. cla：清除坐标轴，即当前画布中活动的坐标轴，但其他坐标轴保持不变。
- plt. clf：清除当前画布中所有的坐标轴，但是不关闭这个窗口，所以能继续用于其他 plot 函数。
- plt. close：关闭窗口，如果没有指定，则指当前窗口。

二、matplotlib 方法与应用

matplotlib. pyplot 是一个命令型函数集合，它可以让人们像使用 Matlab 一样使用 matplotlib。pyplot 中的每个函数都会对画布图像做出相应的改变，如创建画布、在画布中创建一个绘图区、在绘图区上画几条线、给图像添加文字说明等。

matplotlib 绘图功能丰富，下面列出部分函数的使用方法和示例代码。

1. 绘制直线

```
import matplotlib.pyplot as plt        #约定俗成的引用方法
#魔法命令 inline 参数表示绘图结果内嵌到 Jupyter Notebook 页面中，而 auto 参数则
表示在单独窗口绘图
%matplotlib inline
import numpy as np


plt.plot([1,2,3])
plt.ylabel('some numbers')             #见图 4-19
```

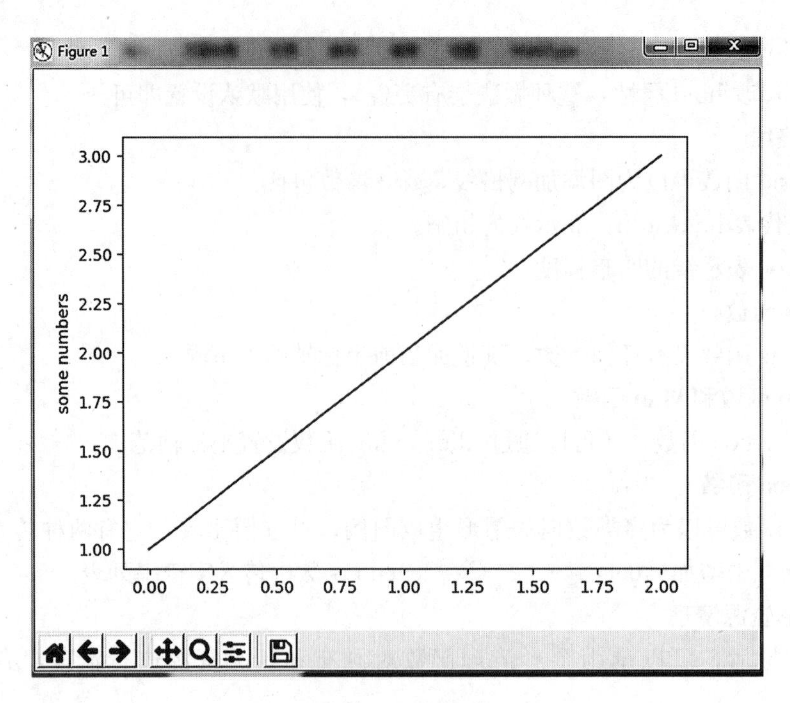

图 4-19 直线

2. 绘制柱状图

```
from matplotlib.font_manager import FontProperties
font_set=FontProperties (fname=r"c:\windows\fonts\simsun.ttc", size=15)
                        #导入宋体字体文件
x=[0,1,2,3,4,5]
y=[1,2,3,2,4,3]
plt.bar(x,y)            #竖的条形图
plt.title("柱状图",FontProperties=font_set) #图标题
plt.xlabel("x 轴",FontProperties=font_set)
plt.ylabel("y 轴",FontProperties=font_set)
plt.show()              #见图 4-20
```

3. 绘制直方图

```
mean,sigma=0, 1
x=mean+sigma*np.random.randn(10000)
plt.hist(x,50,normed=1,histtype='bar',facecolor='red',alpha=0.75)
plt.show()              #见图 4-21
```

4. 绘制散点图

```
x=np.random.rand(100)
y=np.random.rand(100)
plt.scatter(x,y)
plt.show()              #见图 4-22
```

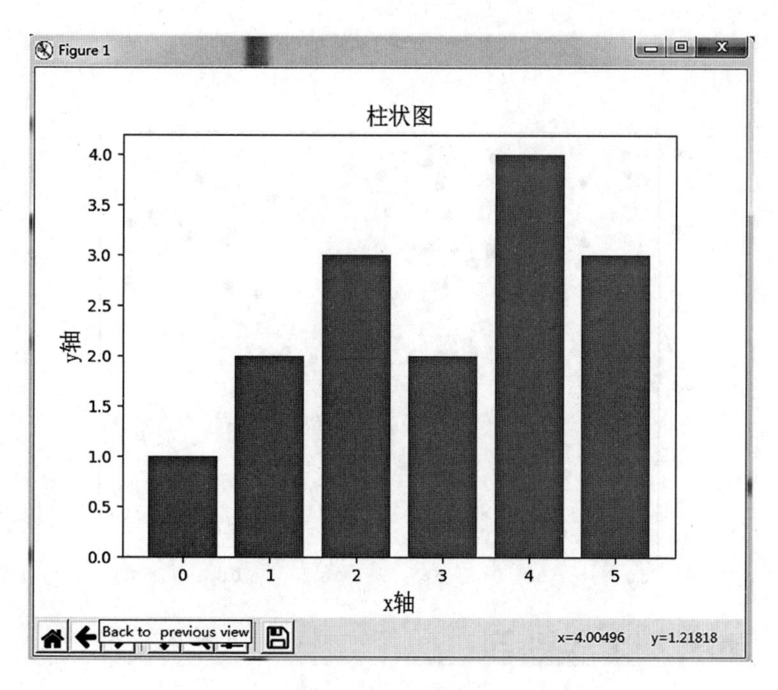

图 4-20　柱状图

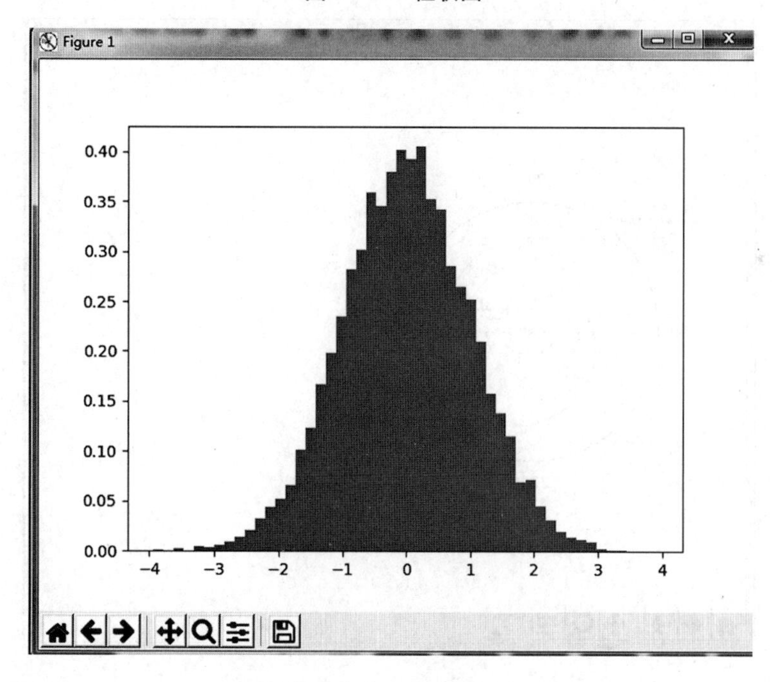

图 4-21　直方图

5. 绘制极坐标图

```
theta=np.arange(0,2*np.pi,0.02)
ax1=plt.subplot(121, projection='polar')
ax1.plot(theta,theta/6,'--',lw=2)
plt.show()            #见图 4-23
```

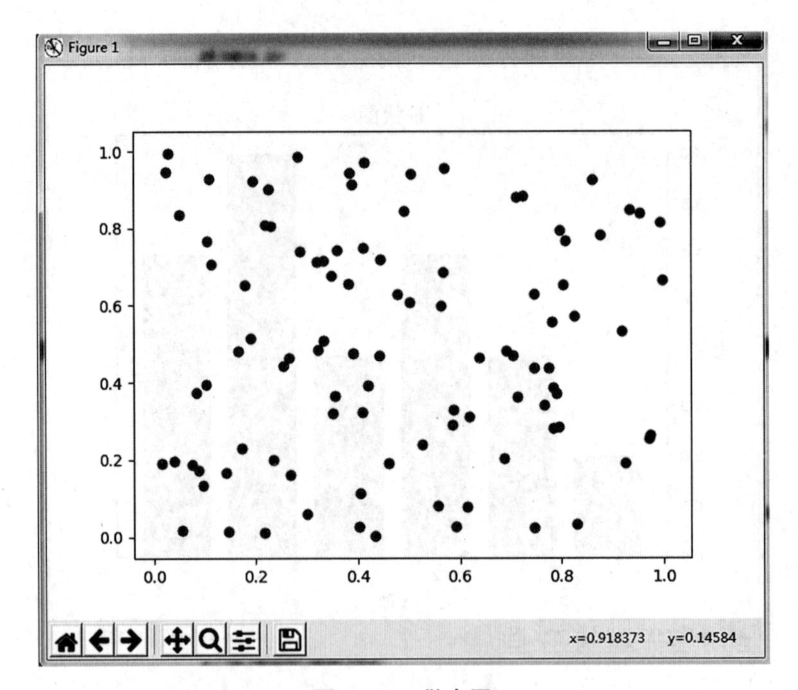

图 4-22　散点图

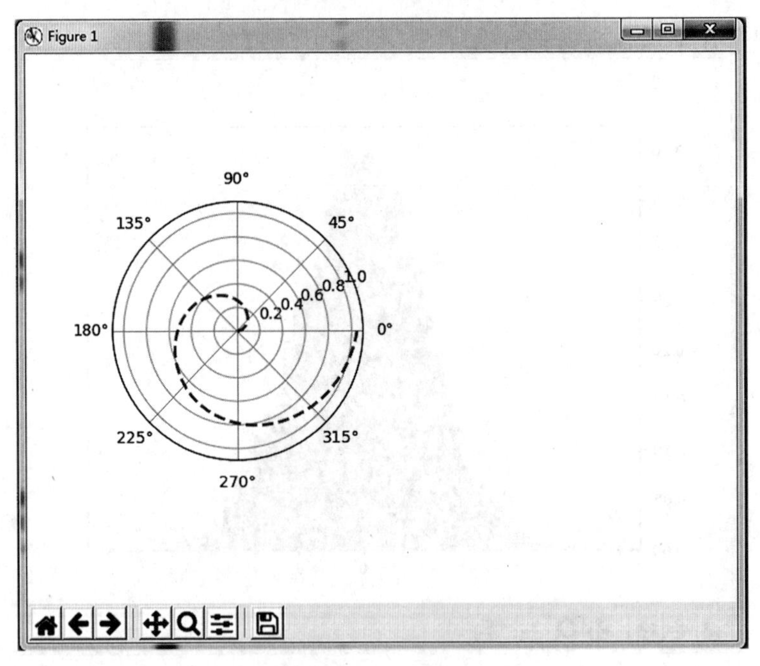

图 4-23　极坐标图

6. 绘制饼图

```
plt.rcParams['font.sans-serif'] = ['SimHei']          #设置字体
plt.title("饼图")                                      #设置标题
labels= '计算机系','机械系','管理系','社科系'
sizes=[45,30,15,10]                                    #设置每部分大小
```

```
explode=(0,0.0,0,0)          #设置每部分凹凸
plt.pie(sizes,explode=explode,labels=labels,autopct='%1.1f%%',shadow=False,
    startangle=90)           #设置饼图的起始位置，startangle=90 表示开始角度为 90°
plt.show()                   #见图 4-24
```

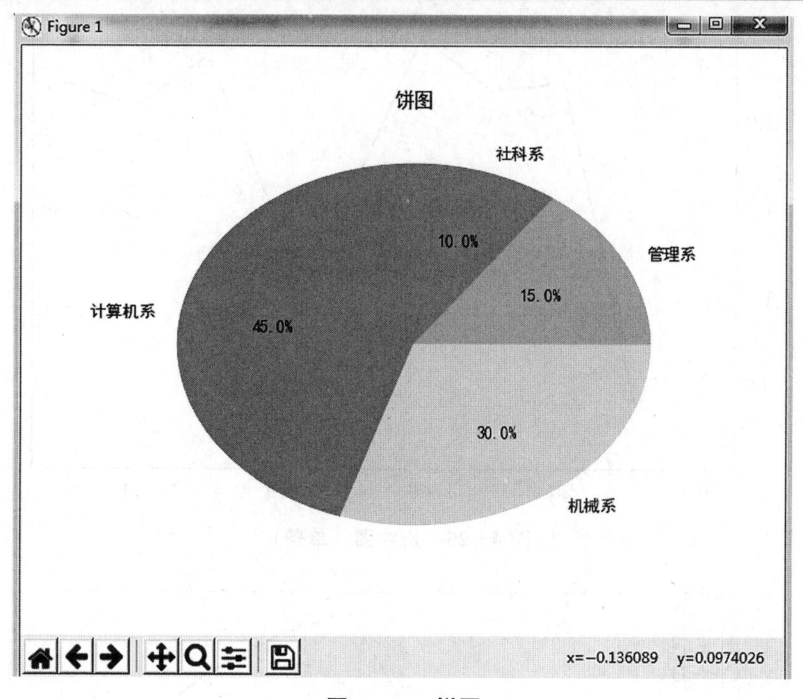

图 4-24　饼图

第三节　其他数据可视化工具

基于 Python 的数据可视化工具还有 pandas、pyecharts、seaborn 等。

一、pandas 数据可视化模块

pandas 中的 Series 和 DataFrame 对象自带了绘图函数，可更方便地绘制常用图形。对于 DataFrame 对象而言，由于其数值可包含多行和多列，绘图时可同时根据多列数据绘制相应图形，绘图高效且方便比较。

pandas 部分绘图函数使用方法的示例如下：

1. 折线图

```
import pandas as pd
s=pd.Series(np.random.randn(10).cumsum(),index=np.arange(0,100,10))
s.plot()     #见图 4-25
```

```
df=pd.DataFrame(np.random.randn(10,4).cumsum(0),
                columns=['A','B','C','D'],
                index=np.arange(0,100,10))
df.plot()     #见图 4-26
```

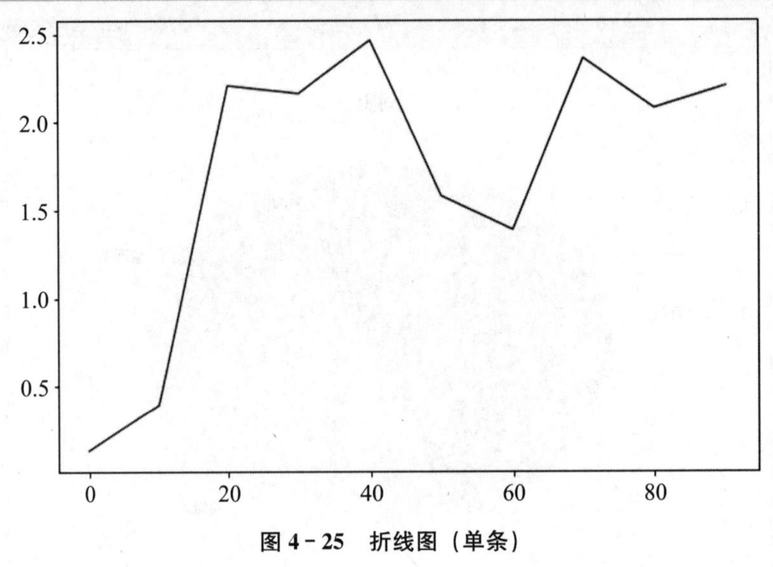

图 4-25 折线图（单条）

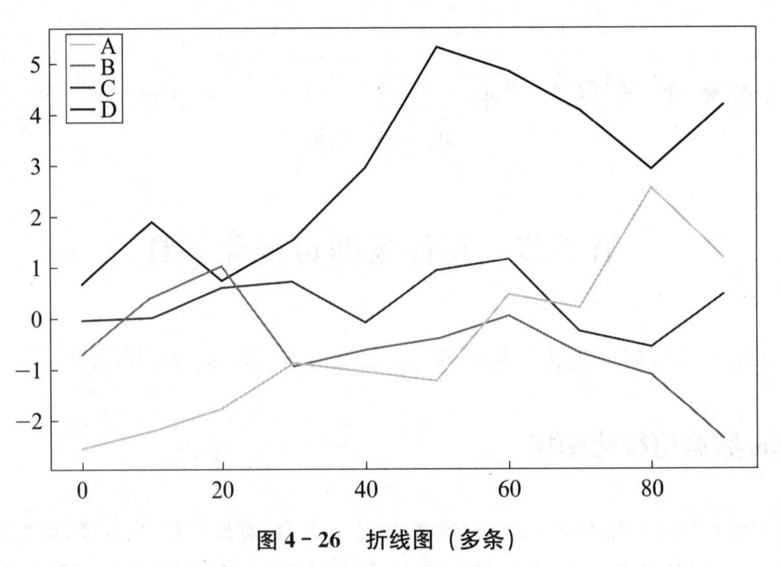

图 4-26 折线图（多条）

2. 条形图

```
df=pd.DataFrame(np.random.rand(6,4),
                index=['one','two','three','four','five','six'],
                columns=pd.Index(['A','B','C','D'], name='Genus'))
df
df.plot.bar()     #见图 4-27
```

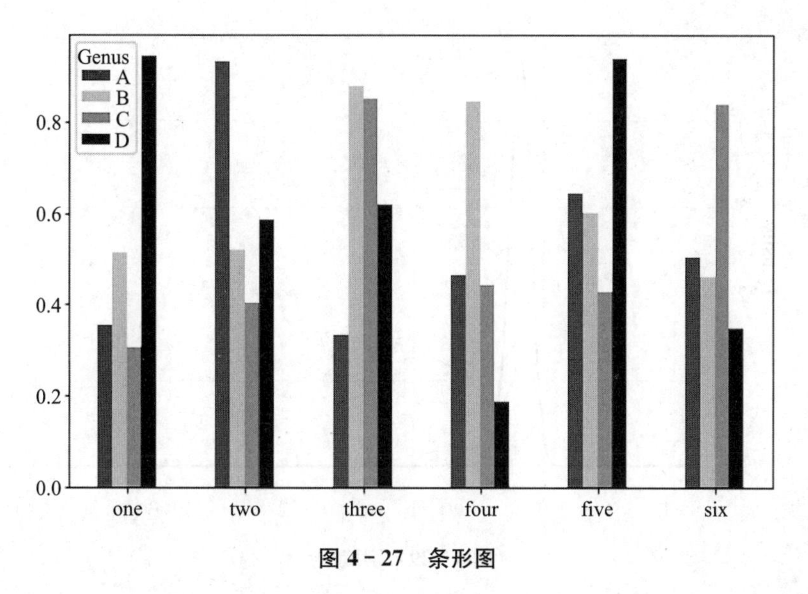

图 4-27 条形图

3. 直方图

```
plt.figure()
tips=pd.read_csv('tips.csv')
tips['tip_pct'].plot.hist(bins=50)        #绘制直方图，注意直方图反映的是对应
                                            数据的频数，见图 4-28
tips['tip_pct'].plot.density()            #绘制密度图，见图 4-29
```

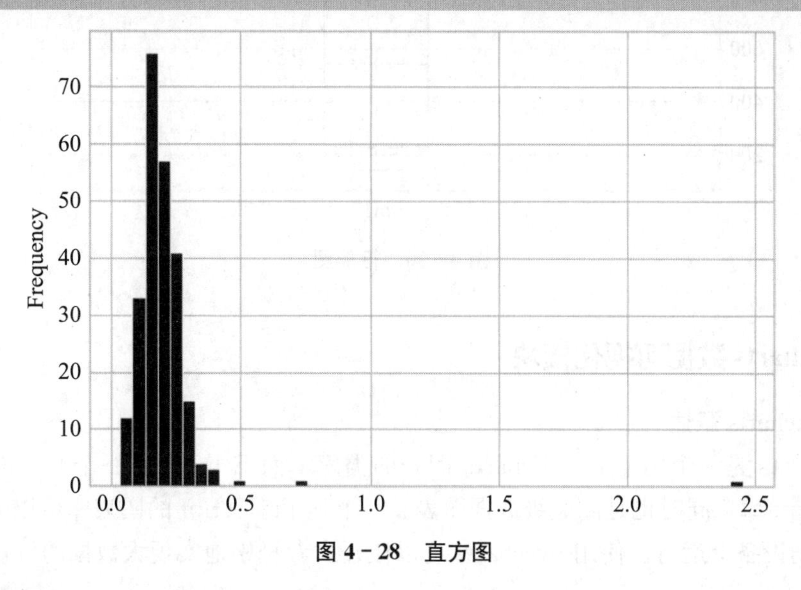

图 4-28 直方图

4. 箱形图

```
macro=pd.read_csv('macrodata.csv')
#使用 pandas 函数绘制箱形图，DataFrame 对象的 plot 函数的 kind 参数设置为"box"
macro[["m1"]].plot(kind="box")      #见图 4-30
```

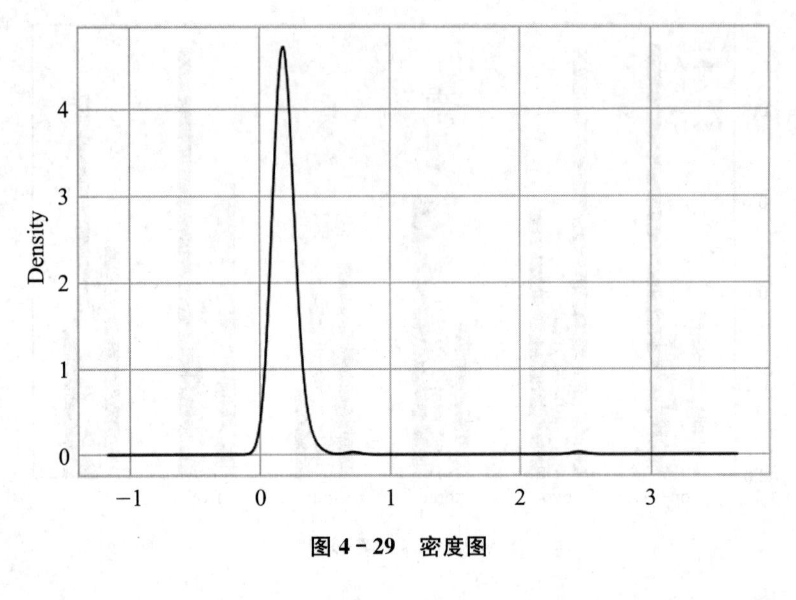

图 4－29　密度图

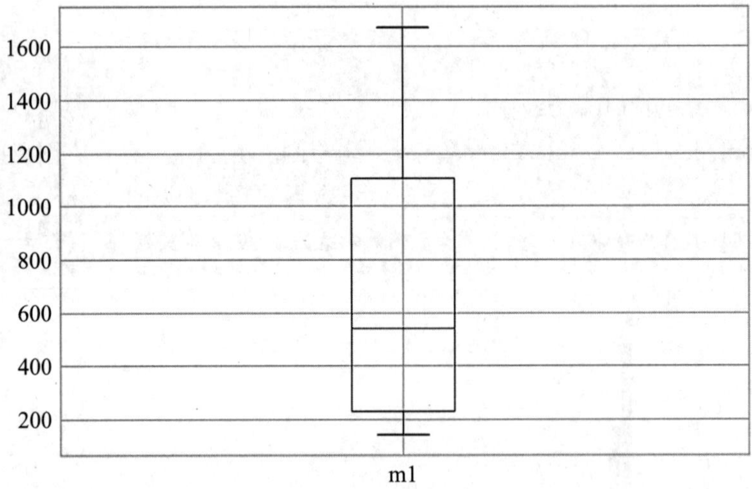

图 4－30　箱形图

二、 pyecharts 数据可视化模块

1. pyecharts 概述

pyecharts 是一个用于生成 Echarts 图表的类库，而 Echarts 是一个开源的数据可视化 JavaScript 库，同时也是商业级数据图表。一个纯 JavaScript 的图表库可以流畅地在计算机和移动设备上运行。使用 pyecharts 可以让开发者轻松地实现大数据的可视化。

注意：

● pyecharts 是一个用于生成 Echarts 图表的类库。pyecharts 分为 v 0.5.x 和 v 1.x 两个大版本，版本不兼容。

● 在 Jupyter Notebook 中使用 pyecharts 作图时，渲染在 Jupyter Notebook 中不显示，原因是渲染图形的 Echarts 的 js 静态资源加载不出来。这也是 pyecharts 存在的问题使用 pyecharts 绘制图形的基本语法如下：

（1）对于 v 0.5.x 版本，首先定义图表的类型，接着添加图表的各项数据，最后生成 html 网页：

- from pyecharts import *chart_name*。
- *图形对象*.add()。
- *图形对象*.render()。

（2）对于 v 1.x 版本：

- 创建/初始化图形对象。
- *图形对象*.render()。

2. pyecharts 应用示例

对于 v 0.5.x 版本：

```
#v 0.5.x 版本
from pyecharts import Bar
v1=[70,85,95,64]
str1=['数学','物理','化学','英语']
bar1=Bar('testBar_theme','Theme')
bar1.add('成绩',str1,v1,is_more_utils=True)
bar1.render()      #见图 4-31
```

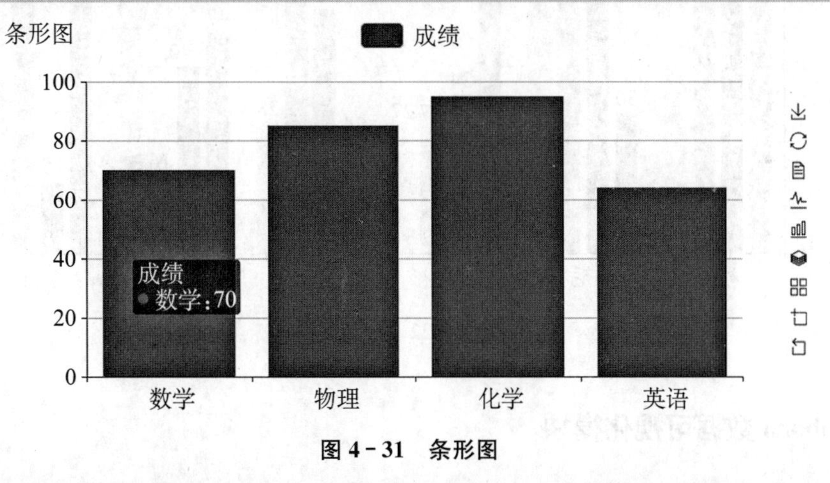

图 4-31　条形图

```
# v 1.x 版本
import random
import pyecharts.options as opts
from pyecharts.charts import Bar
x_vals=['衬衫', '羊毛衫', '雪纺衫', '裤子', '高跟鞋', '袜子']
bar=(
    Bar()
    .add_xaxis(x_vals)
    .add_yaxis('商家 A',[random.randint(10,100) for_in range(6)])
```

```
    .add_yaxis('商家 B',[random.randint(10,100) for_in range(6)])
    .add_yaxis('商家 C',[random.randint(10,100) for_in range(6)])
    .add_yaxis('商家 D',[random.randint(10,100) for_in range(6)])
    .set_series_opts(label_opts=opts.LabelOpts(is_show=True, font_size=
                    14),markline_opts=opts.MarkLineOpts(data=[opts.Mark-
                    LineItem(y=40, name="达标线=40")]))
    .set_global_opts(title_opts=opts.TitleOpts(title='柱状图示例-销量', sub-
                    title='四个商家'),xaxis_opts=opts.AxisOpts(name='商品'),
                    yaxis_opts=opts.AxisOpts(name='单位：件')))
bar.render('柱状图.html')    #见图 4-32
```

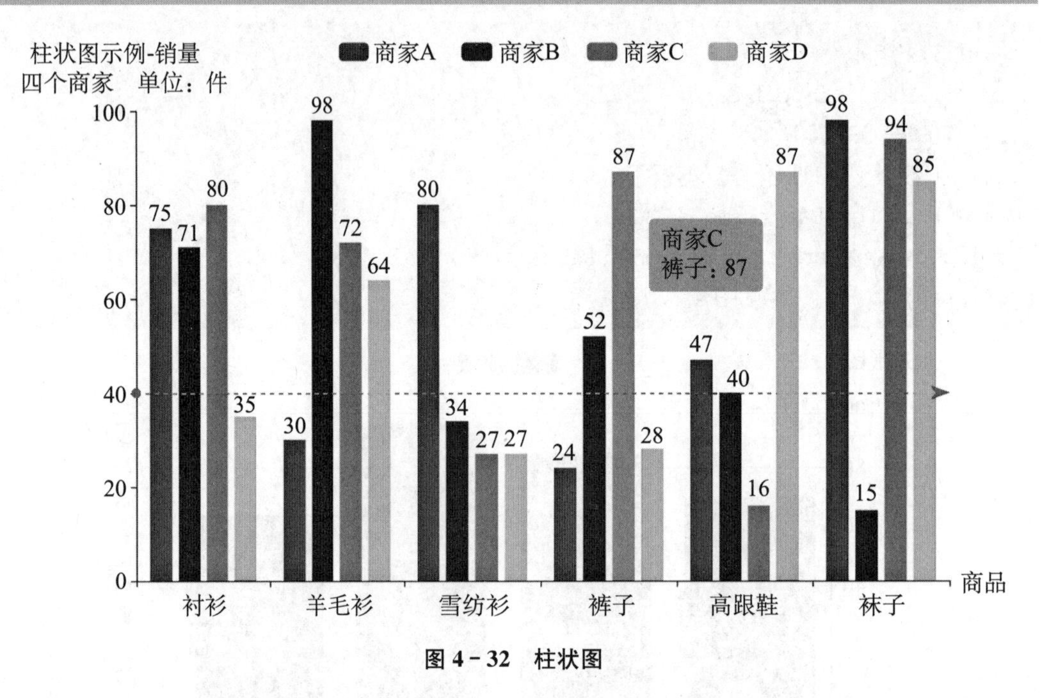

图 4-32 柱状图

三、seaborn 数据可视化模块

seaborn 是基于 matplotlib 开发的更易用的绘图模块，下面给出了 seaborn 部分绘图函数及使用方式的示例程序。

1. 绘制条形图

```
#绘制条形图
import seaborn as sns
tips['tip_pct']=tips['tip'] / (tips['total_bill']-tips['tip'])
tips.head()
```

运行结果如下：

	total_bill	tip	smoker	day	time	size	tip_pct
0	16.99	1.01	No	Sun	Dinner	2	0.063204
1	10.34	1.66	No	Sun	Dinner	3	0.191244
2	21.01	3.50	No	Sun	Dinner	3	0.199886
3	23.68	3.31	No	Sun	Dinner	2	0.162494
4	24.59	3.61	No	Sun	Dinner	4	0.172069

```
#seaborn条形图中的黑线是误差线，默认表示均值的置信区间
sns.barplot(x='tip_pct', y='day', data=tips, orient='h')    #见图4-33
```

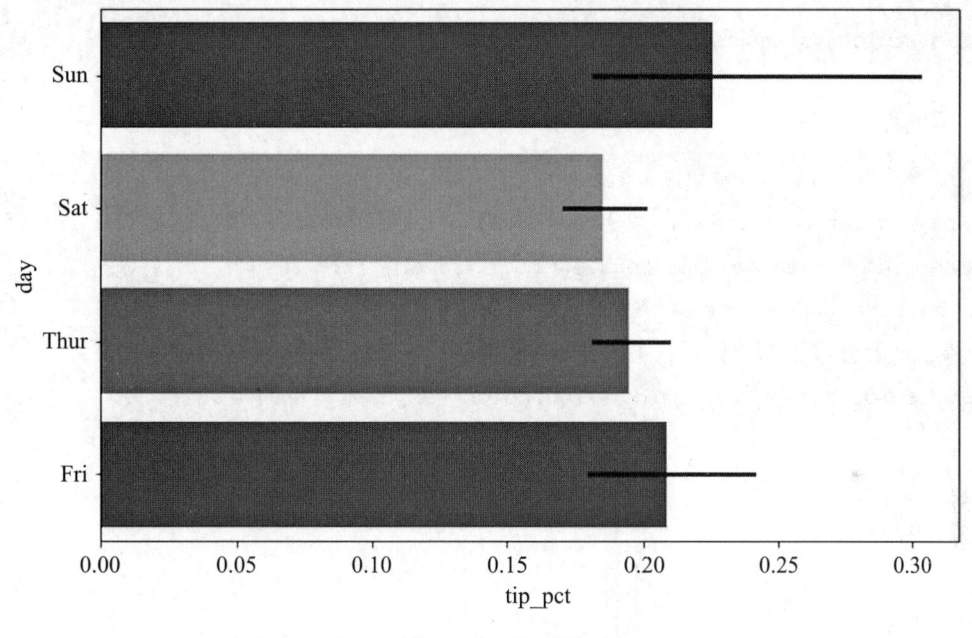

图4-33 条形图

2. 绘制直方图

seaborn的distplot集合了matplotlib的hist与核函数估计kdeplot的功能，增加了利用rugplot显示分布观测条与利用scipy库的fit拟合参数分布的新功能。

函数形式如下：

```
sns.distplot(
    a,
    bins=None,
    hist=True,
    kde=True,
    rug=False,
    fit=None,
```

```
        hist_kws=None,
        kde_kws=None,
        rug_kws=None,
        fit_kws=None,
        color=None,
        vertical=False,
        norm_hist=False,
        axlabel=None,
        label=None,
        ax=None,
)
sns.distplot(values,bins=100,color='k')
```

示例程序如下：

```
comp1=np.random.normal(0,1,size=200)
comp2=np.random.normal(10,2,size=200)
values=pd.Series(np.concatenate([comp1,comp2]))
sns.distplot(values,bins=100,color='k')
#新版本拆分成了两个函数，可通过kind参数设定图形类型，缺省是直方图
sns.displot(data=values,bins=100,color='k')      #见图4-34
```

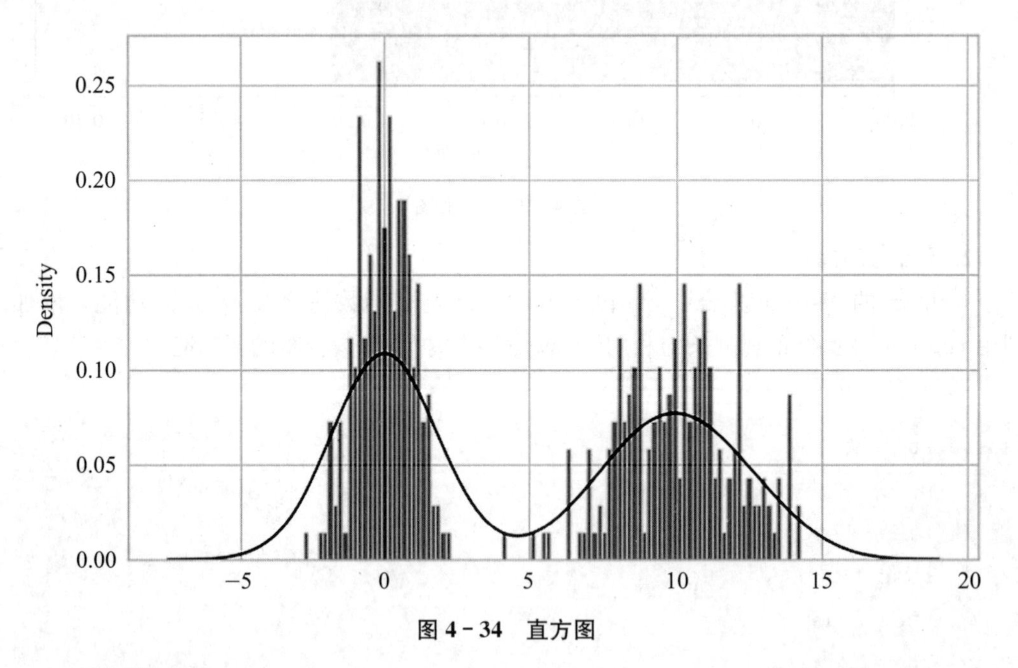

图 4-34　直方图

3. 绘制散点图

seaborn 中有两个主要功能用于可视化通过回归确定的线性关系，其函数 regplot 和

lmplot 提供相关功能。两个函数会绘制两个变量（x 和 y）的散点图，然后拟合回归模型并绘制得到的回归直线和该回归（$y \sim x$）的一个 95%的置信区间。

示例程序如下：

```
macro=pd.read_csv('macrodata.csv')
data=macro[['cpi','m1','tbilrate','unemp']]
trans_data=np.log(data).diff().dropna()
trans_data[-5:]
sns.regplot(x='m1',y='unemp', data=trans_data)
plt.title('Changes in log %s versus log %s' % ('m1','unemp'))      #见图 4-35
```

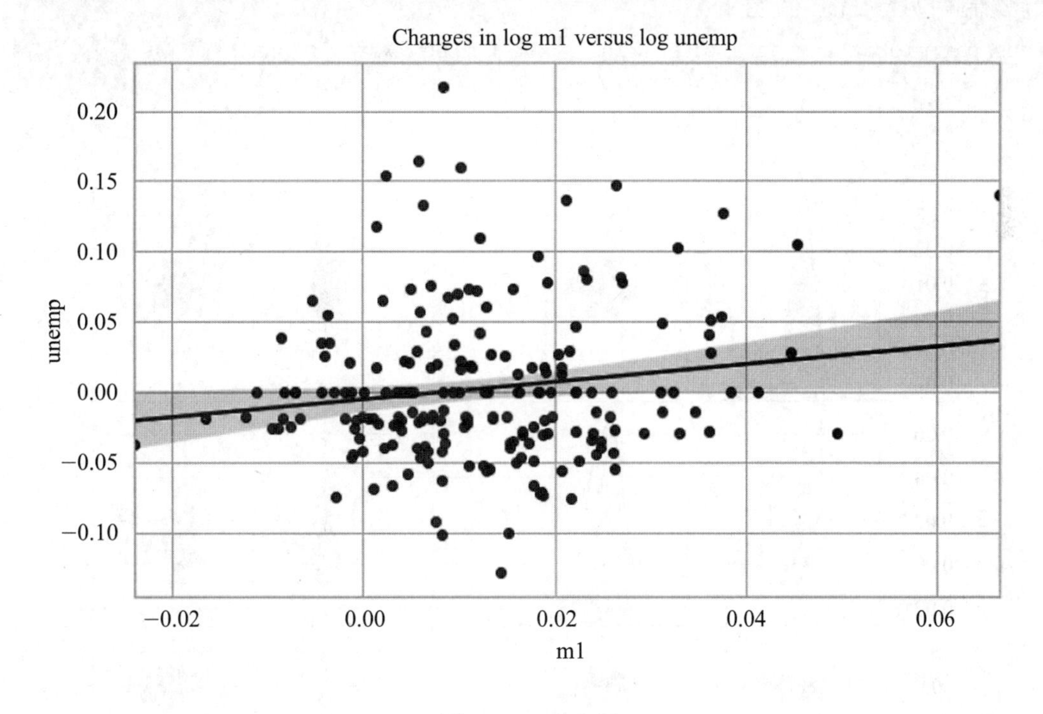

图 4-35 散点图

4. 绘制两两特征图

seaborn 的 pairplot 函数可用来进行数据分析，绘制两两特征图。函数形式如下所示：

seaborn.pairplot(data, hue=None, hue_order=None, palette=None, vars=None, x_vars=None, y_vars=None, kind='scatter', diag_kind='hist', markers=None, size=2.5, aspect=1, dropna=True, plot_kws=None, diag_kws=None, grid_kws=None)

常用参数有：

- data：必不可少的数据。
- hue：用一个特征来显示图像上的颜色，类似于打标签。
- markers：每个 label 的显示图像，有的是三角，有的是原点。

● vars：data 参数中是用于绘图的变量列表，缺省时使用 data 参数中所有数字类型的列。

● kind：绘图类型，取值范围为 {'scatter', 'kde', 'hist', 'reg'}，'scatter'为散点图，'kde'为核密度估计图，'hist'为直方图，'reg'为线性回归拟合折线图。

● diag_kind：对角线子图绘图类型，取值范围为 {'auto', 'hist', 'kde', None}，'auto' 基于 hue 参数是否设置而自动确定，'hist'和'kde'分别为直方图和核密度估计图。

● plot_kws：传递给二变量绘图函数的关键字参数，形式为字典类型，与 matplotlib. pyplot 中的 plot 函数参数基本一致，如'alpha'参数指的是透明度。

示例程序如下：

```
#绘制两两特征图，见图 4-36
sns.pairplot(trans_data, diag_kind='kde', plot_kws={'alpha': 0.2})
```

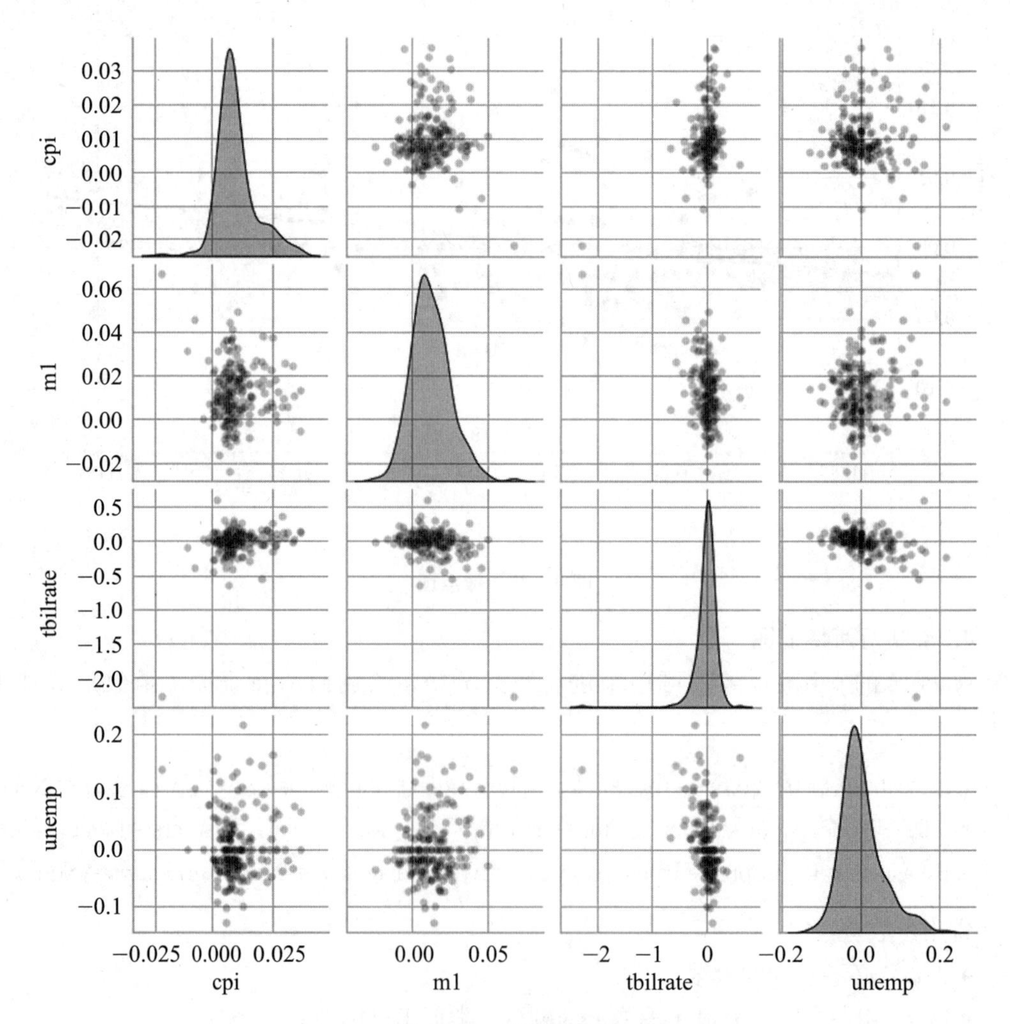

图 4-36 两两特征图

四、数据分析模块绘图工具

不同的数据分析模块自身往往带有绘图方法，如 DataFrame、sklearn、statsmodels 等。由于这些模块通过数据装载或分析建模后自带数据，因此一般不用设置数据参数，并可根据数据分析的要求提供特定的数据可视化绘图结果，大大提高了数据分析工作中数据可视化的开发效率。鉴于篇幅有限，本书不再详细介绍，感兴趣的读者可自行学习。

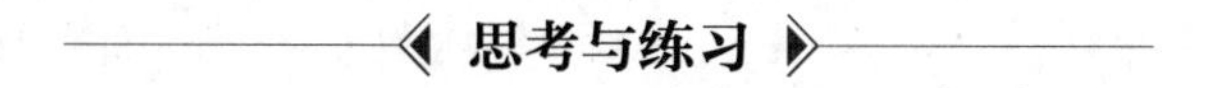

思考与练习

1. 大数据可视化中，numpy 库有哪些作用？

2. 按照数据的作用和功能，可以把图表分为哪几类？举出一些数据可视化图形的例子。Python 对应的数据可视化工具和技术有哪些？

3. 如何使用 matplotlib 库绘制条形图？条形图有几种？

4. pandas 也提供了绘图功能吗？如何使用？

5. 与 matplotlib 模块相比，pyecharts 绘图有何优点？

6. 可以使用什么图形查看异常值？

7. 如果图形中有汉字或者负号，使用 matplotlib 可能会出现乱码，如何避免？

8. Jupyter Notebook 中的“%matplotlib inline”语句中“inline”有何作用？

9. matplotlib 中的 legend 函数有什么作用？

10. 如何在一张图中比较不同类型的图形？有几种方法？

11. 直方图与柱状图有何区别？

延伸阅读材料

1. 黑马程序员. Python 数据可视化. 北京：人民邮电出版社，2021.

2. 马里奥·多布勒，蒂姆·高博曼. Python 数据可视化. 李瀛宇，译. 北京：清华大学出版社，2020.

3. 黄源，蒋文豪，徐受蓉. 大数据分析：Python 爬虫、数据清洗和数据可视化. 北京：清华大学出版社，2020.

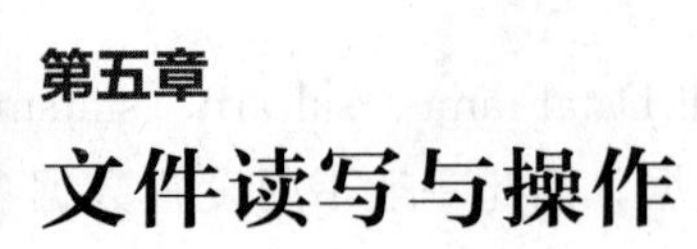

第五章
文件读写与操作

教学目标

1. 了解文件的基本概念、分类、常见文件格式和基本特点，理解不同类型文件的功能和适用范围；

2. 掌握 Python 基本的文件操作，了解对象序列化和反序列化操作及作用；

3. 掌握常见结构化数据文件（如 CSV、JSON、Excel 和 XML）的 Python 基本读写操作方法，理解文件的内容结构和编码格式；

4. 了解常见非结构化数据文件（如 Word、PDF、图像等）的内容组织格式和读写方法，理解用于科学数据存储的 HDF 文件的格式、结构特点及读写方法。

引导案例

1978 年湖北随州曾侯乙墓考古出土了战国早期的 240 余枚竹简，每简字数 27 个左右，共有 6 000 余字，主要记载了丧葬仪式用的车马与兵甲的名称和数量，是迄今所知中国最早的简书。自文字形成以来，人类开始以各种文件形式（如历史上的甲骨、竹简、纸张等）记录历史、文化、数据等，使其得以保存和传播，文明也得以不断传承和延续。自计算机发明以来，各种电子形式的文件更是不断涌现，大大提高了人类保存和传输数据的效率和规模。

第一节　文件读写基本操作

一、文件的概念与分类

为了长期保存数据以便重复使用、修改和共享，必须将数据以文件的形式存储到外部存储介质（如磁盘、U 盘、光盘或云盘、网盘、硬盘等）中。数据通常以结构化文件格式（如 CSV、JSON、XML、Excel、HDF 等）存储。

文件操作在各类应用软件的开发中均占有重要地位。

- 管理信息系统是使用数据库来存储数据的，而数据库最终还是要以文件的形式存储到硬盘或其他存储介质上。
- 应用程序的配置信息往往也使用文件来存储，图形、图像、音频、视频、可执行文件等也都是以文件的形式存储在磁盘上。

按文件中数据的组织形式，文件可分为文本文件和二进制文件两类。

- 文本文件：文本文件存储的是常规字符串，由若干文本行组成，通常每行以换行符“\n”结尾。常规字符串是指记事本或其他文本编辑器能正常显示、编辑并且人类能够直接阅读和理解的字符串，如英文字母、汉字、数字字符串。文本文件可以使用字处理软件（如 gedit、记事本）进行编辑。
- 二进制文件：二进制文件把对象内容以字节串（bytes）的形式存储，无法用记事本或其他普通字处理软件直接编辑，通常也无法直接阅读和理解，需要使用专门的软件进行解码后才能读取、显示、修改或执行。常见的图形图像文件、音视频文件、可执行文件、资源文件、数据库文件、Office 文档等都属于二进制文件。

二、文件基本操作

无论文本文件还是二进制文件，其操作流程基本是一致的，首先打开文件并创建文件对象，然后通过该文件对象对文件内容进行读取、写入、删除、修改等操作，最后关闭并保存文件内容。

1. 内置函数 open

访问文件第一步，使用打开文件函数 open。函数原型如下：

```
open(file, mode='r', buffering=-1, encoding=None, errors=None, newline=None, closefd=True, opener=None)
```

- file 参数指定了被打开的文件名称。
- mode 参数指定了打开文件后的处理方式。如'rb'以二进制格式打开一个文件用于只读，文件指针将会放在文件的开头。
- buffering 参数指定了读写文件的缓冲模式。0 表示不缓冲，1 表示缓冲，大于 1 则表示缓冲区的大小。默认值是 None 或－1，对于可交互文本文件（如连接到终端设备的文件）表示行缓冲，即遇到换行符就输出缓冲区内容到文件；对于普通文本文件和二进制文件，则表示使用系统默认的缓冲区大小 io. DEFAULT_BUFFER_SIZE，长度为 4 096 或 8 192 字节。

● encoding 参数指定了对文本进行编码和解码的方式，只适用于文本模式，可以使用 Python 支持的任何格式，如 GBK、UTF-8、CP936 等。

open 函数打开文件的模式有多种，具体如表 5－1 所示。

表 5－1 open 函数打开文件模式

模式	说明
r	读模式（默认模式，可省略），如果文件不存在，则抛出异常
w	写模式，如果文件已存在，则先清空原有内容
x	写模式，创建新文件，如果文件已存在，则抛出异常
a	追加模式，不覆盖文件中的原有内容
b	二进制模式（可与其他模式组合使用）
t	文本模式（默认模式，可省略）
＋	更新模式，与“r”“w”“x”或“a”一同使用，允许同时读写文件

图 5－1 总结了文件打开模式及逻辑。

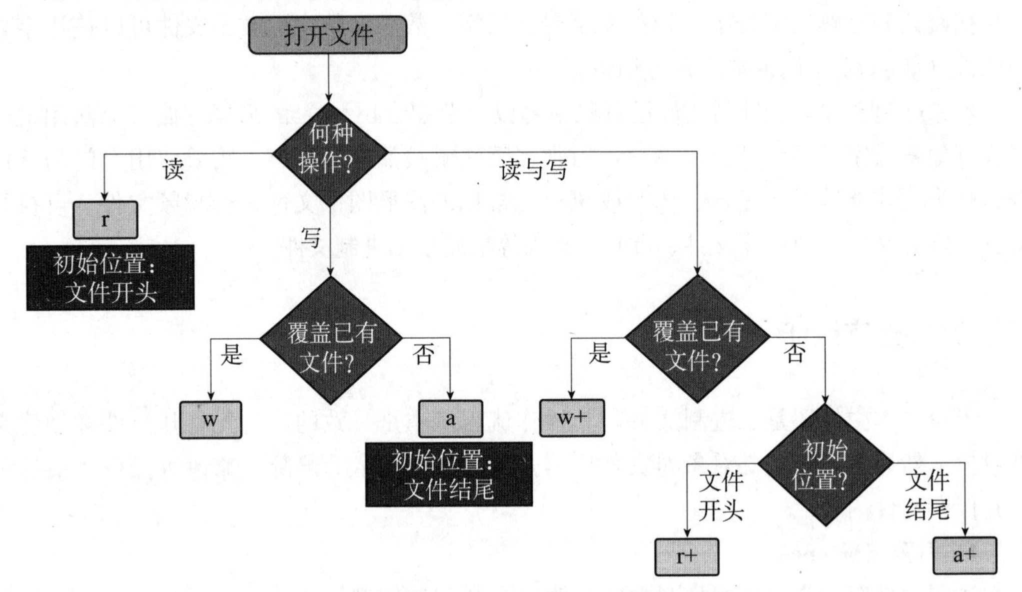

图 5－1 文件打开模式逻辑图

如果执行正常，则 open 函数返回一个文件对象，通过该文件对象可以对文件进行读写操作；如果指定文件不存在、访问权限不够、磁盘空间不足或其他原因导致创建文件对象失败，则抛出异常。例如：

```
f1=open('file1.txt','r')        # 以读模式打开文件
f2=open('file2.txt','w')        # 以写模式打开文件
```

当对文件内容操作完以后，一定要关闭文件对象，这样才能保证所做的任何修改都

确实被保存到文件中。例如：

```
f1.close()
```

2. 文件对象属性和常用方法

open 函数返回的文件对象可以通过其属性和方法进行操作。表 5－2 是文件对象的一些属性和常用方法。

表 5－2　文件对象的属性和常用方法

方法	功能说明
close	把缓冲区的内容写入文件，同时关闭文件，并释放文件对象
flush	把缓冲区的内容写入文件，但不关闭文件
read([size])	从文本文件中读取 size 个字符（Python 3.x）的内容作为结果返回，或从二进制文件中读取指定数量的字节并返回，如果省略 size，则表示读取所有内容
readline	从文本文件中读取一行内容作为结果返回
readlines	把文本文件中的每行文本作为一个字符串存入列表中，返回该列表
seek(offset [,whence])	把文件指针移动到新的字节位置，offset 表示相对于 whence 的位置。whence 为 0 表示从文件头开始计算，1 表示从当前位置开始计算，2 表示从文件尾开始计算，默认为 0
tell	返回文件指针的当前位置
write(s)	把 s 的内容写入文件
writelines(s)	把字符串列表 s 写入文本文件，不添加换行符

3. 上下文管理语句

在实际开发中，读写文件应优先考虑使用上下文管理语句，其关键字 with 可以自动管理资源，无论什么原因（即使是代码引发了异常）跳出 with 块，都能保证文件被正确关闭，并且可以在代码块执行完毕后自动还原进入该代码块时的上下文，常用于文件操作、数据库连接、网络连接、多线程与多进程同步时的锁对象管理等场合。例如：

```
with open(filename, mode, encoding) as fp:
    #这里通过文件对象 fp 读写文件内容
```

4. 文件基本操作示例

假设文件 data.txt 中有若干整数，每行一个整数，编写程序读取所有整数，将其降序排序后再写入文本文件 data_desc.txt 中。

示例程序如下：

```
with open('data.txt', 'r') as fp:
    data=fp.readlines()                          #读取所有行，存入列表
data=[int(item) for item in data]                #列表推导式，转换为数字
data.sort(reverse=True)                          #降序排序
data=[str(item)+'\n' for item in data]           #将结果转换为字符串
# 写成 data.sort(key=int,reverse=True)更简洁
with open('data_desc.txt', 'w') as fp:           #将结果写入文件
    fp.writelines(data)
```

三、对象序列化与反序列化

所谓序列化，简单地说就是把内存中的数据，在不丢失其类型信息的情况下转换成二进制形式的过程。对象序列化后的数据经过正确的反序列化过程应该能够准确无误地恢复为原来的对象。

Python 中常用的序列化模块有 pickle、struct、shelve、marshal。

1. 使用 pickle 模块读写二进制文件

示例程序如下：

```
import pickle
i=13000000
a=99.056
s='中国人民 123abc'
lst=[[1,2,3], [4,5,6], [7,8,9]]
tu=(-5,10,8)
coll={4,5,6}
dic={'a':'apple', 'b':'banana', 'g':'grape', 'o':'orange'}
data=(i,a,s,lst,tu,coll,dic)
#对象序列化后写入二进制文件，注意：打开文件的方式必须是二进制
with open('sample_pickle.dat', 'wb') as f:
    try:
        pickle.dump(len(data), f)           #要序列化的对象个数
        for item in data:
            pickle.dump(item, f)            #序列化数据并写入文件
    except:
        print('写文件异常')
#读取序列化二进制文件，反序列化恢复对象，注意：打开文件的方式必须是二进制
with open('sample_pickle.dat', 'rb') as f:
    n=pickle.load(f)                        #读取文件中的数据个数
    for i in range(n):
        x=pickle.load(f)                    #读取并反序列化每个数据
        print(x)
```

2. 使用 struct 模块读写二进制文件

示例程序如下：

```
import struct
n=1300000000
```

```
x=96.45
b=True
s='a1@中国'
#序列化，i表示整数，f表示实数，?表示逻辑值
sn=struct.pack('if?',n,x,b)
#对象序列化后写入二进制文件，注意：打开文件的方式必须是二进制
with open('sample_struct.dat', 'wb') as f:
    f.write(sn)
    f.write(s.encode())                    #字符串需要编码为字节串后再写入文件
#读取序列化二进制文件，反序列化恢复对象，注意：打开文件的方式必须是二进制
with open('sample_struct.dat', 'rb') as f:
    sn=f.read(9)
    n, x, bl=struct.unpack('if?', sn)  #使用指定格式反序列化
    print('n=',n, 'x=',x, 'bl=',bl)
    s=f.read(9).decode()
    print('s=',s)
```

3. 使用 shelve 模块读写二进制文件

示例程序如下：

```
import shelve
zhangsan={'age':38, 'sex':'Male', 'address':'SDIBT'}
lisi={'age':40, 'sex':'Male', 'qq':'1234567', 'tel':'7654321'}
#对象序列化写入二进制文件
with shelve.open('shelve_test.dat') as fp:
    fp['zhangsan']=zhangsan                    #像操作字典一样把数据写入文件
    fp['lisi']=lisi
    for i in range(5):
        fp[str(i)]=str(i)
#读取序列化二进制文件，反序列化恢复对象
with shelve.open('shelve_test.dat') as fp:
        print(fp['zhangsan'])                  #读取并显示文件内容
        print(fp['zhangsan']['age'])
        print(fp['lisi']['qq'])
        print(fp['3'])
```

4. 使用 marshal 模块读写二进制文件

示例程序如下：

```
import marshal                          #导入模块
x1=30                                   #待序列化的对象
x2=5.0
x3=[1,2,3]
x4=(4,5,6)
x5={'a':1,'b':2,'c':3}
x6={7,8,9}
x=[eval('x'+str(i)) for i in range(1,7)]  #把所有数据放入列表
#对象序列化写入二进制文件
with open('test.dat','wb') as fp:             #创建二进制文件
    marshal.dump(len(x), fp)                  #先写入对象个数
    for item in x:
        marshal.dump(item,fp)           #把列表中的对象依次序列化并写入文件
#读取序列化二进制文件，反序列化
with open('test.dat','rb') as fp:             #打开二进制文件
    n=marshal.load(fp)                        #获取对象个数
    for i in range(n):
        print(marshal.load(fp))               #反序列化，输出结果
```

四、文件与文件夹操作

文件在计算机中一般存放到指定的文件夹中，即以目录方式进行管理。对文件和文件夹的操作一般包括删除、移动、拷贝、粘贴、重命名、检索等。

Python 提供的文件和文件夹操作模块包括 os、shutil 等。

1. os 模块

os 模块常用的函数如表 5-3 所示。

表 5-3　os 模块常用函数

函数	功能说明
remove(path)	删除指定的文件，要求用户拥有删除文件的权限，并且文件没有只读或其他特殊属性
rename(src, dst)	重命名文件或目录，可以实现文件的移动，若目标文件已存在，则抛出异常，不能跨越磁盘或分区
replace(old, new)	重命名文件或目录，若目标文件已存在，则直接覆盖，不能跨越磁盘或分区
scandir(path='.')	返回包含指定文件夹中所有 DirEntry 对象的迭代对象，遍历文件夹比 listdir 函数更高效
sep	当前操作系统使用的路径分隔符

续表

函数	功能说明
startfile(filepath [, operation])	使用关联的应用程序打开指定文件或启动指定应用程序
system	启动外部程序

示例程序如下：

```
import os
import os.path
os.rename('C:\\dfg.txt','D:\\test2.txt')    #rename可实现文件的重命名和移动
[fname for fname in os.listdir('.') if fname.endswith(('.pyc','.py','.pyw'))]
os.getcwd()    #返回当前工作目录，返回结果：'C:\\Python35'
os.mkdir(os.getcwd()+'\\temp')              #创建目录
os.chdir(os.getcwd()+'\\temp')              #改变当前工作目录
os.getcwd()                                 #返回结果：'C:\\Python35\\temp'
os.mkdir(os.getcwd()+'\\test')
os.listdir('.')                             #返回结果：['test']
os.rmdir('test')                            #删除目录
os.listdir('.')                             #返回结果：[]
os.environ.get('path')                      #获取系统变量path的值
import time
time.strftime('%Y-%m-%d %H:%M:%S',time.localtime(os.stat('2.txt').st_
ctime))
                    #查看文件创建时间，返回结果：'2022-08-18 15:58:57'
os.startfile('notepad.exe')                 #启动记事本程序
```

2. os.path 模块

os.path 模块常用的函数如表 5-4 所示。

表 5-4 os.path 模块常用函数

函数	功能说明
abspath(path)	返回给定 path 的绝对路径
basename(path)	返回指定 path 的最后一个组成部分
commonpath(paths)	返回给定的多个 path 的最长公共路径
commonprefix(paths)	返回给定的多个 path 的最长公共前缀
dirname(p)	返回参数 p 指定路径的文件夹部分
exists(path)	判断指定 path 的文件或文件夹是否存在
getatime(file)	返回 file 的最后访问时间对应的时间戳

续表

函数	功能说明
getctime(file)	返回 file 的创建时间对应的时间戳
getmtime(file)	返回 file 的最后修改时间对应的时间戳
getsize(file)	返回 file 的大小
isabs(path)	判断 path 是否为绝对路径
isdir(path)	判断 path 是否为文件夹
isfile(path)	判断 path 是否为文件
join(path，*paths)	连接两个或多个 path
realpath(path)	返回给定 path 的绝对路径
relpath(path)	返回给定 path 的相对路径，不能跨越磁盘驱动器或分区
samefile(f1，f2)	测试 f1 和 f2 这两个路径是否引用同一个文件
split(path)	以 path 中的最后一个斜线为分隔符把路径分隔成两部分，以元组形式返回
splitext(path)	从 path 中切分文件的扩展名
splitdrive(path)	从 path 中切分驱动器的名称

示例程序如下：

```
>>> path='D:\\myPython_exp\\new_test.txt'
>>> os.path.dirname(path)                  #返回路径的文件夹名
'D:\\myPython_exp'
>>> os.path.basename(path)                 #返回路径的最后一个组成部分
'new_test.txt'
>>> os.path.split(path)                    #切分文件路径和文件名
('D:\\myPython_exp','new_test.txt')
>>> os.path.split('')                      #切分结果为空字符串
('','')
>>> os.path.split('C:\\windows')           #以最后一个斜线为分隔符
('C:\\','windows')
>>> os.path.split('C:\\windows\\')
('C:\\windows','')
>>> os.path.splitdrive(path)               #切分驱动器符号
('D:','\\myPython_exp\\new_test.txt')
>>> os.path.splitext(path)                 #切分文件扩展名
('D:\\myPython_exp\\new_test','.txt')
```

3. shutil 模块

与 os 模块相比，shutil 模块提供更高级的文件、文件夹、压缩包处理功能。该模块常用的函数如表 5-5 所示。

表 5－5　shutil 模块常用函数

函数	功能说明
copy(src, dst)	将 src 文件复制到 dst 文件夹中，如果 dst 是一个文件名称，那么它会被用来当作复制后的文件的名称
copy2(src, dst)	与 copy 函数复制文件功能类似，但新文件具有与原文件完全一样的属性，包括创建时间、修改时间和最后访问时间等
copyfile(src, dst)	与 copy 函数复制文件功能类似，但不复制文件属性，如果目标文件已存在，则直接覆盖
copyfileobj(fsrc, fdst)	在两个文件对象 fsrc 和 fdst 之间复制数据，例如 copyfileobj(open('123.txt'), open('456.txt', 'a'))
copymode(src, dst)	把 src 的模式位（mode bit）复制到 dst 上，之后二者具有相同的模式
copystat(src, dst)	把 src 的模式位、访问时间等所有状态都复制到 dst 上
copytree(src, dst)	把 src 文件夹及所有嵌套子文件夹都复制到 dst 文件夹中
disk_usage(path)	查看磁盘使用情况
move(src, dst)	移动文件或递归移动文件夹，也可以给文件和文件夹重命名
rmtree(path)	递归删除文件夹
make_archive(base_name, format, root_dir=None, base_dir=None)	创建 tar 或 zip 格式的压缩文件
unpack_archive(filename, extract_dir=None, format=None)	解压缩文件

示例：下面的程序演示了如何使用标准库 shutil 的 copyfile 函数复制文件。

```
import shutil                                          #导入 shutil 模块
shutil.copyfile('C:\\dir.txt', 'C:\\dir1.txt')          #复制文件
#下面的代码将 C:\\Dlls 文件夹以及该文件夹中所有文件压缩至 D:\\a.zip 文件
shutil.make_archive('D:\\a', 'zip', 'C:\\', 'Dlls')     #返回结果:'D:\\a.zip'
#下面的代码将刚压缩得到的文件 D:\\a.zip 解压缩至 D:\\a_unpack 文件夹
shutil.unpack_archive('D:\\a.zip', 'D:\\a_unpack')
#下面的代码使用 shutil 模块的方法删除刚解压缩得到的文件夹
shutil.rmtree('D:\\a_unpack')
```

第二节　CSV 文件读写

一、CSV 文件简介

逗号分隔值（comma-separated values，CSV）文件是最简单、结构最少的文件，有时也称为字符分隔值文件，因为分隔符可以不是逗号，而是制表符、分号、冒号等。

CSV 不是一种正式的文件格式，而是一个以文本文件表示的表，其中单元格由分隔符分隔。通常第一行表示标题。纯文本意味着该文件是一个字符序列，不含像二进制数字那样必须被解读的数据。

CSV 并不是一种单一的、定义明确的格式（尽管 RFC 4180 有一个通用的定义）。因此在实践中，CSV 泛指具有以下特征的任何文件：纯文本，使用某个字符集，比如 ASCII、Unicode、EBCDIC 或 GB 2312；由记录组成（典型的是每行一条记录）；每条记录被分隔符分隔为字段（典型的分隔符有逗号、分号或制表符，有时分隔符可以包括可选的空格）；每条记录都有相同的字段序列。

CSV 规则一般包括以下方面：

- 开头不留空，以行为单位。
- 可含或不含列名，含列名时则居文件第一行。
- 一行数据不跨行，无空行。
- 以半角逗号作为分隔符，列为空时也要表达其存在。
- 列内容存在半角单引号时，替换成半角双引号转义，即用半角双引号将该字段值包含起来。
- 文件读写时，引号、逗号操作规则互逆。
- 内码格式不限，可为 ASCII、Unicode 或者其他。
- 不支持数字。
- 不支持特殊字符。

CSV 格式，如下面以逗号分隔多个元素值：

Artist，Album，Genre
Michael Jackson，Bad，Pop，funk，rock

但是，元素值中可能也包括分隔符，如逗号，从而与分隔符难以区分。为了解决这个问题，通常使用双引号来表示引号中包含的所有元素都不是分隔符。如：

Artist，Album，Genre
Michael Jackson，Bad，" Pop，funk，rock"

现在，可以清楚地看出 Pop、funk、rock 应该属于一个单元。

我们准备了数据集供读者练习，参见“hit_albums. csv”文件，数据形式如下所示：

Artist，Album，Released，Genre，" Certified sales (millions) "，Claimed sales (millions)
Michael Jackson，Thriller，1982，" Pop，rock，R&B"，45.4，65
AC/DC，Back in Black，1980，Hard rock，25.9，50
Pink Floyd，The Dark Side of the Moon，1973，Progressive rock，22.7，45
Whitney Houston / Various artists，The Bodyguard，1992，" Soundtrack/R&B，soul，pop"，27.4，44
……

二、CSV 文件读写

读取 CSV 文件有多种方法，首先介绍 Python 的基本读和写操作，接下来介绍 Python和 pandas 中用于 CSV 文件的特定解析器。

1. 基本文件操作

(1) 基本文件读取。

```
"""
Python 3 中的默认编码解码方式为 UTF-8
Windows 系统中默认使用的编码方式为 GBK
当读取一个 Windows 文件(GBK)时，可以指定读取时使用的编码 encoding=('gbk')或者不指定。
当 Python 写入文件时，默认使用的 UTF-8 编码在 Windows 中打开会出现乱码，因为 Windows 默认编码方式是 GBK
"""
#利用 Python 内置函数 open 打开文件
albums_file=open('hit_albums.csv','r',encoding=('utf-8'))
#通过文件对象的 read 函数一次性读取所有文件内容
content=albums_file.read()
#注意：行以特殊字符、回车符\r 或换行符\n 结束，如果打印出来，\n 会被翻译为新行
print(content)
#在读取文件之后，必须再次手动关闭它以释放操作系统资源
albums_file.close()
```

或者可以分别读取每一行，示例程序如下：

```
albums_file=open('hit_albums.csv','r',encoding='utf-8')
line1=albums_file.readline();
print(line1)
    #返回结果：Artist,Album,Released,Genre,"Certified sales (millions)",
      Claimed sales (millions)
#字符串的 split 函数可以指定分隔符拆分字符串
line1.split(",")
```

运行结果如下：

```
['Artist',
 'Album',
 'Released',
 'Genre',
 '"Certified sales (millions)"',
 'Claimed sales (millions)\n']
```

可以循环读取文件内容到数组中，示例程序如下：

```
data=[]
for line in albums_file:
    data.append(line.split(","))

# 文件操作后别忘了关闭文件
albums_file.close()
print(data)
# 读取单个行与单元
data[0][1]
print(data[0])
```

运行结果如下：

```
['Michael Jackson',
 'Thriller',
 '1982',
 '"Pop',
 ' rock',
 ' R&B"',
 '45.4',
 '65\n']
```

正如我们所看到的，这并没有正确地处理“Pop，rock，R&B”的双引号转义。此外，数字仍然被视为字符串，换行符也被附加到最后一个单元格。当然可以通过改进解析器来处理这些问题，但幸运的是，现有的解析 CSV 文件的方法使这一点变得更容易。

（2）基本文件写入。

可以使用“w”标识打开文件进行写入操作。这里也可以使用 with 关键字，即使出现问题，它也会为我们关闭文件。

示例程序如下：

```
with open('my_file.txt', 'w') as new_file:
    new_file.write("Hello World\nAre you still spinning?\n")
    a=""
```

2. 使用 csv 库读写 CSV 文件

可以使用 csv 库来帮助读取数据，它接受一个“delimiter”参数和一个“quotechar”参数，后者对双引号非常有用。

示例程序如下：

```
# 导入 csv 库
import csv
```

```
data_values=[]
# 打开文件并把行数据作为数组追加到 data_values 中
with open('hit_albums.csv',encoding="utf-8") as csvfile:
    # 注意，通常单引号和双引号可以互换
    # 对于 quotechar，使用单引号以便我们使用双引号时不用转义
    filereader=csv.reader(csvfile, delimiter=',', quotechar='"')
    # 这里的行是一个数组
    for row in filereader:
        print("Row: "+str(row))
        data_values.append(row)
# 保存表头(header,对应列名)到单独的数组中
header=data_values.pop(0)
print("Header is:",header)
print("data_values is:",data_values)
```

还可以使用 csv 库写入 CSV 文件，示例程序如下：

```
import csv
with open('test.csv', 'w') as f:
    writer=csv.writer(f)
    # 写入表头，表头是单行数据
    writer.writerow(['name','age','sex'])
    data=[
        ('huangyuan', 20, 'male'),
        ('zhanglan', 22, 'female')
    ]
    # 写入这些数据
    writer.writerows(data)
```

3. 使用 pandas 读写 CSV 文件

相比 csv 库，pandas 库的 read_csv 或 read_table 函数读取 CSV 文件更方便快捷。示例程序如下：

```
#利用 read_csv 函数，pandas 从数据源读取数据的函数基本都是以 read_开头
import pandas as pd
hit_albums=pd.read_csv("hit_albums.csv")
hit_albums.head()    #缺省查看头 5 行
```

运行结果如下：

	Artist	Album	Released	Genre	Certified sales (millions)	Claimed sales (millions)
0	Michael Jackson	Thriller	1982	Pop, rock, R&B	45.4	65.0
1	AC/DC	Back in Black	1980	Hard rock	25.9	50.0
2	Pink Floyd	The Dark Side of the Moon	1973	Progressive rock	22.7	45.0
3	Whitney Houston / Various artists	The Bodyguard	1992	Soundtrack/R&B, soul, pop	27.4	44.0
4	Meat Loaf	Bat Out of Hell	1977	Hard rock, progressive rock	20.6	43.0

```
#还可以使用 read_table 函数读取空格或分隔符分隔的数据，效果与 read_csv 函数一样
hit_albums_table=pd.read_table('hit_albums.csv',sep=',')
print(type(hit_albums_table))
hit_albums_table.head()
```

反之，还可以使用 to_开头的函数将 DataFrame 数据写入文件。

示例程序如下：

```
hit_albums.to_csv("dfout-test1.csv")                           #带有索引
hit_albums.to_csv("dfout-test2.csv",index=None)                #不带索引
hit_albums.to_csv("dfout-test3.csv",index=None,header=False)   #不带索引，不
                                                                带列名头
```

如果读取的文件太大，则需要考虑分块读取及显示部分内容，如：pd.options.display.max_rows = 10。read_csv 函数可以设置一次读取数量的参数，如 nrows 限定读取行数；chunksize 分批次处理文件，每次处理多少数据。

示例程序如下：

```
pd.options.display.max_rows=20
hit_albums=pd.read_csv("hit_albums.csv",nrows=6)
print(hit_albums)
#chunksize 参数是指每次读取块的行数，返回的是 TextFileReader 对象，需要循环处
理每批次返回的数据
hit_albums_table=pd.read_table('hit_albums.csv', chunksize=3)
print(type(hit_albums_table))
#hit_albums_table 是一个迭代器类型，遍历一次则为空
for index,data in enumerate(hit_albums_table):
    if index<5:
        print(data)
```

第三节　XML 文件读写

一、XML 简介

1. 概述

可扩展标记语言（extensible markup language，XML）是互联网数据传输的重要工

具，可以跨越任何互联网平台，不受编程语言和操作系统的限制，是互联网异构应用数据共享的主要规范。XML 可扩展性较好，具有自描述性，有助于在服务器之间共享传输结构化数据，便于开发人员控制数据的存储和传输。XML 可以用于标记电子文件，使其具有结构性的标记语言，也可以用来标记数据、定义数据类型，是一种允许用户对自己的标记语言进行定义的源语言。XML 是标准通用标记语言（standard generalized markup language，SGML）的子集，非常适合 Web 传输。

2. XML 的特点及作用

XML 的特点包括以下方面：

● 可扩展：允许使用自定义的标记来描述数据。

● 可自描述：容易阅读，可以使用 XML 来定义特定的文档模式，以检验 XML 文档是否满足特定要求。

● 跨平台：独立于操作系统、开发语言和不同应用，方便网络传输和异构系统之间共享数据。

● 语法简洁：用 SGML 的 20%的复杂性保留了 80%的功能。

● 方便定义新的规范：使用 XML 可以创造符合某一特定领域的数据描述标签，以满足特定领域数据描述的需要。例如 Spring 开源框架的配置文件、ebXML（电子商务领域 XML）、Web Services 中的系列规范等。

基于 XML 的上述特点，XML 常用于应用程序和网站配置、网页数据表示、异构程序数据交互与 Ajax 基石，此外还经常用来定义新的语言规范和数据共享规范等。

3. XML 声明

XML 声明一般是 XML 文档的第一行，如简单的 XML 文档声明：＜? xml version＝"1.0"?＞。XML 区别大小写，其声明一般包括以下几个部分。

● version 属性：说明当前 XML 文档的版本，一般写为 1.0，version 属性是必需的。

● encoding 属性：说明当前 XML 文档使用的字符编码集，XML 解析器会使用这个编码来解析 XML 文档。encoding 属性是可选的，默认为 UTF-8。注意，如果 XML 文档使用的字符编码集和 encoding 属性值不同，则会导致乱码或解析错误。

● standalone 属性：说明当前 XML 文档是否为独立文档，默认为 yes。如果该属性值为 yes，则表示当前 XML 文档是独立的；如果该属性值为 no，则表示当前 XML 文档不是独立的，即依赖外部的约束文件。

4. 根元素

根元素在 XML 文档里是唯一的；它的开始是放在最前面，结束是放在最后面。

5. 元素

XML 的基本组成单位是元素，元素由标签来定义，标签包括起始标签“＜＞”和结束标签“＜/＞”，属性要写在起始标签内。在 XML 中，所有元素必须有结束标签，可以是不包含任何内容的空元素，但是标签对大小写敏感，而且必须正确地嵌套。

语法形式为：

＜元素名 属性名＝“属性值”＞元素内容＜/元素名＞

例如：＜name＞Tom＜/name＞。

元素的命名规则为：名称中可以包含字母、数字或者其他字符；名称不能以数字或者标点符号开始；名称中不能包含空格。

6. 属性

元素属性用来对元素做进一步说明，语法形式为：

＜元素名 属性名＝“属性值” /＞

例如：＜name id ="101"＞李四＜/name＞。

属性值也区分大小写，一定要用双引号或者单引号引起来，否则将被视为错误。一个元素可以有多个属性，语法形式为：

＜元素名 属性名 1=“属性值 1” 属性名 2=“属性值 2”＞

属性值中不能直接包含特殊字符或非法字符，例如尖括号（＜、＞）、引号和 & 等。

7. 实体

语法形式为：

＜!ENTITY 实体名称 “实体的值”＞

XML 有 5 个预定义实体。

8. 注释

注释的内容会被程序忽略而不做解释和处理。语法形式为：

＜!--注释内容--＞

注意：注释内容中不要出现“--”；不能把注释放在标签中间；注释不能嵌套。

9. 命名空间

在 XML 中，元素名称可能是由不同开发者定义的，当两个不同的文档使用相同的元素名时，就会发生命名冲突。XML 命名空间（namespaces）提供了避免元素命名冲突的方法，即通过使用名称前缀来避免命名冲突。当在 XML 中使用前缀时，用于前缀的命名空间必须被定义。命名空间是在元素的起始标签的 xmlns 属性中定义的。命名空间声明的语法形式为：

xmlns:前缀="URI"。

当命名空间被定义在元素的起始标签中时，所有带有相同前缀的子元素都会与同一个命名空间相关联。

定义 XML 数据时，需要注意保持格式的良好及有效性。有效的 XML 文档首先是一个格式良好的 XML 文档，然后需要满足 DTD（document type definition）的要求。遵循如下规则的 XML 文档称为格式良好的 XML 文档。

- 必须有 XML 声明语句。

- 必须有且仅有一个根元素。
- 标签大小写敏感。
- 属性值用双引号。
- 标签成对。
- 空标签关闭。
- 元素正确嵌套。

二、XML 文件读写

Python 工具需要安装 lxml 模块才能进行 XML 文件的读写，安装方法如下：

conda install lxml

pip install beautifulsoup4 html5lib 或者 pip install bs4

示例程序如下：

```
from lxml import objectify
path='Performance_MNR.xml'
parsed=objectify.parse(open(path))          #返回值为树状的文档对象模型
print(parsed)
root=parsed.getroot()                        #返回的是文档对象模型(DOM)数据结构
data=[]
skip_fields=['PARENT_SEQ','INDICATOR_SEQ','DESIRED_CHANGE','DECIMAL_PLACES']
for elt in root.INDICATOR:
    el_data={}                               #以字典形式存储每行记录数据
    for child in elt.getchildren():
        if child.tag in skip_fields:
            continue
        el_data[child.tag]=child.pyval       #注意每级节点的标签和对应值
data.append(el_data)                         #多行记录以列表形式存储
perf=pd.DataFrame(data)
perf.head()
```

运行结果如下：

	AGENCY_NAME	INDICATOR_NAME	DESCRIPTION	PERIOD_YEAR	...	YTD_TARGET	YTD_ACTUAL	MONTHLY_TARGET	MONTHLY_ACTUAL
0	Metro-North Railroad	On-Time Performance (West of Hudson)	Percent of commuter trains that arrive at thei...	2008	...	95.0	96.9	95.0	96.9
1	Metro-North Railroad	On-Time Performance (West of Hudson)	Percent of commuter trains that arrive at thei...	2008	...	95.0	96.0	95.0	95.0
2	Metro-North Railroad	On-Time Performance (West of Hudson)	Percent of commuter trains that arrive at thei...	2008	...	95.0	96.3	95.0	96.9
3	Metro-North Railroad	On-Time Performance (West of Hudson)	Percent of commuter trains that arrive at thei...	2008	...	95.0	96.8	95.0	98.3
4	Metro-North Railroad	On-Time Performance (West of Hudson)	Percent of commuter trains that arrive at thei...	2008	...	95.0	96.6	95.0	95.8

5 rows × 12 columns

第四节　JSON 文件读写

一、JSON 简介

JSON（JavaScript object notation）是一种轻量级的数据交换格式，易于人们阅读和编写，同时也易于机器解析和生成。JSON 采用完全独立于语言的文本格式，但是也使用了类似于 C 语言家族（包括 C、C++、C#、Java、JavaScript、Perl、Python 等）的习惯，这些特性使 JSON 成为理想的数据交换语言。JSON 是道格拉斯·克罗克福德（Douglas Crockford）在 2001 年开始推广使用的数据格式，2005—2006 年正式成为主流的数据交换格式，雅虎和谷歌也在此时开始广泛地使用 JSON 格式。

1. 语法规则

在 JavaScript 语言中，一切都是对象。因此，任何支持的类型都可以通过 JSON 来表示，例如字符串、数字、对象、数组等，但对象和数组是两种比较特殊且常用的类型。JSON 表示方法如下：

- 对象表示为键值对。
- 数据由逗号分隔。
- 花括号保存对象。
- 方括号保存数组。

2. 基础结构

JSON 构建于两种结构：

（1）“名称/值”对的集合。在不同的语言中，它被理解为对象（object）、记录（record）、结构（struct）、字典（dictionary）、哈希表（hash table）、有键列表（keyed list）或者关联数组（associative array）。

（2）值的有序列表。在大部分语言中，它被理解为数组（array）。

3. 基础示例

简单地说，JSON 可以将 JavaScript 对象中表示的一组数据转换为字符串，然后就可以在函数之间轻松地传递这个字符串，或者在异步应用程序中将字符串从 Web 客户端传递给服务器端程序。这个字符串看起来有点儿古怪，但是 JavaScript 很容易解释它，而且 JSON 可以表示比“名称/值”对更复杂的结构。例如，可以表示数组和复杂的对象，而不仅仅是键和值的简单列表。

（1）表示“名称/值”对。按照最简单的形式，可以用下面的 JSON 表示“名称/值”对：{"firstName"："Brett"}。这个示例非常基础，而且实际上比等效的纯文本“名称/值”对——firstName=Brett 占用更多空间。但是，当将多个“名称/值”对串在一起时，JSON 就体现出它的价值了。首先，可以创建包含多个“名称/值”对的记录，例如：

{"firstName"："Brett","lastName":"McLaughlin","email"："aaaa"}

从语法方面来看，这与“名称/值”对相比并没有很大的优势，但是在这种情况下，JSON 更容易使用，而且可读性更好。例如，它明确地表示以上三个值都是同一记录的一部分；花括号使这些值有了某种联系。

（2）表示数组。当需要表示一组值时，JSON 不但能够提高可读性，而且可以减少复杂性。例如，假设希望表示一个人名列表。在 XML 中，需要许多起始标签和结束标签；如果使用典型的“名称/值”对，那么必须建立一种专有的数据格式，或者将键的名称修改为“person1-firstName”的形式。如果使用 JSON，就只需将多个带花括号的记录分组在一起。

示例程序如下：

```
{"people":[
    {"firstName":"Brett","lastName":"McLaughlin","email": "aaaa"},
    {"firstName":"Jason","lastName":"Hunter","email":"bbbb"},
    {"firstName":"Elliotte","lastName":"Harold","email":"cccc"}
    ]}
```

可以使用相同的语法表示多个值（每个值包含多个记录），在不同的主条目之间，记录中实际的“名称/值”对可以不一样。JSON 是完全动态的，允许在 JSON 结构的中间改变表示数据的方式。

示例程序如下：

```
{"programmers":[
    {"firstName":"Brett","lastName":"McLaughlin","email":"aaaa"},
    {"firstName":"Jason","lastName":"Hunter","email":"bbbb"},
    {"firstName":"Elliotte","lastName":"Harold","email":"cccc"}
    ],
"authors":[
    {"firstName":"Isaac","lastName":"Asimov","genre":"science fiction"},
    {"firstName":"Tad","lastName":"Williams","genre":"fantasy"},
    {"firstName":"Frank","lastName":"Peretti","genre":"christian fiction"}
    ],
"musicians":[
    {"firstName":"Eric","lastName":"Clapton","instrument":"guitar"},
    {"firstName":"Sergei","lastName":"Rachmaninoff","instrument":"piano"}
    ]}
```

4. 与 XML 比较

（1）可读性。JSON 和 XML 的可读性不相上下，前者有简易的语法，后者有规范的标签形式，很难分出胜负。

（2）可扩展性。XML 有很好的扩展性，JSON 当然也有，没有什么是 XML 可以扩展而 JSON 不能扩展的。不过 JSON 在 JavaScript 主场作战，可以存储 JavaScript 复合对象，有着 XML 不可比拟的优势。

（3）编码难度。XML 有丰富的编码工具，比如 Dom4j、Dom、SAX 等，JSON 也提供了编码工具。相比 JSON，XML 文档需要更多结构上的字符。

（4）解码难度。XML 的解析方式有两种：一种方式是通过文档模型解析，即通过父标签索引一组标签。例如：xmlData. getElementsByTagName(" tagName ")，但是这要在预先知道文档结构的情况下才能使用，无法进行通用的封装。另一种方式是遍历节点（document 以及 childNodes），这可以通过递归实现，不过解析出来的数据仍旧是形式各异，不能满足预先的要求。

凡是这样可扩展的结构数据解析起来都比较困难，JSON 也是如此。

如果预先知道 JSON 的结构，使用 JSON 进行数据传递就可以写出实用美观且可读性强的代码。如果你是纯粹的前台开发人员，一定会非常喜欢 JSON；但如果你是一个应用开发人员，就不会那么喜欢了，毕竟 XML 才是真正的结构化标记语言，用于数据的传递。

二、JSON 数据读写

1. 使用 json 模块操作 JSON 数据

示例程序如下：

```
#注意观察 JSON 格式，可嵌套的"名称/值"对序列
obj="""
    {"name":"Wes","places_lived":["United States","Spain","Germany"],
    "pet": null,"siblings":[{"name":"Scott","age":30,"pets":["Zeus","Zu-
    ko"]},{"name":"Katie","age":38,"pets": ["Sixes","Stache","Cisco"]}]
    }
    """
import json
result=json.loads(obj)
result    #结果为字典结构
```

运行结果如下：

```
{'name': 'Wes',
 'places_lived': ['United States', 'Spain', 'Germany'],
 'pet': None,
 'siblings': [{'name': 'Scott', 'age': 30, 'pets': ['Zeus', 'Zuko']},
  {'name': 'Katie', 'age': 38, 'pets': ['Sixes', 'Stache', 'Cisco']}]}
```

```
#将 json 对象序列化
asjson=json.dumps(result)
print(asjson)
```

2. 使用 pandas 模块操作 JSON 数据

pandas 的 read_json 函数的语法形式如下：

read_json(path_or_buf=None，orient=None，typ='frame'，dtype=True，convert_axes=True，convert_dates=True，keep_default_dates=True，numpy=False，precise_float=False，date_unit=None，encoding=None，lines=False，chunksize=None，compression='infer')

第一个参数是 JSON 文件路径或者 JSON 格式的字符串。

第二个参数 orient 表明了预期的 JSON 字符串格式。orient 可以设置为以下几个值：像字典的'split'，像列表的'records''index''columns''values'等。

示例程序如下：

```
import pandas as pd
data=pd.read_json("Sample.json")
print(data)
#将 DataFrame 数据输出为 JSON 格式
print(data.to_json())                                    #索引形式
print("记录形式:",data.to_json(orient='records'))  #记录形式
```

运行结果如下：

```
['Michael Jackson',
 'Thriller',
 '1982',
 '"Pop',
 ' rock',
 ' R&B"',
 '45.4',
 '65\n']

{"a":{"0":1,"1":4,"2":7},"b":{"0":2,"1":5,"2":8},"c":{"0":3,"1":6,"2":9}}
记录形式: [{"a":1,"b":2,"c":3},{"a":4,"b":5,"c":6},{"a":7,"b":8,"c":9}]
```

第五节　HDF 文件读写

一、HDF 文件简介

1. 什么是 HDF 文件

层次化数据结构（hierarchical data format，HDF）文件是一个包含多种信息的单文件，所有信息都放在同一个文件中。HDF 文件通过特定文件结构来存储多种不同信息。

HDF 是一种用于存储和分发科学数据的自我描述的、多对象的文件格式，它由美国

国家超级计算应用中心（NCSA）创建，以满足不同群体的科学家在不同工程项目领域的需要。HDF 可以表示出科学数据存储和分布的许多必要条件。

HDF 的特性有：

● 自述性：对于 HDF 文件里的每一个数据对象，包含关于该数据的综合信息（元数据）。在没有任何外部信息的情况下，HDF 允许应用程序解释 HDF 文件的结构和内容。

● 通用性：许多数据类型都可以被嵌入到一个 HDF 文件里。例如，通过使用合适的 HDF 数据结构，符号、数字和图形数据可以同时存储在一个 HDF 文件里。

● 灵活性：HDF 允许用户把相关的数据对象组合在一起，放到一个分层结构中，向数据对象添加描述和标签。它还允许用户把科学数据放到多个 HDF 文件里。

● 扩展性：HDF 极易容纳将来新增加的数据模式，容易与其他标准格式兼容。

● 跨平台性：HDF 是一个与平台无关的文件格式，HDF 文件无需任何转换就可以在不同平台上使用。

2. HDF 基本数据类型

HDF 提供 6 种基本数据类型：光栅图像（raster image）、调色板（palette）、科学数据集（scientific data set）、注解（annotation）、虚拟数据（Vdata）和虚拟组（Vgroup）。

3. HDF 文件格式

可以把 HDF 文件看成一本多章节的书，HDF 文件这本“数据书”的每章都包含一个不同类型的数据内容。正如书籍用目录列出它的章节一样，HDF 文件用数据索引（data index）列出其数据内容。HDF 文件结构包括一个文件号（file id）、至少一个数据描述符（data descriptor）、没有或有多个数据内容（data element）。

二、HDF 文件读写

Python 中经常用于存储神经网络训练模型和相关参数的专用模块有 h5py、pandas。如果想直接打开并查看和编辑 h5 文件的内容，可以使用软件 HDFView。

示例程序一如下：

```
import pandas as pd
import numpy as np
frame=pd.DataFrame({'a': np.random.randn(100)})
#创建 HDF 存储对象 store
store=pd.HDFStore('mydata.h5')
store['obj1']=frame
store['obj1_col']=frame['a']
store['obj1'].head()
```

运行结果如下：

	a
0	0.287376
1	0.419617
2	0.512197
3	-0.699926
4	-1.725302

示例程序二如下：

```
#HDF 存储对象的读取与写入
store.put('obj2', frame, format='table')
aa=store.select('obj2', where=['index >= 10 and index <= 15'])
store.close()
#DataFrame 对象的 HDF 格式文件的读写操作
frame.to_hdf('mydata.h5', 'obj3', format='table')
pd.read_hdf('mydata.h5', 'obj3', where=['index < 5'])
#删除文件
import os
os.remove('mydata.h5')
```

第六节　Office 文件读写

MS Office 软件使用广泛，如 Word、Excel、PowerPoint 等，其中 Excel 常用于存储表格等格式化的数据。

一、Word 文件读写

可使用扩展库 docx 读写 Word 2007 及更高版本的 Word 文件。

如何提取 docx 文档中的例题、插图和表格清单？示例程序如下：

```
from docx import Document
import re

result={'li':[], 'fig':[], 'tab':[]}
doc=Document(r'C:\Python 可以这样学.docx')
for p in doc.paragraphs:                    #遍历文档所有段落
```

```
    t=p.text                                    #获取每一段的文本
    if re.match('例\d+-\d+', t):               #例题
        result['li'].append(t)
    elif re.match('图\d+-\d+', t):             #插图
        result['fig'].append(t)
    elif re.match('表\d+-\d+', t):             #表格
        result['tab'].append(t)

for key in result.keys():                       #输出结果
    print('='*30)
    for value in result[key]:
        print(value)
```

二、Excel 文件读写

可使用扩展库 openpyxl 读写 Excel 2007 及更高版本的 Excel 文件。pandas 的 to_excel和 read_excel 函数也可以读写 Excel 文件，读写时需要注意编码格式 encoding、表单号 sheet、表头 head。

下面是对应 pandas 的函数形式：

to_excel(excel_writer, sheet_name='Sheet1', na_rep='',float_format=None, columns=None,header=True,index=True,index_label=None,startrow=0,startcol=0,engine=None,merge_cells=True,encoding=None,inf_rep='inf',verbose=True,freeze_panes=None)

read_excel(io,sheet_name=0,header=0,names=None,index_col=None,usecols=None,squeeze=False,dtype=None,engine=None,converters=None,true_values=None,false_values=None,skiprows=None,nrows=None,na_values=None,keep_default_na=True,verbose=False,parse_dates=False,date_parser=None,thousands=None,comment=None,skip_footer=0,convert_float=True,mangle_dupe_cols=True, **kwds)

Python 使用 openpyxl 模块读写 Excel 文件的示例程序如下：

```
import openpyxl
from openpyxl import Workbook
fn=r'f:\test.xlsx'                              #文件名
wb=Workbook()                                   #创建工作簿
ws=wb.create_sheet(title='你好，世界')          #创建工作表
ws['A1'] = '这是第一个单元格'                   #单元格赋值
```

```
ws['B1']=3.1415926
wb.save(fn)                                 #保存 Excel 文件
wb=openpyxl.load_workbook(fn)               #打开已有的 Excel 文件
ws=wb.worksheets[1]                         #打开指定索引的工作表
print(ws['A1'].value)                       #读取并输出指定单元格的值
ws.append([1,2,3,4,5])                      #添加一行数据
ws.merge_cells('F2:F3')                     #合并单元格
ws['F2']="=sum(A2:E2)"                      #写入公式
for r in range(10,15):
for c in range(3,8):
ws.cell(row=r, column=c, value=r*c)         #写入单元格数据
wb.save(fn)
```

Python 使用 pandas 模块读写 Excel 文件的示例程序如下：

```
#一种读取 Excel 文件的方法：生成 ExcelFile 对象，然后调用 read_excel 函数
xlsx=pd.ExcelFile('9-1.xlsx')
pd.read_excel(xlsx, 'Sheet1')
#直接将文件作为参数读取，如果有乱码或者指定表头所在的行号，可设置参数 enco-
ding,header
df2=pd.read_excel('9-1.xlsx', 'Sheet1')
df2.head()
#写入 Excel 文件，使用 ExcelWriter 作为文件操作对象
writer=pd.ExcelWriter('9-1-bak.xlsx')
frame.to_excel(writer, 'Sheet1')
writer.close()
```

若不使用 ExcelWriter 作为文件操作对象，而直接调用 DataFrame 的 to_excel 函数，则会覆盖原来的 Excel 文件，原有文件内容消失。如果想对已经存在的 Excel 文件进行修改，可以使用开源工具包（Anaconda 已附带）xlsxwriter、xlrd、xlwt、xlwings、openpyxl 等。

注意：有些工具包支持“a”添加模式，有些仅支持“w”重写模式。

示例程序如下：

```
import pandas as pd
#ExcelWriter 函数：注意 mode={'w', 'a'}，缺省是'w'，即重写；'a'指追加，新版本'a'
模式可能出错
writer=pd.ExcelWriter('9-1-bak.xlsx',mode='w')
#注意：这种方式可以在打开的 Excel 文件中连续追加，但原始内容丢失
frame.to_excel(excel_writer=writer,sheet_name='Sheet2')
```

```
writer.close()
df=pd.DataFrame({'col_a': [1,2,3], 'col_b': [4,5,6]})
writer=pd.ExcelWriter('test-xlsxwriter.xlsx', mode='a',engine='openpyxl')
df.to_excel(writer, sheet_name='1', index=False)
df.head(0).to_excel(writer, sheet_name='2', index=False)
df.to_excel(writer, sheet_name='3', index=False)
df.to_excel(writer, sheet_name='4', index=False)
writer.close()
```

第七节　PDF 文件读写

一、PDF 文件简介

1. 什么是 PDF

PDF 是 portable document format 的简称，意为“可携带文档格式”，是 Adobe Systems 公司为了以与应用程序、操作系统、硬件无关的方式进行文件交换所发展出的文件格式。PDF 文件以 PostScript 语言图像模型为基础，无论在哪种打印机上，都可保证精确的颜色和准确的打印效果，即 PDF 会忠实地再现原稿中的字符、颜色以及图像。

PDF 文件格式与操作系统平台无关的特点使它成为在互联网上进行电子文档发行和数字化信息传播的理想文档格式。越来越多的电子图书、产品说明、公司文告、网络资料、电子邮件等使用 PDF 格式。

2. PDF 文件格式

PDF 文件主要分为四个部分。

（1）首部。用文本编辑器打开时可以看到“%PDF-1.4”这样的字眼，其中最后一位就是 PDF 文件格式版本号，软件的版本号总比文件格式的版本号高 1，比如，Read 5 能打开的就是文件格式为 4 的内容。

（2）文件体。由若干个 obj 对象组成，类似如下形式：

```
3 0 obj
<<
/Type /Pages
/Count 1
/Kids [4 0 R]
>>
endobj
```

第一行的第一个数字称为对象号，用来唯一标识一个对象；第二个数字是产生号(generation number)，用来表明它在被创建后修改了几次，所有新创建的PDF文件的产生号都应该为0，即创建以后没有被修改过。上面的例子说明该对象的对象号是3，而且创建后没有被修改过。

对象的内容包含在"<<"和">>"之间，最后以关键字endobj结束。

(3) 交叉引用表。用来索引各个obj对象在文档中的位置以实现随机访问，它的形式如下：

```
xref
0 8
0000000000 65535 f
0000000009 00000 n
0000000074 00000 n
0000000120 00000 n
0000000179 00000 n
0000000322 00000 n
0000000415 00000 n
0000000445 00000 n
```

xref表示一个交叉引用表的开始，其下方的"0 8"说明下面各行所描述的对象号从0开始，并且有8个对象。

一般每个PDF文件都是从"0000000000 65535 f"这一行开始交叉引用表的，对象0的起始地址为"0000000000"，产生号为"65535"，即最大产生号，不可以再进行更改。最后，对象的表示是"f"，表明该对象为自由(free)对象，这里可以看到，其实这个对象可以看作文件头。

"0000000009 00000 n"表示对象1，"0000000009"是其偏移地址，"00000"为5位产生号(最大为65535)，"0"表示该对象未被修改过，"n"表示该对象在使用，区别于自由对象(f)，该对象可以更改。

(4) 尾部。

```
Trailer
<<
/Size 8
/Root 1 0 R
>>
startxref 553
%%EOF
```

- Trailer表示文件尾trailer对象的开始。

- /Size 8 表示该 PDF 文件的对象数目。
- /Root 1 0 R 表示根对象的对象号为 1。
- startxref 553 表示交叉引用表的偏移地址，从而可以找到 PDF 文档中所有对象的相对地址，进而访问对象。
- %%EOF 为文件结束标志。

二、PDF 文件操作

1. PDF 文件操作工具与方法

PDF 文件的操作工具有很多，如阅读工具 Adobe Acrobat Reader、Foxit Reader 等，格式转换工具 Adobe Acrobat、迅捷 PDF 转换器等，创编工具 Adobe Acrobat、Adobe InDesign、Foxit PDF Editor 等。

由于 PDF 文件的组织格式比 MS Office 文件更复杂并且结构化较差，使用编程方式解析 PDF 文件相对也更复杂，因此不到万不得已，代码中尽量不要使用 PDF。但还是有大量文档使用了 PDF，所以有必要了解如何通过编程方式访问 PDF 文件。

处理 PDF 文件要比 Excel 文件更加困难，PDF 文件操作工具处理 PDF 文档的方法有很多种，其中一种简单的方法是将 PDF 转换成文本，然后对此文本进行解析。

2. Python 操作 PDF 文件

PyPI 网站（https://pypi.org/search/?q=PDF）是查找 Python 包的好地方。如果在该网站搜索“PDF”，就会得到一系列结果，如图 5－2 所示。

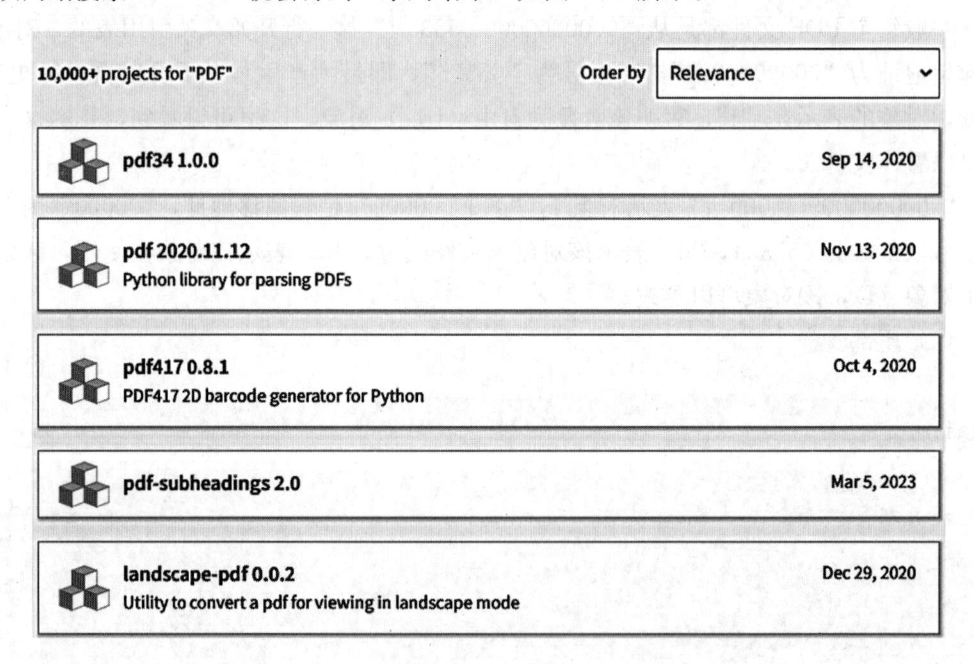

图 5－2　PyPI 网站搜索“PDF”的结果界面示例

常用的 PDF 读取转换 Python 包有 slate、pdfminer 和用于表格提取的 pdftables，本书以 pdfminer 为例，简要介绍 PDF 文件操作。

3. pdfminer 操作 PDF 文件

首先需要安装 pdfminer3k 或 pdfminer 模块，安装方法如下：

pip install pdfminer3k

示例程序如下：

```
import sys
import importlib
importlib.reload(sys)
from pdfminer.pdfparser import PDFParser, PDFDocument
from pdfminer.pdfinterp import PDFResourceManager, PDFPageInterpreter
from pdfminer.converter import PDFPageAggregator
from pdfminer.layout import LTTextBoxHorizontal, LAParams
from pdfminer.pdfinterp import PDFTextExtractionNotAllowed
path=r"中图分类号.pdf"
toPath=r"中图分类号.txt"
# 以二进制形式打开 PDF 文件
with open(path,"rb") as f:
    parser=PDFParser(f)                               # 创建一个 PDF 文档分析器
    pdfFile=PDFDocument()                             # 创建 PDF 文档
    parser.set_document(pdfFile)                      # 链接分析器与文档对象
    pdfFile.set_parser(parser)
    pdfFile.initialize()                              # 提供初始化密码
if not pdfFile.is_extractable:
    raise PDFTextExtractionNotAllowed                 # 检测文档是否提供 txt 转换
else:
    # 解析数据
    manager=PDFResourceManager()                      # 数据管理
    laparams=LAParams()
    device=PDFPageAggregator(manager,laparams=laparams)  #创建 PDF 对象
    interpreter=PDFPageInterpreter(manager, device)      # 解释器对象
    # 开始循环处理，每次处理一页
    for page in pdfFile.get_pages():
        interpreter.process_page(page)
        layout=device.get_result()
        for x in layout:
            if(isinstance(x, LTTextBoxHorizontal)):
                with open(toPath, "a") as f:
                    str=x.get_text()
                    f.write(str+"\n")
```

第八节　图像文件读写

一、图像文件简介

1. 图像格式简介

我们平时看到的计算机图像都是以一定的格式储存在文件中的。图像格式是计算机存储图像的格式，常见的存储格式有 bmp、jpeg、png、tif、gif、pcx、tga、exif、fpx、svg、psd、cdr、pcd、dxf、ufo、eps、ai、raw、wmf、webp、avif、apng 等。鉴于篇幅有限，本书仅简单介绍常见的 bmp、jpeg、gif 格式。

2. bmp 格式

位图（Bitmap，bmp）是一种与硬件设备无关的图像文件格式，使用非常广泛。它采用位映射存储格式，除了图像深度可选（bmp 文件的图像深度可选 1bit、4bit、8bit 及 24bit）以外，不采用其他任何压缩，因此，bmp 文件占用的空间很大。bmp 文件存储数据时，图像的扫描是按从左到右、从下到上的顺序。

典型的 bmp 图像文件由三部分组成：位图文件头数据结构，它包含 bmp 图像文件的类型、显示内容等信息；位图信息数据结构，它包含 bmp 图像的宽、高、压缩方法；定义颜色等信息。

bmp 的优点是支持 1～24bit 的颜色深度，与现有 Windows 程序广泛兼容；缺点是不支持压缩，从而导致文件非常大。

3. jpeg 格式

联合照片专家组（joint photographic experts group，jpeg）是最常见的一种图像格式，文件后缀名为“.jpg”或“.jpeg”，由国际标准化组织（ISO）制定，是一种有损压缩格式，能够将图像压缩在很小的储存空间，图像中重复或不重要的数据会被丢弃，因此容易造成图像数据的损伤。但是 jpeg 压缩技术十分先进，它用有损压缩方式去除冗余的图像数据，在获得极高的压缩率的同时能展现出十分丰富生动的图像。而且 jpeg 是一种很灵活的格式，具有调节图像质量的功能，允许用不同的压缩比例对图像进行压缩，支持多种压缩级别。压缩比越大，品质就越差；相反地，压缩比越小，品质就越好。jpeg 格式压缩的主要是高频信息，对色彩的信息保留较好，适用于互联网，可减少图像的传输时间，支持 24bit 真彩色，普遍应用于需要连续色调的图像。

jpeg 是目前网络上最流行的图像格式，是可以把文件压缩到最小的格式，在 Photoshop 软件中以 jpeg 格式存储图像时，提供 13 级压缩级别，以 0～12 级表示，其中 0 级压缩比最高，图像品质最差。即使采用细节几乎无损的 10 级质量保存时，压缩比也可达 5∶1。以 bmp 格式保存得到的 4.28MB 的图像文件时，若采用 jpg 格式保存，其大小仅为 178KB，压缩比达到 24∶1。经过多次比较，8 级压缩为存储空间与图像质量兼得的最佳级别。

4. gif 格式

图形交换格式（graphics interchange format，GIF）是 CompuServe 公司在 1987 年

开发的图像文件格式。gif 文件的数据是一种基于 LZW 算法的连续色调的有损压缩格式。gif 解码较快，压缩率一般在 50%左右。它不属于任何应用程序，几乎所有相关软件都支持它，公共领域有大量的软件都在使用 gif 格式的文件。

gif 文件的数据是经过压缩的，并且采用了可变长度等压缩算法。所以 gif 的图像深度支持 1～8bit，即 gif 最多支持 256 种色彩的图像。gif 格式的另一个特点是在一个 gif 文件中可以存储多幅彩色图像，如果把存储于一个文件中的多幅图像逐幅读出并显示到屏幕上，就可构成一幅最简单的动画。

二、图像文件读写

浏览和编辑图像的软件工具较多，如 Photoshop、Windows 操作系统自带的画图等，浏览器也能打开常见格式的图像文件。而基于 Python 的图像工具包有 Pillow、OpenCV 等，matplotlib 绘图工具也提供了图像文件的读写方法。

混合使用 OpenCV 和 matplotlib 绘图工具时，需要注意：

● 彩色图像一般由 R、G、B 三个通道构成。然而，OpenCV 加载彩色图像时是按照 BGR 的顺序，matplotlib 加载彩色图像时是按照 RGB 的顺序。所以，当用“cv2. imread”读入图像时，用“cv2. imshow”来显示自然是不会出问题的，但若用“plt. imshow”来显示就会出现色彩问题。将通道 R 和通道 B 的内容调换一下，再用“plt. imshow”显示就正常了。

● 灰度图是单通道图像，“cv2. imshow”会正常显示灰度图。但在matplotlib. pyplot. imshow函数里，参数 cmap 给出了标量值如何映射到颜色空间，并且对于 RGB(A) 图像，此参数是忽略的，默认值是' viridis'；因此，需要设置 cmap 参数值为' gray'，“plt. imshow”才能正常显示灰度图。

1. Pillow 模块

Pillow 就是 Python 中的 PIL（Python imaging library）模块。PIL 模块是 Python 的一个强大且方便的图像处理库，Pillow 是 PIL 的一个派生分支，但如今已发展为比 PIL 本身更具活力的 Python 图像处理库。

（1）Pillow 模块的安装与导入。

```
pip install Pillow                          #安装
import PIL 或者 from PIL import Image        #导入
```

（2）读写图像示例。Pillow 模块的常用函数包括 open、convert、save 等，分别用于打开、转换和保存图像等操作。

示例程序如下：

```
from PIL import Image, ImageDraw
imgpath='SVD_example.jpg'           #图像路径
im=Image.open(imgpath)              #打开图像到 im 对象
w,h=im.size                         #读取图像宽、高
```

```
print(w,h)
im=im.convert('RGB')                           #将 im 对象转换为 RGB 对象
array=[]
for x in range(w):                        #输出图像对象每个像素点的 RGB 值到 array
    for y in range(h):
        r, g, b=im.getpixel((x,y))             #获取当前像素点的 RGB 值
        rgb=(r, g, b)
        array.append(rgb)
image=Image.new('RGB', (w,h), (255,255,255)) #创建新图像对象
draw=ImageDraw.Draw(image)                     #创建 draw 对象用于绘制新图
i=0
for x in range(w):                        #填充每个像素，并为对应像素填上 RGB 值
    for y in range(h):
        draw.point((x,y), fill=array[i])
        i=i+1
image.save('new_sample.jpg', 'jpeg')           #写入图像文件
```

2. cv2 模块

OpenCV 是由英特尔公司发起的一个计算机视觉和图像处理的开源函数库，提供了 500 多个跨平台函数，具有强大的图像和矩阵处理能力。cv2 模块是基于 OpenCV 开发的 Python 对应的图像处理模块，基本涵盖了 OpenCV 的原有功能。

（1）cv2 模块的安装与导入。

```
pip install opencv-python        #安装
import cv2                       #导入
```

（2）读写图像示例。cv2 模块的常用函数包括 imread、imwrite、imshow 等，分别用于读取、写入和显示图像等操作。

示例程序如下：

```
import matplotlib.pyplot as plt
import cv2

imgpath='SVD_example.jpg'               #图像路径
#读取图像 RGB 信息到 array 列表
img_data=cv2.imread(imgpath)            #读入图像到 img_data 对象
cv2.imshow('imshow',img_data)           #cv2 函数 imshow 显示图像
cv2.waitKey()
cv2.destroyAllWindows()     #Jupyter Notebook 环境下一定要销毁窗口，否则显示窗
                             口无响应
plt.imshow(img_data)        #使用 matplotlib 模块显示图像
plt.show()                  #见图 5-3
```

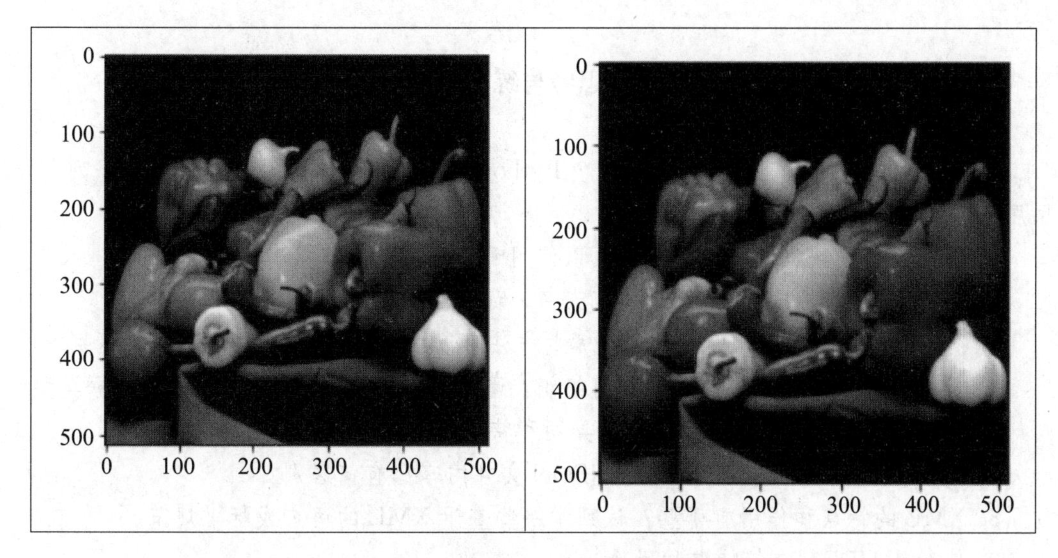

图 5－3　cv2 处理图像的示例程序结果

图 5－3 左图为 cv2 的 imshow 函数显示效果，与原图色彩一致；右图为 plt 的 show 函数显示效果，与原图色彩不一致。（注意：因单色印刷，颜色不易区分，具体见程序操作结果。）这是因为 cv2 读入图像的色彩通道是按照 BGR 的顺序，而 plt 的 show 函数加载图像数据是按照 RGB 的顺序，调整色彩通道顺序即可解决色彩问题。

示例程序如下：

```
#调换 R、B 通道，生成 RGB 顺序的图像并显示
b,g,r=cv2.split(img_data)              #通道的拆分
img_data_rgb=cv2.merge((r,g,b))        #通道的融合
plt.imshow(img_data_rgb)
plt.show()
```

3. matplotlib 模块读写图像

matplotlib 提供了强大的绘图和数据可视化方法，也提供了图像格式文件的读取、显示和写入等方法。Anaconda 自带 matplotlib 模块，不需单独安装。

matplotlib 模块的常用图像处理函数包括 imread、imsave、imshow 等。

示例程序如下：

```
import matplotlib.pyplot as plt
import numpy as np

imgpath='SVD_example.jpg'            #原图像路径
savepath='newplt_example.jpg'        #保存图像路径
#读取图像 RGB 信息到 array 列表
img_data=plt.imread(imgpath)         #读取图像到 img_data 对象
plt.imshow(img_data)                 #使用 matplotlib 模块显示图像
plt.show()
plt.imsave(savepath,img_data)
```

思考与练习

1. 什么是对象的序列化与反序列化？Python 有哪些模块或方法支持对象的序列化与反序列化？

2. 访问文件和数据库等资源后，可以使用哪些方法关闭连接释放资源？

3. 读取本地文本文件时，如果内容太多，如何避免内存不足的问题？

4. 什么是 CSV 文件？Python 中有哪些方法可以访问 CSV 文件内容？有何区别？

5. 什么是 JSON 文件？其内容如何组织？形式上对应于 Python 中的哪些数据类型？

6. 试比较 JSON、CSV 和 XML 的异同和特点。

7. Python 中有哪些方法可以访问 JSON 文件内容？有何区别？

8. XML 的特点和作用有哪些？试列举一些基于 XML 的语言或标准规范。

9. 什么是 HDF？有何特点和用途？

10. pandas 提供的数据源访问方法有哪些？试列举一些 pandas 支持访问的数据源。

11. 试列举一些图像存储格式。Python 中有哪些模块和方法可以访问图像文件？

延伸阅读材料

1. 杰奎琳·凯泽尔，凯瑟琳·贾缪尔. Python 数据处理. 张亮，吕家明，译. 北京：人民邮电出版社，2017.

2. 拉维尚卡·奇特亚拉，斯林德维·普迪佩迪. Python 图像处理与采集：第 2 版. 周冠武，张庆红，程国建，译. 北京：清华大学出版社，2023.

第六章

统计与概率基础

教学目标

1. 了解变量类型及其特点，理解不同类型变量的描述性统计相关指标和含义，掌握 Python 计算变量的描述性统计指标常用的 numpy 和 pandas 方法；

2. 了解离散变量和连续变量相关的分布函数及分布图形的特点，掌握 Python 常用模块 numpy、scipy、matplotlib 用于不同类型变量数据的构造、分布及可视化的方法；

3. 了解偏度、峰度的概念及分布特点，理解其计算方法及应用。

引导案例

央行公布的数据显示，2023 年上半年我国居民存款总额再创新高，达到了惊人的 131.9 万亿元。以三口之家计算，按照人均 9.4 万元存款来看，每个家庭的存款大约在 28 万元。然而，多数人认为自己的存款给这个平均数拖了后腿，实际统计结果也显示，拥有 30 万元以上存款的家庭还不到总数的 1%。为了避免各类“被平均”的理解偏差，我们在进行数据分析之前，通常需要了解数据的总体特征、集中趋势和数值分布情况等，因此需要掌握一些基本的统计和概率知识。

第一节　统计基础

一、变量类型

变量按照取值连续性可分为离散变量（discrete variables）和连续变量（continuous variables)。离散变量的值是离散的，如颜色、正确/错误；连续变量的值是实际数字，如长度。

变量按照测量方法，有以下测量级别。

- 类别（categorical）：无序变量。例如：性别，真假，是否等；颜色：红色，蓝色，绿色等。
- 序数（ordinal）：标度的不同点之间有一定的次序，但没有相等距离的含义。例如：教育水平：初中，高中，大学等；李克特量表：1～5 反映程度；社会等级：低，中，高等。
- 区间（interval）：比例尺上连续的点有相等的差值，但零点的位置是任意的。例如：摄氏或华氏温标测量的温度，经度等。
- 比例（ratio）：分数的相对大小和它们之间的差异很重要。0 的位置是固定的。

二、描述性统计

在数据分析与统计工作中，通常用少量的统计数据或图形来描述数据集。假设有 n 个样本 x_1，x_2，…，x_n 的真实值，则描述性统计有最小值、最大值、中位数、均值、标准差等，其中均值和标准差分别是描述数据集中趋势和离散程度的最重要的统计测度。

1. 集中趋势的测度

（1）均值。均值也称为平均数，是统计学中最常用的统计量，用来表明数据中各观测值相对集中的中心位置，反映现象总体的一般水平或分布的集中趋势。在统计学中，算术平均数常用于表示统计对象的一般水平，是描述数据集中位置的一个统计量。它既可以用来反映一组数据的一般情况和平均水平，也可以用来进行不同组数据之间的比较，以看出组与组之间的差别。

均值包括算术平均数、几何平均数等，下面简要介绍。

①算术平均数。算术平均数（arithmetic mean）是一组数据中所有数据之和除以数据个数所得的结果，它是反映数据集中趋势的一项指标。计算公式如下：

$$\overline{x}=\frac{1}{n}(x_1+x_2+\cdots+x_n) \tag{6-1}$$

加权平均数（weighted average）是不同比重数据的平均数，即把原始数据按照合理的比例进行计算。计算公式如下：

$$\overline{x}=\frac{x_1f_1+x_2f_2+\cdots+x_nf_n}{n} \tag{6-2}$$

式中，$f_1+f_2+\cdots+f_n=n$，f_1、f_2、…、f_n 称作权重（weight）。算术平均数是加权平均数的一种特殊情况，即各项的权重相等时，加权平均数就是算术平均数。

②几何平均数。n 个观测值的连乘积的 n 次方根就是几何平均数（geometric mean）。根据数据的条件不同，几何平均数有加权和不加权之分。

（2）中位数。中位数（median）又称中值，是指将统计总体中的各个变量值按大小顺序排列起来，形成一个数列，处于数列中间位置的变量值就称为中位数。假设有 n 个数据，当 n 为偶数时，中位数为第 $n/2$ 个数和第（$n+2$）/2 个数的均值；当 n 为奇数时，中位数为第（$n+1$）/2个数的值。

（3）众数。众数（mode）是指在统计分布上具有明显集中趋势的数值，代表数据的一般水平。它是一组数据中出现次数最多的数值，有时在一组数据中可以有多个众数。

示例程序如下：

```
import numpy as np
import pandas as pd
from scipy import stats
Avg_snow = [28.50,76.77,92.00,95.40,90.85,99.66,80.00]  #月均降雪列表
np.min(Avg_snow),np.max(Avg_snow)      #计算最小值和最大值
#这些数值分别对应什么月份?
imin=np.argmin(Avg_snow)               #返回最小值所在索引位置
imax=np.argmax(Avg_snow)               #返回最大值所在索引位置
months=['Oct','Nov','Dec','Jan','Feb','March','Apr']
print(imin,imax,months[imin], months[imax])
np.mean(Avg_snow)                      #计算均值
np.median(Avg_snow)                    #计算中位数
population= [30,25,30,40,25,30,28]
stats.mode(population)                 #获取众数
```

均值、中位数和众数都是用来刻画数据平均水平的统计量，它们各有特点。对于均值大家比较熟悉，而中位数刻画了一组数据的中等水平，众数刻画了一组数据中出现次数最多的情况。

均值的优点之一是，它能够利用所有数据的特征，而且容易计算。另外，在数学上，均值是使误差平方和达到最小的统计量，即利用均值代表数据可以使二次损失最小。因此，均值是一个常用的统计量。但是均值也有不足之处，正是因为它利用了所有数据的信息，因此容易受极端数据的影响。中位数和众数这两个统计量的优点是能够避免极端数据的干扰，但缺点是没有完全利用数据反映出来的信息。因此，每个统计量都有各自的特点，需要根据实际问题来选择合适的统计量。

2. 离散程度的测度

测度数据离散程度的统计量有方差、标准差、变异系数、极差、离差平方和等。

（1）方差和标准差。方差和标准差量化了一组数据值的变化量或分散度。

方差（variance）是对离差平方和求均值，消除了样本个数的影响，是测度数据离散程度的指标，用σ^2表示。

标准差（standard deviation，简称std. dev.）是方差的算术平方根，用σ表示。标准差能反映一组数据的离散程度，均值相同的两组数据，标准差未必相同。

相关概念与计算公式如下。

①总体标准差。由于方差含有数据离差的平方，与观测值本身相差太大，人们难以直观地衡量，所以常用方差的算术平方根——标准差来衡量。总体标准差的计算公式

如下：

$$\sigma=\sqrt{\frac{\sum_{i=1}^{n}(x_i-\overline{x})^2}{n}} \tag{6-3}$$

总体标准差与正态分布有密切联系：在正态分布中，均值加减 1 个标准差对应正态分布曲线下 68.26%的面积，均值加减 1.96 个标准差对应正态分布曲线下 95%的面积。

②样本标准差。样本量越大，越能反映真实的情况，但算术平均数却忽略了这个问题。对此，统计学上早有考虑，在统计学中，样本方差是离差平方和除以自由度（$n-1$），故样本标准差的计算公式如下：

$$S=\sqrt{\frac{\sum_{i=1}^{n}(x_i-\overline{x})^2}{n-1}} \tag{6-4}$$

③标准误差。标准误差表示的是抽样误差。从一个总体中可以抽取出无数个样本，每个样本都是对总体的估计。标准误差反映的就是当前样本对总体的估计情况，是用样本标准差除以样本量的平方根得到的。可以看出，标准误差更多的是受样本量的影响，样本量越大，标准误差就越小，抽样误差也就越小，表明所抽取的样本能够较好地代表总体。标准误差的计算公式如下：

$$\sigma_n=\frac{\sigma}{\sqrt{n}} \tag{6-5}$$

（2）变异系数。标准差能客观准确地反映一组数据的离散程度，但是对于不同的项目或同一项目的不同样本，标准差就缺乏可比性了，因此又引入了变异系数。这样，一组数据的均值及标准差可以同时作为参考的依据。如果数值的中心以均值来测度，则标准差为统计分布最“自然”的测度。变异系数的计算公式如下：

$$c_v=\frac{\sigma}{\overline{x}} \tag{6-6}$$

（3）极差。极差又称全距，即最大值－最小值。最直接、最简单的方法就是通过极差来评价一组数据的离散程度，如比赛中去掉最高分和最低分就是极差的具体应用。

（4）离差平方和。由于误差具有不可控性，只用两个数据来评价一组数据是不科学的，所以人们在要求更高的领域不使用极差来评价。其实，离散程度就是数据偏离均值的程度，因此将数据与均值之差（称为离差）加起来就能反映离散程度，和越大，离散程度也就越大。

但由于偶然误差是呈正态分布的，离差有正有负，对于大样本，离差的代数和为零。为了避免正负问题，在数学上有两种方法：一种是取绝对值，即离差绝对值之和；而为了避免符号问题，数学上最常用的是另一种方法，即离差取平方，这样就都转成了非负数。于是，离差平方和成为评价离散程度的又一个指标。

示例程序如下：

```
#人口普查数据统计，数据来源：https://archive.ics.uci.edu/ml/datasets/Adult
dl=pd.read_csv("adult.data",sep=",",names=("age", "type_employer", "fnl-
wgt","education","education_num","marital","occupation","relationship",
"race","sex","capital_gain","capital_loss","hr_per_week","country","in-
come"))
print(dl)
#DataFrame对象的描述性统计方法，缺省时显示数值型数据的描述性统计量
dl.describe()
```

运行结果如下：

	age	type_employer	fnlwgt	education	education_num	marital	occupation	relationship	race	sex	capital_gain	capital_loss	hr_per_week	country	income
0	39	State-gov	77516	Bachelors	13	Never-married	Adm-clerical	Not-in-family	White	Male	2174	0	40	United-States	<=50K
1	50	Self-emp-not-inc	83311	Bachelors	13	Married-civ-spouse	Exec-managerial	Husband	White	Male	0	0	13	United-States	<=50K
2	38	Private	215646	HS-grad	9	Divorced	Handlers-cleaners	Not-in-family	White	Male	0	0	40	United-States	<=50K
3	53	Private	234721	11th	7	Married-civ-spouse	Handlers-cleaners	Husband	Black	Male	0	0	40	United-States	<=50K
4	28	Private	338409	Bachelors	13	Married-civ-spouse	Prof-specialty	Wife	Black	Female	0	0	40	Cuba	<=50K

	age	fnlwgt	education_num	capital_gain	capital_loss	hr_per_week
count	32561.000000	3.256100e+04	32561.000000	32561.000000	32561.000000	32561.000000
mean	38.581647	1.897784e+05	10.080679	1077.648844	87.303830	40.437456
std	13.640433	1.055500e+05	2.572720	7385.292085	402.960219	12.347429
min	17.000000	1.228500e+04	1.000000	0.000000	0.000000	1.000000
25%	28.000000	1.178270e+05	9.000000	0.000000	0.000000	40.000000
50%	37.000000	1.783560e+05	10.000000	0.000000	0.000000	40.000000
75%	48.000000	2.370510e+05	12.000000	0.000000	0.000000	45.000000
max	90.000000	1.484705e+06	16.000000	99999.000000	4356.000000	99.000000

可以对DataFrame对象的某列进行描述性统计。注意：字符型数据的描述性统计量与数值型数据的不同，如统计量中有总个数、非重复值个数、最大频度等。字符型数据的描述性统计结果示例如下：

```
In  [35]:  dl.education.describe()

Out[35]:  count         32561
          unique           16
          top         HS-grad
          freq          10501
          Name: education, dtype: object
```

3. 分位数

分位数（quantile），亦称分位点，是指将一个随机变量的概率分布范围等分为几个数值点，常用的有中位数（即二分位数）、四分位数、百分位数等。

分位数就是连续分布函数中的一个点，这个点对应概率 p。若概率 $0<p<1$，随机变

量 X 的概率分布的分位数 z_α 就是满足条件 $P(X \leqslant z_\alpha)=\alpha$ 的实数。

常见的分位数有：

（1）二分位数。计算有限个数的数据的二分位数的方法是：把所有同类数据按大小顺序排列，如果数据的个数是奇数，则中间的数据就是这组数据的中位数；如果数据的个数是偶数，则中间两个数据的算术平均数就是这组数据的中位数。

一组数据中，最多有一半的数据小于中位数，也最多有一半的数据大于中位数。如果大于和小于中位数的数据个数均少于一半，那么该组数据中必有若干个数据等于中位数。

（2）四分位数。四分位数（quartile）是分位数的一种，即把所有数据从小到大排列并分成四等份，处于三个分割点位置的数据就是四分位数。

第一四分位数（Q1），又称下四分位数，等于该样本中所有数据从小到大排列后第25％位置的数据。

第二四分位数（Q2），又称中位数，等于该样本中所有数据从小到大排列后第50％位置的数据。

第三四分位数（Q3），又称上四分位数，等于该样本中所有数据从小到大排列后第75％位置的数据。

第三四分位数与第一四分位数的差又称四分位距。

（3）百分位数。如果将一组数据从小到大排序，并计算相应的累计百分位，则某一百分位所对应的数据就称为这一百分位的百分位数（percentile）。

示例程序如下：

```
#percentile为百分位函数
ages=d1["age"].tolist()
print(np.percentile(ages,25))
print(np.percentile(ages,75))
#方差与标准差
print(np.var(ages))
print(np.std(ages))
```

4. 协方差与相关性

协方差（covariance）用于衡量两个变量的总体误差。如果两个变量的变化趋势一致，即两个变量都大于自身的期望值，那么两个变量之间的协方差就是正值；如果两个变量的变化趋势相反，即其中一个变量大于自身的期望值，另一个变量小于自身的期望值，那么两个变量之间的协方差就是负值。

协方差的计算公式如下：

$$\operatorname{cov}(x,y)=\frac{1}{n}\sum_{i=1}^{n}(x_i-\mu_x)(y_i-\mu_y) \tag{6-7}$$

式中，μ_x 与 μ_y 分别是 x 和 y 的均值。

相关性（correlation）是指两个变量的关联程度。一般从散点图上可以观察到两个变量之间的关系为以下三种关系之一：正相关、负相关、不相关。如果一个变量的高值对应另一个变量的高值，低值对应低值，那么这两个变量呈正相关；反之，如果一个变量的高值对应另一个变量的低值，那么这两个变量呈负相关；如果两个变量间没有关系，即一个变量的变化对另一个变量没有明显影响，那么这两个变量不相关。

相关性的计算公式如下：

$$\mathrm{corr}(x,y)=\frac{\mathrm{cov}(x,y)}{\sigma_x \sigma_y} \tag{6-8}$$

式中，σ_x 和 σ_y 分别是 x 和 y 的标准差。

示例程序如下：

```
#在人口普查数据中，年龄 age 与 hr_per_week 的相关性
hr=dl["hr_per_week"].tolist()
#corrcoef 函数返回相关系数矩阵，cov 函数返回协方差矩阵
print(np.corrcoef(ages,hr))
np.cov(ages,hr)
```

运行结果如下：

```
        [[1.          0.06875571]
         [0.06875571 1.        ]]

Out[10]: array([[186.06140025,  11.58012972],
               [ 11.58012972, 152.45899505]])
```

第二节　概率与分布

生活中，每时每刻都有各种事件发生，如硬币抛掷、公交车到站等。事件发生之后，特定的结果便确定了，如落地的硬币是正面还是反面朝上。在事件发生之前，我们只能讨论结果的可能性。概率分布用于描述我们对每种结果出现概率的想法，有时我们更关心概率分布，而不是最可能出现的单个结果。

一、离散型随机变量的概率分布

1. 伯努利分布

伯努利分布（Bernoulli distribution）以伯努利（Jacob Bernoulli）的名字命名，它是离散型随机变量的概率分布，其中成功（值为 1）的概率为 p，失败（值为 0）的概率 $q=1-p$。

伯努利分布 $p=0.5$（意味着 $q=0.5$）描述了一种“公平”的抛硬币游戏，其中 1 和 0 分别代表“正面”和“反面”。如果硬币是不均匀的，则 $p\neq 0.5$。伯努利变量的均值是 p，方差是 $p(1-p)$。

科学计算包 scipy 提供了不同类型分布的模块，可进行基本的统计描述和概率计算，示例程序如下：

```
import scipy as sc
from scipy. stats import bernoulli
from scipy. stats import binom
from scipy. stats import norm
import matplotlib. pyplot as plt
#绘图嵌入网页并正常显示
%matplotlib inline
plt. rcParams['figure. figsize']=(10, 6)   #设置图形大小：长×宽
plt. style. use('ggplot')                  #设置图形样式
n=1000
#rvs 函数通过概率 p 和规模 size 参数生成服从伯努利分布的样本
coin_flips=bernoulli. rvs(p=0. 5, size=n)
print(coin_flips)
print(sum(coin_flips))
print(sum(coin_flips)/n)
#如果硬币再抛掷更多次，概率 p 则趋近于 0. 5
n=1000000
coin_flips=bernoulli. rvs(p=0. 5, size=n)
print(sum(coin_flips)/n)
```

2. 二项分布

带有参数 n 和 p 的二项分布是 n 个伯努利随机变量汇总结果的离散概率分布。简单起见，取 $p=0.5$，使得伯努利分布描述了硬币抛掷的结果。对于每次抛掷，正面的概率是 p（所以背面的概率是 $q=1-p$），但我们不记录抛掷的次数，只记录总共有多少正面/反面。二项分布（binomial distribution）可以看成一组独立的伯努利随机变量的汇总，因此其均值是 np，方差是 $np(1-p)$。

下面的代码相当于抛掷一枚均匀（$p=0.5$）的硬币 10 次，然后计算正面的次数，重复这个过程 1 000 000 次。

```
p=0. 5
n=10
#binom 中的 rvs 函数返回符合指定要求的正态分布数组
bin_vars=binom. rvs(n=n, p=p, size=1000000)
print(bin_vars[:100])
bins=np. arange(12)-. 5
#hist 函数中的 normed 参数在 matplotlib 3. 1 中可能被 density 参数替代
plt. hist(bin_vars, bins=bins, normed=True)
```

```
#等价于 plt.hist(bin_vars, bins=bins,density=True)
plt.title("二项分布随机变量的直方图")
plt.xlim([-.5,10.5])       #设置x轴的取值区间
plt.show()                 #见图6-1
```

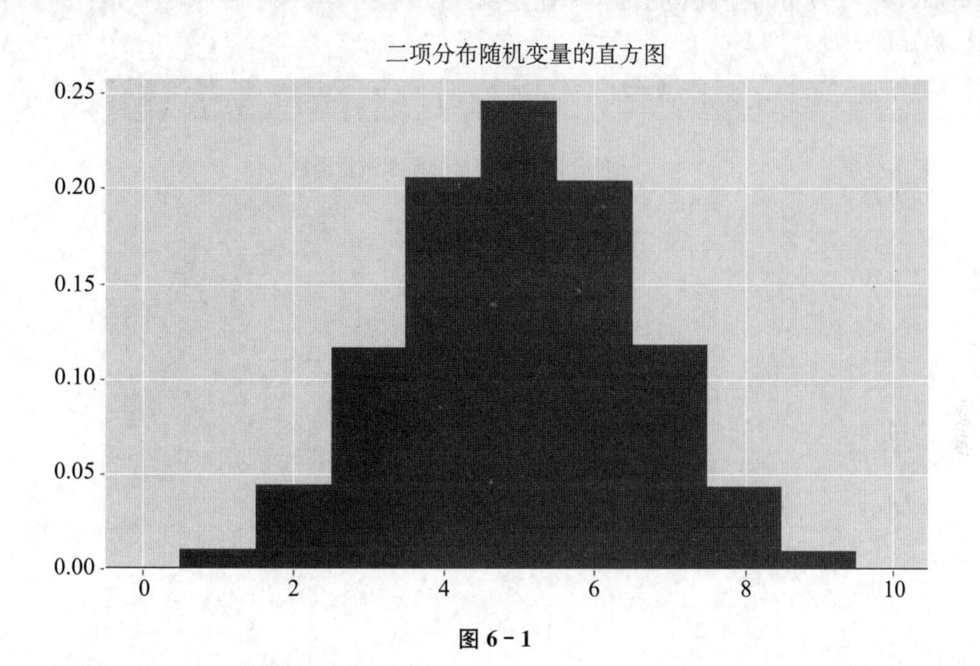

图 6-1

3. 离散型随机变量和概率质量函数

二项分布随机变量和伯努利分布随机变量都是离散型随机变量的例子，因为它们只能取离散值。伯努利分布随机变量可以取 0 或 1，二项分布随机变量只能取 0，1，…，n。我们可以计算变量取每个值的概率，即概率质量函数（probability mass function，pmf）。

对于伯努利分布随机变量，概率质量函数设为：

$$f(k)=\begin{cases}p, & k=1\\1-p, & k=0\end{cases} \tag{6-9}$$

对于二项分布随机变量，概率质量函数设为：

$$f(k)=\binom{n}{k}p^k(1-p)^{n-k} \tag{6-10}$$

式中，$\binom{n}{k}=\frac{n!}{k!(n-k)!}$，是在 n 次抛掷中有 k 次正面朝上。对于公平的硬币，有 $p=0.5$，并且 $f(k)=\binom{n}{k}\frac{1}{2^n}$。

概率质量函数可以由 scipy 库绘制，示例程序如下：

```
#pmf 函数为概率质量函数，返回指定取值的概率
f=lambda k: binom.pmf(k,n=n,p=p)
x=np.arange(n+1);
plt.plot(x,f(x),'*-')   #参数：x轴，y轴，线型
plt.title("二项分布随机变量的概率质量函数")
plt.xlim([0,n])
plt.show()              #见图 6-2
```

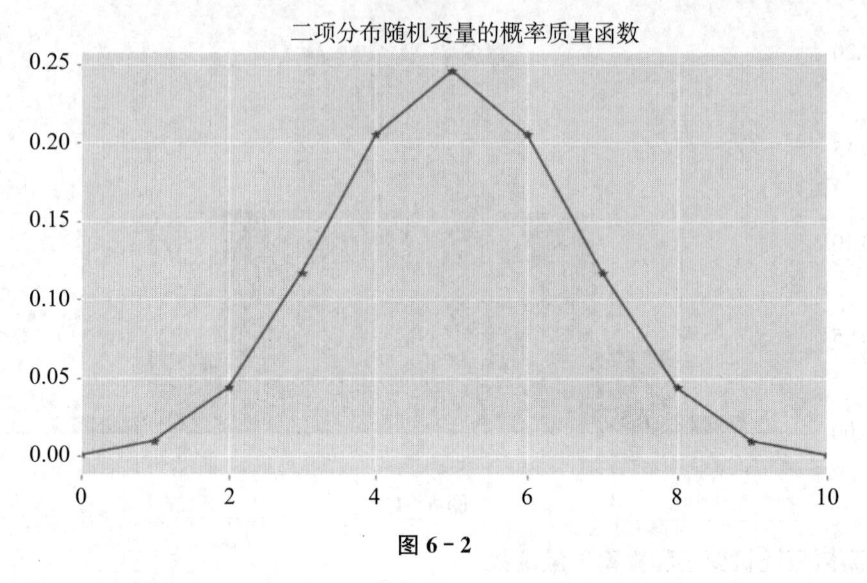

图 6-2

注意：概率质量函数看起来非常像直方图（这不是一个巧合）。

二、连续型随机变量的概率分布

1. 正态分布

正态随机变量是连续型随机变量的一个例子。正态随机变量可以取任意实数，但取有些实数的可能性更大。正态分布（normal distribution）也称为高斯分布（Gaussian distribution），其概率密度函数（probability density function，PDF）为：

$$f(x)=\frac{1}{\sqrt{2\pi\sigma^2}}\mathrm{e}^{-\frac{(x-\mu)^2}{2\sigma^2}} \tag{6-11}$$

式中，μ 是均值，σ 是标准差。这意味着一个正态随机变量在［a，b］区间内取值的概率为 $\int_a^b f(x)\mathrm{d}x$，其实就是曲线下［a，b］区间的面积。

Python 中生成正态分布数据的方法如下。

- numpy. random. randn(d0，d1，…，dn)。
- numpy. random. normal(loc=0. 0，scale=1. 0，size=None)：normal 函数创建均

值为 loc（即 mu）、标准差为 scale（即 sigma）、大小为 size 的数组。

示例程序如下：

```
mu=0                    #均值
sigma=1                 #标准差
x=np.arange(mu-4*sigma,mu+4*sigma,0.001)    #生成均值左右 4 个标准差之
                                              间、步长为 0.001 的数
#binom 模块的 pdf 函数，即概率密度函数
pdf=norm.pdf(x,loc=mu, scale=sigma)
plt.plot(x, pdf,linewidth=2, color='k')
plt.show()              #见图 6-3
```

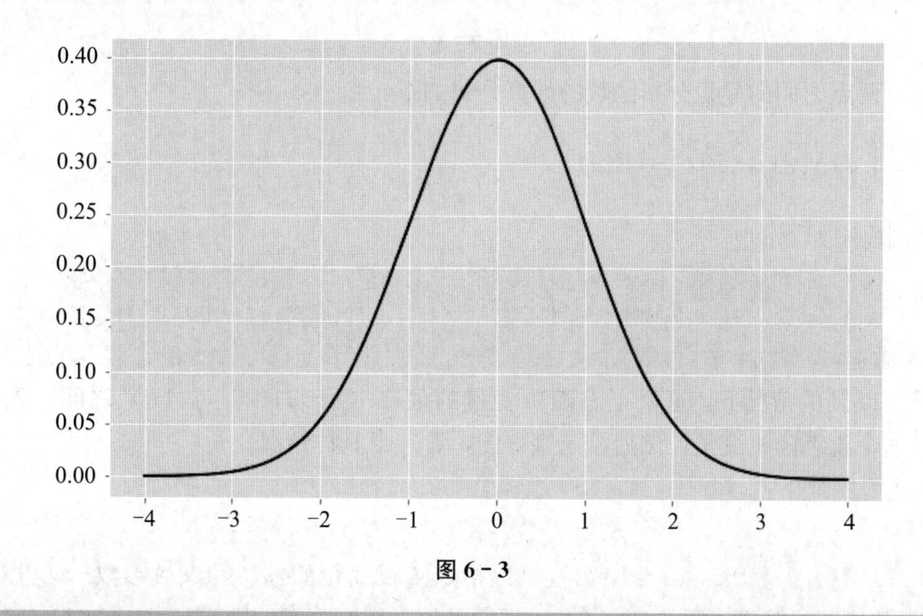

图 6-3

```
plt.plot(x,pdf,linewidth=2, color='k')        #线宽为 2，颜色设置为黑色
x2=np.arange(mu-sigma,mu+sigma,0.001)
#fill_between 函数将对 x 轴和 y 轴曲线下方区域按照指定颜色和透明度进行填充
plt.fill_between(x2, y1=norm.pdf(x2,loc=mu, scale=sigma), facecolor='red',
                 alpha=0.5)
plt.show()      #见图 6-4
```

$\int_{-\infty}^{+\infty} f(x)\mathrm{d}x = 1$，只是意味着随机变量的取值在 $-\infty$ 与 $+\infty$ 之间的概率为 1。在任意区间取值的概率可以用累积分布函数（cumulative distribution function，CDF）来计算，计算公式如下：

$$F(x) = \int_{-\infty}^{x} f(x)\mathrm{d}x \tag{6-12}$$

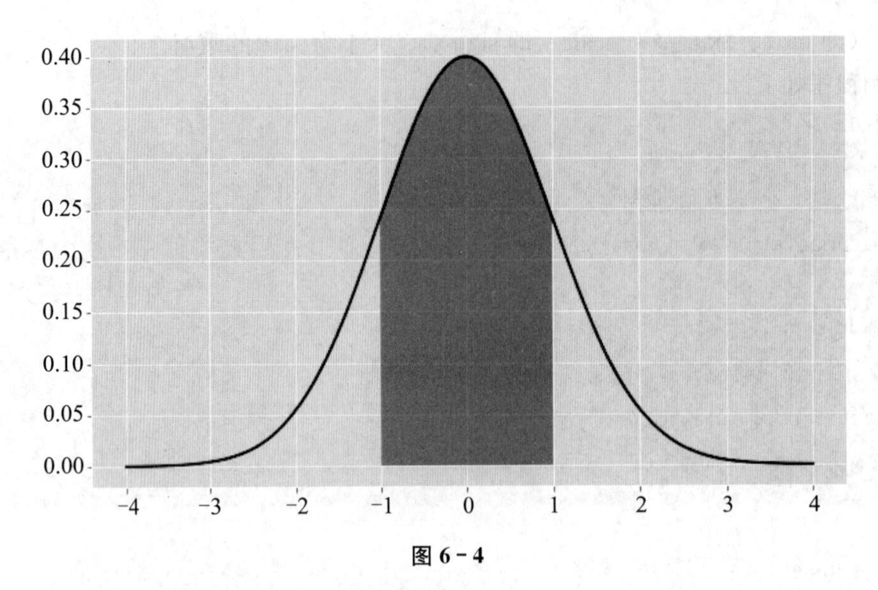

图 6 - 4

a、b 两点之间的累积分布函数的计算公式如下：

$$\int_a^b f(x)\mathrm{d}x = F(b) - F(a) \tag{6-13}$$

示例程序如下：

```
In [19]:  1 #cdf：求累积分布函数
          2 norm.cdf(mu+sigma, loc=mu, scale=sigma) - norm.cdf(mu-sigma, loc=mu, scale=sigma)

Out[19]: 0.6826894921370859
```

即在 68%的情况下，这个正态随机变量的值在（$\mu-\sigma$）与（$\mu+\sigma$）之间。先采样 1 000 000个正态随机变量，然后绘制直方图，看一下具体情况。

示例程序如下：

```
"""
norm.rvs 函数通过 loc 和 scale 参数可以指定随机变量的偏移和缩放参数，这里对应的是正态分布的期望和标准差，函数返回的是符合正态分布的数组
size 是得到的随机数数组的形状参数，也可用 np.random.normal(loc=0.0, scale=1.0, size=None)
"""
norm_vars=norm.rvs(loc=mu,scale=sigma,size=1000000)
print(norm_vars[:100])
#绘制直方图，一般用横轴表示数据类型，纵轴表示分布情况，bins 参数指定分段或分箱(等频)
#为了构建直方图，第一步是将值的范围分段，即将整个值的范围分成一系列间隔，然后计算每个间隔中有多少值
plt.hist(norm_vars, bins=100,density=True)
plt.title("正态分布随机变量的直方图")
plt.show()      #见图 6-5
```

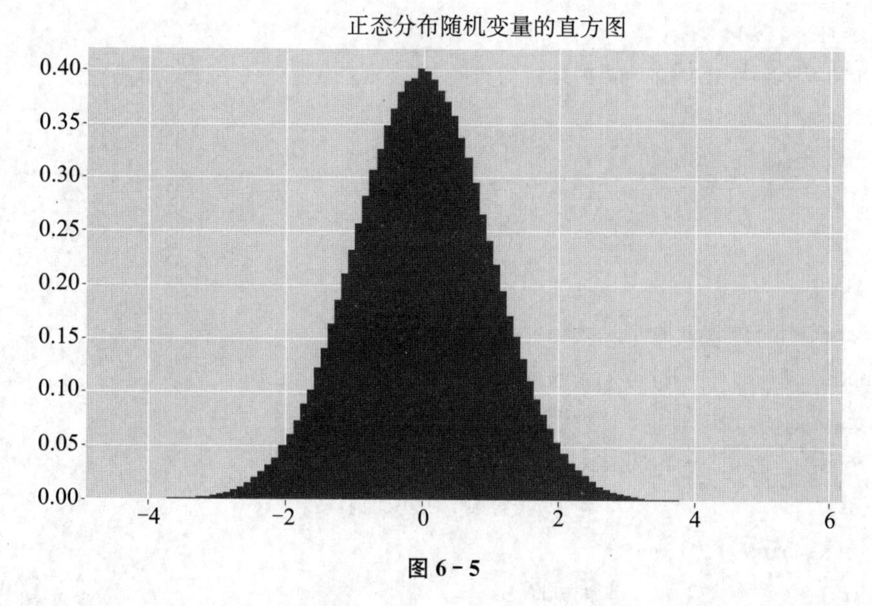

图 6-5

正态分布随机变量的直方图看起来就像正态分布的概率分布函数的直方图。

2. 均匀分布

均匀分布（uniform distribution）是对称概率分布，在相同长度间隔上的分布概率是相等的。均匀分布由 a 和 b 两个参数定义，它们是数轴上的最小值和最大值，通常缩写为 $U(a, b)$。

（1）概率密度函数。均匀分布的概率密度函数为：

$$f(x)=\begin{cases}\dfrac{1}{b-a}, & a<x<b \\ 0, & \text{其他}\end{cases} \tag{6-14}$$

a 和 b 两个边界处的 $f(x)$ 的值通常是不重要的，因为它们不改变任何 $f(x)\mathrm{d}x$ 的积分值。概率密度函数有时为 0，有时为 $1/(b-a)$。在傅里叶分析中，可以将 $f(a)$ 或 $f(b)$ 的值取为 $1/(2(b-a))$，因为许多这种均匀函数的积分变换的逆变换都是函数本身。

（2）累积分布函数。累积分布函数为：

$$f(x)=\begin{cases}0, & x<a \\ \dfrac{x-a}{b-a}, & a\leqslant x\leqslant b \\ 1, & x>b\end{cases} \tag{6-15}$$

（3）Python 相关模块。均匀分布的语法格式如下：

numpy. random. uniform(low=0.0，high=1.0，size=None)

作用是：在 low 至 high 的范围内，生成大小为 size 的均匀分布的随机数。

示例程序如下：

```
import numpy as np
import matplotlib.pyplot as plt
from scipy import stats
np.random.seed(20200614)
a=0
b=100
size=50000
x=np.random.uniform(a, b, size=size)
print(np.all(x >= 0))        #返回结果：True
print(np.all(x < 100))       #返回结果：True
y=(np.sum(x < 50)- np.sum(x < 10)) / size
print(y)                     #返回结果：0.40144
plt.hist(x, bins=20)
plt.show()                   #见图 6-6
a=stats.uniform.cdf(10,0,100)
b=stats.uniform.cdf(50,0,100)
print(b-a)                   #返回结果：0.4
```

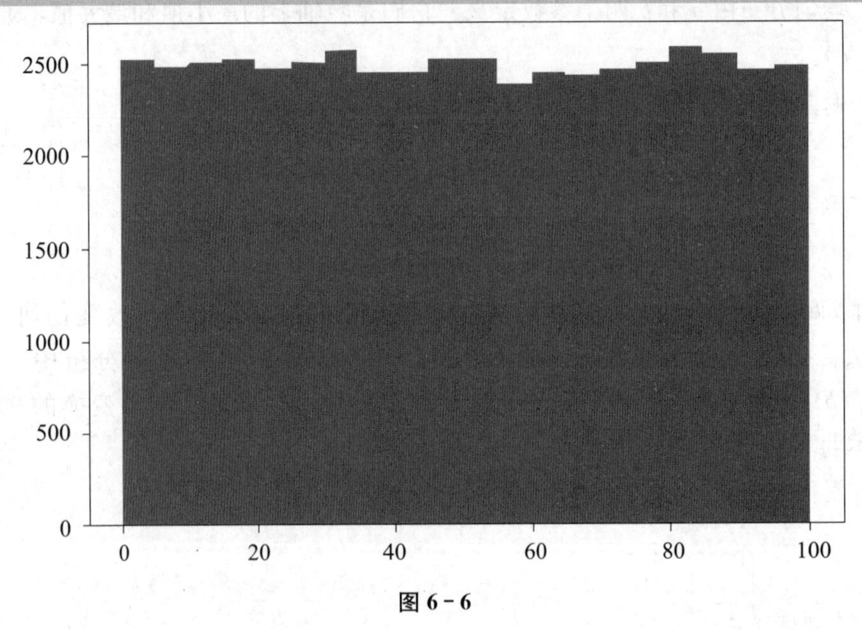

图 6-6

三、其他概率分布

1. 泊松分布

泊松分布（Poisson distribution）是概率论与数理统计中常见的一种离散概率分布（discrete probability distribution）。该分布在 1838 年被法国数学家泊松（Siméon-Denis Poisson）发现并以其名字命名，主要用于估计某个时间段某事件发生的概率。

（1）分布特点。泊松分布的概率密度函数为：

$$P(X=k)=\frac{\lambda^k}{k!}e^{-\lambda}, \quad k=0,1,\cdots \tag{6-16}$$

式中，参数λ是单位时间（或单位面积）内随机事件的平均发生次数。

泊松分布的期望和方差均为λ。

（2）泊松分布与二项分布的关系。当二项分布的n很大而p很小时，泊松分布与二项分布近似，其中$\lambda=np$。通常当$n\geqslant20$，$p\leqslant0.05$时，就可以用泊松分布近似地计算二项分布。事实上，泊松分布正是由二项分布推导而来的。

（3）应用场景。在实际中，当一个随机事件（例如某电话交换台收到的呼叫、来到某公共汽车站的乘客、某放射性物质发射出的粒子、显微镜下某区域中的白细胞，等等）以固定的平均瞬时速率λ（或称密度）随机且独立地出现时，这个事件在单位时间（面积或体积）内出现的次数或个数就近似地服从泊松分布$P(\lambda)$。因此，泊松分布在管理科学、运筹学以及自然科学的某些问题中占有重要的地位。

（4）Python 相关模块。Python 中的“numpy. random. poisson(lam=1.0，size=None)”表示对一个泊松分布进行采样，lam 表示一个度量单位内发生事件的平均值，size 表示采样的次数，函数的返回值表示一个度量单位内事件发生的次数。

Python 示例：假定某航空公司订票处平均每小时接到 42 次订票电话，那么 10 分钟内恰好接到 6 次电话的概率是多少？

示例程序如下：

```
import numpy as np
from scipy import stats
import matplotlib.pyplot as plt
plt.rcParams['font.sans-serif']=['SimHei']
plt.rcParams['axes.unicode_minus']=False
np.random.seed(20200605)
lam=42/6                             #平均值：平均每 10 分钟接到 42/6 次订票电话
size=50000
x=np.random.poisson(lam,size)        #模拟服从泊松分布的 50 000 个随机变量
#或者 x=stats.poisson.rvs(lam,size=size)
print(np.sum(x==6)/size)             #返回结果：0.14988
plt.hist(x)
plt.xlabel('每 10 分钟接到订票电话的次数')
plt.ylabel('50000 个样本中出现的次数')
plt.show()                           #见图 6-7
x=stats.poisson.pmf(6,lam)           #用概率质量函数 poisson.pmf(k, mu)求对应分
                                       布的概率
print(x)                             #返回结果：0.14900277967433773
```

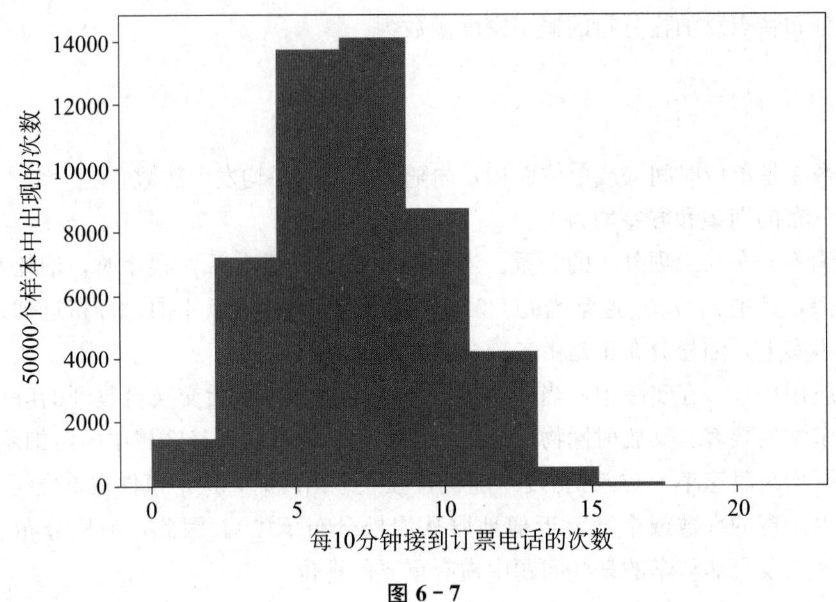

图 6－7

2. 指数分布

指数分布（exponential distribution），也称负指数分布，是描述泊松过程（即事件以恒定平均速率连续且独立发生）中事件之间的时间的概率分布。它是伽马分布的一个特殊情况，是几何分布的连续模拟，具有无记忆的关键性质。除了用于分析泊松过程外，指数分布还可以在其他各种环境中用到。

指数分布与分布指数族的分类不同，后者是将指数分布作为其成员之一的大类概率分布，也包括正态分布、二项分布、伽马分布、泊松分布等。

指数分布的一个重要特征是无记忆性（memoryless property），又称遗失记忆性。这表示如果一个随机变量呈指数分布，当 s，$t>0$ 时，有 $P(T>t+s|T>t)=P(T>s)$。即如果 T 是某一元件的寿命，已知元件使用了 t 小时，它总共使用至少 $s+t$ 小时的条件概率与从开始使用时算起它使用至少 s 小时的概率相等。

（1）概率密度函数。指数分布的概率密度函数如下：

$$f(x)=\begin{cases}\lambda e^{-\lambda x}, & x>0\\ 0, & x\leqslant 0\end{cases} \tag{6-17}$$

式中，$\lambda(\lambda>0)$ 是分布的一个参数，常被称为率参数（rate parameter），即单位时间内发生某事件的次数。指数分布的区间是 $[0, +\infty)$。如果一个随机变量 X 呈指数分布，则可以写为 $X\sim E(\lambda)$。

不同教材中有不同的写法，令 $\theta=1/\lambda$，因此指数分布的概率密度函数、分布函数以及期望和方差有两种写法。其概率密度函数还可表示为：

$$f(x)=\frac{1}{\theta}e^{-\frac{x}{\theta}}, x>0 \tag{6-18}$$

式中，$\theta(\theta>0)$ 为常数，称 X 服从参数为 θ 的指数分布。

（2）分布函数。指数分布的分布函数由下式给出：

$$F(x;\lambda)=\begin{cases}1-e^{-\lambda x}, & x>0\\0, & x\leqslant 0\end{cases} \tag{6-19}$$

还可表示为：

$$P(X\leqslant x)=F(x)=1-e^{-\frac{x}{\theta}}, x>0$$

（3）期望与方差。

期望：

$$E(X)=\frac{1}{\lambda}$$

例如，如果平均每小时接到两次电话，那么预期等待每次电话的时间是半小时。

方差：

$$D(X)=\mathrm{Var}(X)=\frac{1}{\lambda^2}$$

（4）Python 相关模块。Python 中指数分布的语法格式如下：

numpy. random. exponential(scale=1. 0，size=None)

例如：scale = 1/lambda。示例程序如下：

```
import numpy as np
import matplotlib.pyplot as plt
from scipy import stats
np.random.seed(20200614)
lam=7
size=50000
x=np.random.exponential(1/lam, size)
y1=(np.sum(x < 1 / 7)) / size
y2=(np.sum(x < 2 / 7)) / size
y3=(np.sum(x < 3 / 7)) / size
print(y1)  #返回结果：0.63218
print(y2)  #返回结果：0.86518
print(y3)  #返回结果：0.95056
plt.hist(x, bins=20)
plt.show() #见图 6-8
y1=stats.expon.cdf(1/7, scale=1/lam)
y2=stats.expon.cdf(2/7, scale=1/lam)
y3=stats.expon.cdf(3/7, scale=1/lam)
print(y1)  #返回结果：0.6321205588285577
print(y2)  #返回结果：0.8646647167633873
print(y3)  #返回结果：0.950212931632136
```

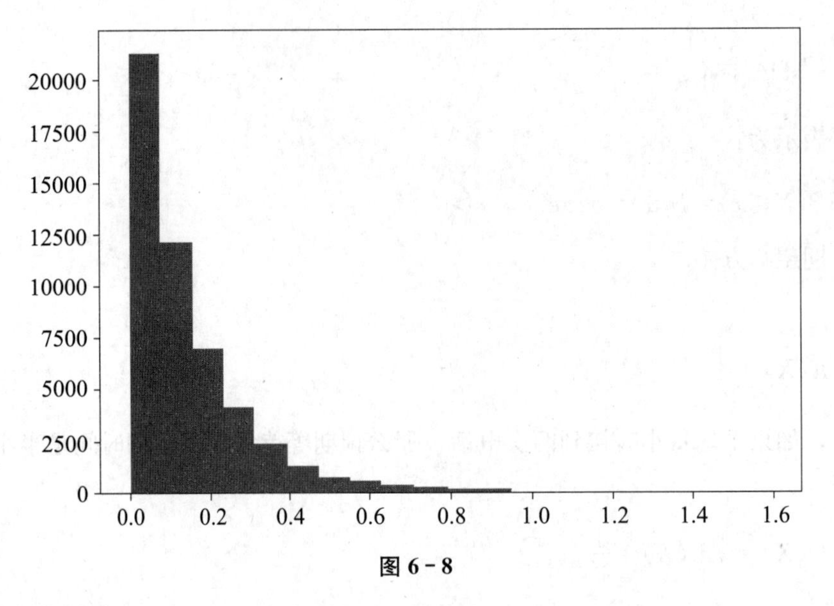

图 6-8

3. 超几何分布

超几何分布（hypergeometric distribution）是一种离散概率分布。它描述了从有限 N 个物品（其中包含 M 个指定种类的物品）中抽取 n 个物品，成功抽出指定种类的物品的次数（无放回）。之所以称为超几何分布，是因为其形式与“超几何函数”的级数展开式的系数有关。上述超几何分布可记作 $X \sim H(N, n, M)$。

（1）定义。在产品抽样检查中，假定 N 件产品中有 M 件不合格品，即不合格率 $p=M/N$。从产品中随机抽取 n 件做检查，发现 k 件不合格品的概率为：

$$P(X=k)=\frac{C_M^k C_{N-M}^{n-k}}{C_N^n}, \quad k=0, 1, 2, \cdots, \min\{n,M\} \tag{6-20}$$

亦可写作：

$$p=\frac{\binom{M}{k}\binom{N-M}{n-k}}{\binom{N}{n}}$$

与式（6-20）不同的是，该式中 M 可为任意实数，而式（6-20）中 M 为非负整数。

C_b^a 为古典概型的组合形式，a 为下限，b 为上限，此时称随机变量 X 服从超几何分布。

需要注意的是，超几何分布的模型是无放回抽样。

（2）Python 相关模块。“numpy. random. hypergeometric(ngood, nbad, nsample, size = None)”表示对一个超几何分布进行抽样，ngood 表示总体中具有成功标志的元素个数，nbad 表示总体中不具有成功标志的元素个数，ngood＋nbad 表示总体样本容量，nsample 表示抽取元素的次数（小于或等于总体样本量），size 表示抽样的次数，函数的返回值表示抽取的 nsample 个元素中具有成功标志的元素个数。

Python 示例：20 只动物中有 7 只狗，计算抽取 12 只动物，其中有 3 只狗的概率

(无放回抽样)。

示例程序如下:

```
np.random.seed(20200605)
size=500000
x=np.random.hypergeometric(ngood=7, nbad=13, nsample=12, size=size)
print(np.sum(x==3) / size)        #返回结果: 0.198664
plt.hist(x, bins=8)
plt.xlabel('狗的数量')
plt.ylabel('500000个样本中出现的次数')
plt.title('超几何分布',fontsize=20)
plt.show()                    #见图6-9
x=range(8)
"""
hypergeom.pmf(k,M,n,N,loc)函数的参数: M为总体样本量, n为总体中具有成功标志的元素个数; N, k表示抽取的N个元素中k个有成功标志
"""
s=stats.hypergeom.pmf(k=x,M=20,n=7,N=12)    #计算k次成功的概率
print(np.round(s,3))    #返回结果:[0.     0.004 0.048 0.199 0.358 0.286 0.095 0.01]
```

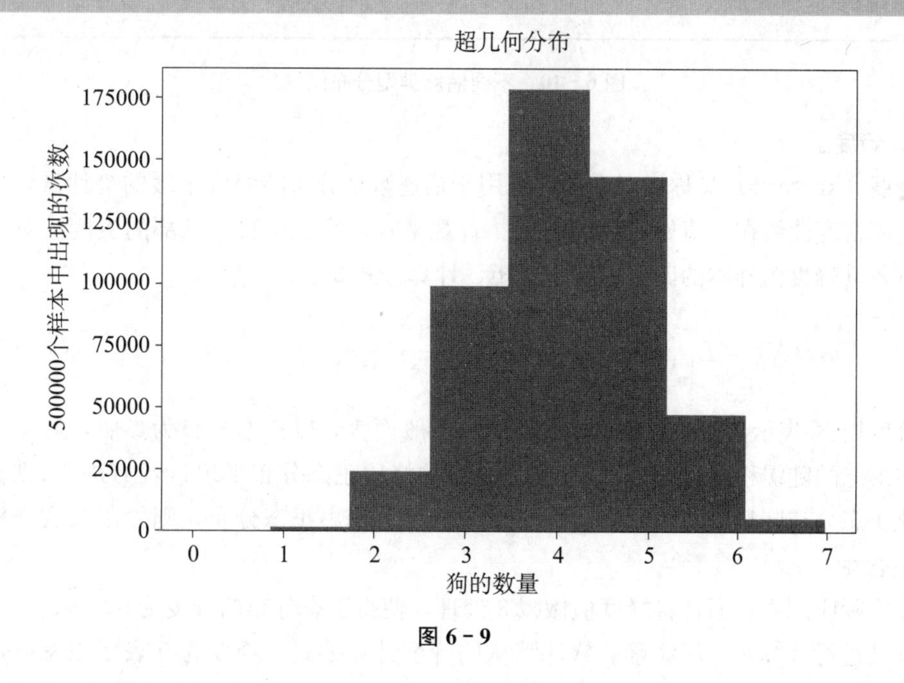

图 6-9

四、偏度与峰度

1. 偏度

偏度(skewness),亦称偏态、偏态系数,用于度量统计数据分布的偏斜方向和程

度，是描述统计数据分布非对称程度的数字特征，表征了概率分布密度曲线相对于均值的不对称程度，直观来看就是概率密度曲线尾部的相对长度。

偏度是样本的三阶标准化矩，计算公式如下：

$$Skew(X)=E\left[\left(\frac{X-\mu}{\sigma}\right)^3\right]=\frac{k_3}{\sigma^3}=\frac{k_3}{k_2^{3/2}} \tag{6-21}$$

正态分布的偏度为 0，两侧尾部长度对称。若用 S 表示偏度，则 $S<0$ 表示分布为负偏，也称左偏，此时位于均值左边的数据比右边少，直观表现为左尾比右尾要长，因为有少数变量值很小，使曲线左尾拖长；$S>0$ 表示分布为正偏，也称右偏，此时位于均值右边的数据比左边少，直观表现为右尾比左尾要长，因为有少数变量值很大，使曲线右尾拖长；S 接近于 0 则表示分布是对称的。三种不同偏度类型分布的图例如图 6-10 所示。若已知分布有可能在偏度上偏离正态分布，则可用偏离来检验分布的正态性：右偏时，一般均值>中位数>众数；左偏时则相反，即众数>中位数>均值；正态分布情况下，三者相等。

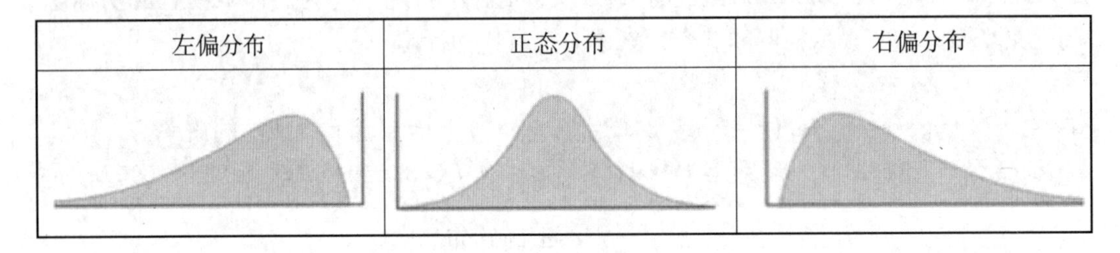

图 6-10 不同偏度类型分布图例

2. 峰度

峰度（kurtosis）又称峰态系数，是用于描述数据分布陡峭或平缓的统计量，可用于表征概率密度曲线在均值处峰值的高低。直观来看，峰度反映了峰部的尖度。对于随机变量 X，其峰度为样本的四阶标准中心矩，计算公式如下：

$$Kurt(X)=E\left[\left(\frac{X-u}{\sigma}\right)^4\right]=\frac{E[(X-u)^4]}{(E[(X-u)^2])^2} \tag{6-22}$$

峰度用 K 表示，正态分布的峰度为 3。一般而言，以正态分布为参照，峰度可以描述分布形态的陡缓程度，若 $K<3$，则称分布的峰比正态分布平坦；若 $K>3$，则称分布的峰比正态分布陡峭。若已知分布有可能在峰度上偏离正态分布，则可用峰度来检验分布的正态性。

在实际应用中，通常将峰度值做减 3 处理，使得正态分布的峰度为 0。因此，在使用统计软件进行计算时，应注意该软件默认的峰度计算公式。峰度为 0 表示该总体数据分布与正态分布的陡缓程度相同；峰度大于 0 表示该总体数据分布与正态分布相比较陡峭，为尖顶峰；峰度小于 0 表示该总体数据分布与正态分布相比较平缓，为平顶峰。峰度的绝对值越大，表示其分布形态的陡缓程度与正态分布相比的差异越大。不同峰度的示例如图 6-11 所示。

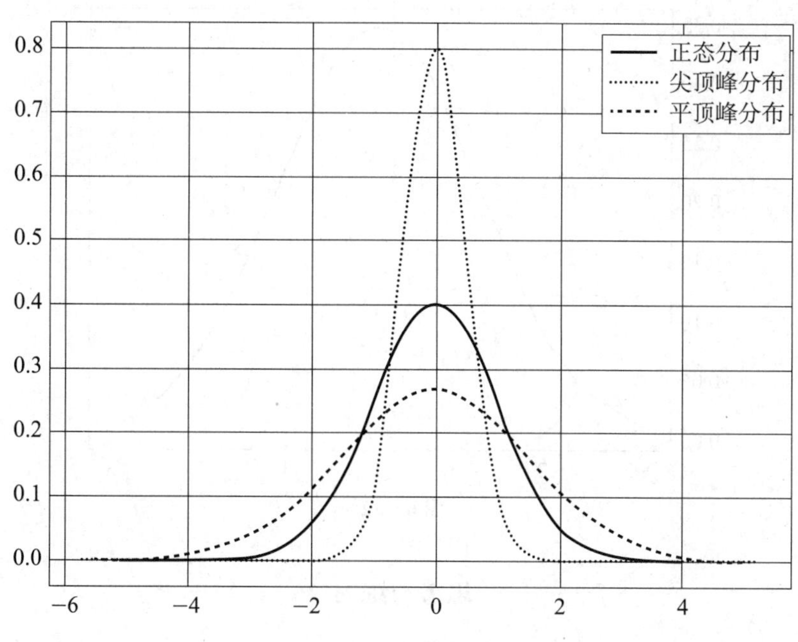

图 6-11　不同峰度示例

3. Python 相关模块

在 Python 中，可以使用 scipy 中 stats 模块的 skew 和 kurtosis 函数分别计算数组的偏度和峰度；pandas 的 DataFrame 对象也自带相应函数。

示例程序如下：

```
from scipy import stats                 #scipy中的stats可以用于统计推断
import numpy as np
from scipy.stats import norm
xx=np.random.randn(100)
mu=np.mean(xx,axis=0)                   #若axis=0，则输出矩阵是1行，求每列的均值；
                                          若axis=1，则输出矩阵是1列，求每行的均值
sigma=np.std(xx,axis=0)                 #求标准差
skew=stats.skew(xx)                     #求偏度
kurtosis=stats.kurtosis(xx)             #求峰度
print(xx,'\n')
print(mu,sigma,skew,kurtosis)
#绘制概率密度曲线
xx.sort()
pdf=norm.pdf(xx,loc=mu,scale=sigma)
plt.plot(xx,pdf,linewidth=2,color='k')
plt.show()                              #见图6-12
```

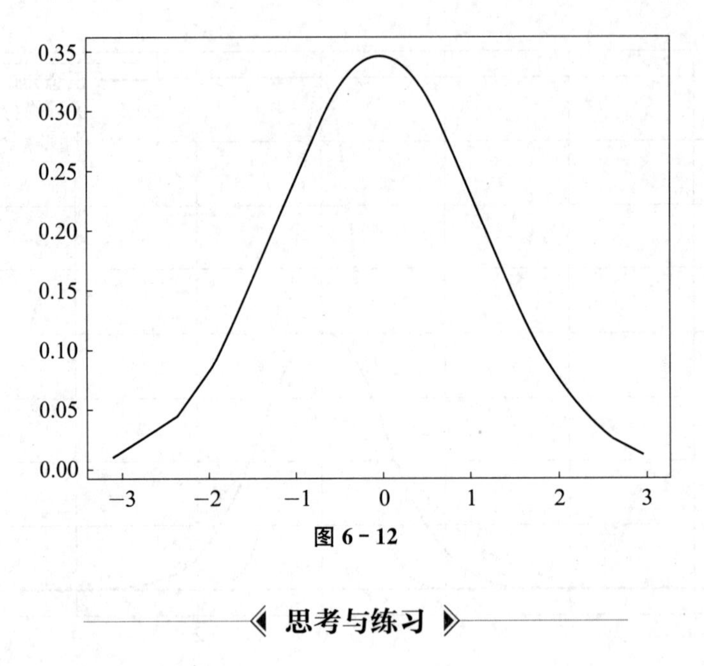

图 6-12

思考与练习

1. 对于数值型数据，其描述性统计项一般有哪些？对于字符串或类别型数据，其描述性统计项有何不同？如何使用 pandas 查看字符串和数值型数据的描述性统计？

2. 什么是均值、中位数和众数？它们在描述数据总体特征方面有何优缺点？

3. 协方差与相关性有何关系？试比较两者的计算公式。

4. 什么是伯努利分布和二项分布？两者有何联系？

5. 什么是泊松分布？举例说明。

6. 什么是偏度与峰度？有何作用？

7. 什么是概率质量函数和概率密度函数？分别用于哪类变量的概率分布？Python 哪些模块提供了该类函数？

8. Python 哪些模块和方法可以用于生成离散变量和连续变量数据样本？

延伸阅读材料

1. 陈家鼎，郑忠国. 概率与统计概率论分册. 2 版. 北京：北京大学出版社，2017.

2. 李爽. Python 概率统计. 北京：清华大学出版社，2023.

第七章
数据清洗与预处理

教学目标

1. 了解数据清洗与预处理的相关概念、方法和技术，理解数据预处理的相关步骤和重要作用；

2. 了解异常数据、缺失数据及噪声数据的处理方法和技术，掌握 Python 相关模块的使用方法；

3. 了解数据整合面临的问题和解决方法，掌握 Python 模块 pandas 常用的数据连接与合并方法；

4. 了解数据变换常用方法的原理和特点，熟悉 Python 数据变换的相关模块和函数；

5. 了解数据聚合与分组的概念，熟悉 pandas 模块中 DataFrame 对象的分组与聚合运算方法；

6. 了解数据归约、数据降维的概念和相关方法，掌握基于 sklearn 和 scipy 模块的主成分分析（PCA）和奇异值分解相关方法。

引导案例

《汉书·卷六二·司马迁传》中提到“差之毫厘，谬以千里”。在当代信息化社会中，没有数据质量的保障，再好的机器学习模型也会产生错误的分析结果，从而导致失败的决策。2022 年 9 月 13 日，国务院办公厅发布《全国一体化政务大数据体系建设指南》，要求整合构建标准统一、布局合理、管理协同、安全可靠的全国一体化政务大数据体系，加强数据汇聚融合、共享开放和开发利用，充分发挥政务数据在提升政府履职能力、支撑数字政府建设以及推进国家治理体系和治理能力现代化中的重要作用。其中，“数据质量”一词在全文共出现 13 次。

采集到的数据可能存在噪声、冗余、关联、不完整等问题，因此，在使用算法学习之前，首先需要做好数据的准备工作，根据数据的不同情况，采用不同的方法对数据进行预处理。数据准备工作占据了数据分析的大部分时间（据报告有80%左右）。

数据分析前的准备工作包括数据装载、清洗、转换与重排等，如缺失值处理、数据转换、重命名、离散化、异常值检测、抽样、哑变量处理、字符串操作等。

数据预处理常用的方法包括：

（1）数据清洗：将数据中缺失的值补充完整、消除噪声数据、识别或删除离群点并解决不一致的问题。主要达到如下目标：数据格式标准化，清除异常数据，纠正错误，清除重复数据。

（2）数据整合：将多个数据源中的数据进行整合并统一存储。

（3）数据变换：通过平滑聚集、数据概化、规范化等方式将数据转换为适合数据分析的形式。

（4）数据归约：进行数据分析时，数据量往往非常大，因此在少量数据上进行挖掘分析就需要很长的时间，数据归约技术主要是对数据集进行归约或者简化，这保持了原数据的完整性，而且数据归约后的结果与归约前的结果相同或相近。

这些数据处理技术在数据分析之前使用，然后数据才能输入机器学习算法中进行学习，这样大大提高了数据分析建模的质量，缩短了数据分析所需要的时间。

第一节　数据清洗

数据清洗，又称数据清理，即把“脏数据”彻底洗掉，包括检查数据的一致性，处理异常值、无效值和缺失值等，从而提高数据质量。在实际工作中，数据清洗通常占开发过程50%～70%的时间。

一般认为，数据清理的含义是检测和去除数据集中的噪声数据和无关数据，处理遗漏数据，去除空白数据域和知识背景下的白噪声。

一、异常数据处理

异常数据也称离群点（outlier），指采集的数据中个别值的数据偏离其余观测值。如比尔·盖茨2017年入选中国科学院外籍院士，统计该类人群平均个人财富时则显得尤为异常，如果不进行处理或消除，该类人群平均而言都是亿万富翁。再如小学五年级学生的身高数据（1.35，1.40，1.42，13.8，1.43，1.40）（单位：米），数值13.8明显不是正常值。

1. 异常数据分析

（1）使用统计量进行判断。计算出最大值、最小值及均值，据此检查数据是否超出合理范围。

（2）使用3σ原则。根据正态分布定义，距离均值超过3σ（σ为标准差）的数值出现属于小概率事件，因此，异常值可以看作数据和均值的偏差超过 3 倍标准差的值。

（3）使用箱形图判断异常值。箱形图是一种用作显示一组数据分散情况的统计图，在各领域经常使用，常见于品质管理。它主要用于反映原始数据分布的特征，还可以进行多组数据分布特征的比较。箱形图中，分别用“○”和“*”标出温和异常值和极端异常值。

2. 异常数据处理

常见的异常数据处理方法包括：

● 删除有异常数据的记录：直接删除，不予考虑。

● 视为缺失值：按照缺失值的处理方法进行相应操作，如缺省值或均值填充、前向/后向填充、插值法填充等。

● 均值修正：使用前后两个观测值的均值代替，或使用整个数据集的均值代替。

● 不处理：将异常数据当作正常数据进行操作。

二、缺失数据处理

数据缺失是指记录的数据由于某些原因而丢失，这可能会对机器学习或统计分析产生一定的影响。数据缺失的常见原因如下：

（1）部分信息由于不确定的原因暂时无法获取。

（2）有些信息虽然已经记录，但由于保存不当，部分丢失。

（3）由于信息采集人员工作的疏忽，漏记某些数据。

处理缺失值的方法有很多，如忽略存在缺失值的记录、去掉包含缺失数据的属性、手工填写缺失值、使用默认值代替缺失值、使用属性均值（中位数或众数）代替缺失值、使用同类样本均值代替缺失值、预测最可能的值代替缺失值等。

经常使用的缺失值的数据补插方法如下：

● 最近邻补插：使用含缺失值的样本附近的其他样本的数据代替；或使用前后数据的均值代替等。

● 回归方法：对含有缺失值的属性，使用其他样本属性的值建立拟合模型，然后使用该模型预测缺失值。

● 插值法：使用已知数据建立合适的插值函数，利用该函数计算出缺失值的近似替代值。常见的插值法有拉格朗日插值法（拉格朗日插值法可以给出一个恰好穿过二维平面上若干个已知点的多项式函数）、牛顿插值法、分段插值法、样条插值法、Hermite 插值法等。

三、噪声数据处理

噪声无处不在，其对机器学习的影响也有大有小，这取决于噪声占真实数据的比例，也取决于学习的精度要求。

噪声数据的处理方法包括分箱、聚类和回归等。

（1）分箱方法。把待处理的数据（某列属性值）按照一定的规则放进一些箱子（区间）中，考察每个箱子中的数据，然后采用某种方法分别对每个箱子中的数据进行处理。该方法涉及如何分箱及如何对每个箱子中的数据进行平滑处理。

常见的分箱方法如下：

- 等深分箱法：又称统一权重法。将数据集按照记录行数分箱，每箱具有相同的记录数（深度）。
- 等宽分箱法：又称统一区间法。使数据集在整个属性值的区间上平均分布，即每个箱子的区间范围是一个常量，称为箱子宽度。
- 用户自定义区间：根据需要自定义区间。

分箱后就需要对每个箱子中的数据进行平滑处理。常见的数据平滑方法有：

- 按均值平滑：对同箱数据求均值，然后替代箱子中的所有数据。
- 按边界值平滑：用距离较小的边界值替代箱子中的所有数据。
- 按中值平滑：取箱子的中值替代箱子中的所有数据。

（2）聚类方法。由类似的对象组成的多个类构成分组，找出落在分类或簇之外的值作为噪声数据。

（3）回归方法。通过拟合相关变量之间的回归函数来预测下一个数值，包括线性回归和非线性回归。

（4）其他方法。传统信号降噪中使用的傅里叶变换都是基于频域的，将信号分解成一系列不同频率的正余弦函数的叠加。傅里叶变换中，即使是时域的局部变化也会影响频域的全局，频域的局部变化同样也影响着时域的全局。之后在傅里叶变换的基础上，又发展出了短时傅里叶变换（short-time Fourier transform，STFT）和小波变换（wavelet transform）。

小波变换是一种信号的时间-尺度（时间-频率）分析方法，它具有多分辨率分析的特点，而且在时频两域都具有表征信号局部特征的能力，是一种窗口大小固定不变但形状可改变，时间窗和频率窗都可改变的时频局部化分析方法。小波变换常见的形式有连续小波变换（continuous wavelet transform，CWT）、离散小波变换（discrete wavelet transform，DWT）等。

四、Python 相关方法

1. pandas 和 numpy 方法

pandas 是 Python 中的一个进行数据分析与清洗的库，基于 numpy 库构建，包含了大量标准数据模型，并提供了高效地操作大型数据集所需的工具，以及大量快速便捷地处理数据的函数和方法，使以 numpy 为中心的应用变得十分简单。

pandas 相关方法如下。

（1）缺失数据处理。

pandas 使用 NaN 值表示浮点和非浮点数组中的缺失数据，Python 内置的 None 值也会被当作 NaN 处理。pandas 缺失值处理的常用方法如表 7－1 所示。

表 7-1　pandas 缺失值处理常用方法

方法名称	方法描述
cleaned	清除所有缺失值
dropna	根据条件过滤缺失值
isnull	返回一个布尔值，标明哪些是缺失值
fillna	填充缺失值数据
notnull	isnull 的否定式

pandas 处理缺失值的示例程序如下：

```
#搜索缺失值，用 dropna 过滤并删除
from pandas import Series,DataFrame
from numpy import nan as NA
import numpy as np

data=Series([12,None,34,NA,68])
print(data)
print(data.isnull())
print(data.dropna())
data=DataFrame(np.random.randn(5,4))
data.iloc[:2,1]=NA
data.iloc[:3,2]=NA
data.iloc[0,0]=NA
print(data)
print(data.dropna(axis=1))
print(data.dropna(thresh=2))
#缺失值填充
print(data.fillna({1:11,2:22}))
print(data.fillna({1:data[1].mean(),2:data[2].mean()}))
```

（2）重复数据处理。在数据采集中，经常会出现重复数据，这时可以使用 pandas 进行数据清洗。在 pandas 中可以使用 duplicated 方法查找重复数据，使用 drop_duplicates 方法清洗重复数据。

pandas 处理异常值和重复值的示例程序如下：

```
#检测和过滤异常值
from pandas import *
import numpy as np
data=DataFrame(np.random.randn(10,4))
```

```
print(data)
print(data.describe())
print('\n找出第 3 列绝对值大于 1 的项\n')
data1=data[2]
print(data1[np.abs(data1)>1])
data1[np.abs(data1)>1]=100
print(data)
#移除重复数据
data=DataFrame({'name':['zhang']*3+['wang']*4,'age':[18,18,19,19,20,20,
                21]})
print("原始数据:",data)
print(data.duplicated())
print(data.drop_duplicates()) #返回移除重复数据后的结果，原对象值没有改变
print("函数调用后的数据:",data)
```

2. scipy 方法

scipy 模块中插值方法的示例程序如下：

```
#拉格朗日插值法
from pandas import *
from scipy.interpolate import lagrange
import numpy as np
df=DataFrame(np.random.randn(20,2),columns=['first','second'])
df['first'][(df['first']<-1.5) | (df['first']>1.5)]=None
def ployinterp_column(s,n,k=5):                                #插值函数
    y=s.iloc[list(range(n-k,n))+list(range(n+1,n+1+k))]  #取值
    y=y[y.notnull()]                                           #剔除空值
    return lagrange(y.index,list(y)) (n)                       #插值并返回插
                                                                值结果

for i in df.columns:
    for j in range(len(df)):
        if (df[i].isnull())[j]:
            df[i][j]=ployinterp_column(df[i],j)
print(df)
```

3. sklearn 方法

sklearn 中的 Imputer 类提供了一些基本方法（如 SimpleImputer 函数）来处理缺失值，如使用均值、中位数或者缺失值所在列中频繁出现的值来替换。SimpleImputer 函数的形式如下：

SimpleImputer(missing_values=nan，strategy='mean'，fill_value=None，verbose=0，copy=True，add_indicator=False)

● missing_values：缺失值是什么，一般情况下缺失值是空值，即 np.nan。

● strategy：采取什么策略填充空值，分别是 mean、median、most_frequent 以及 constant，这是对每一列而言的。如果 strategy='mean'，则由该列的均值填充；如果 strategy='median'，则由该列的中位数填充：如果 strategy='most_frequent'，则由该列的众数填充。需要注意的是，如果 strategy='constant'，则可以将空值填充为自定义的值，这就涉及后一个参数——fill_value，即如果 strategy='constant'，则填充 fill_value 的值。

● copy：表示对原来没有填充的数据的拷贝。

● add_indicator：如果该参数为 True，则会在数据后面加入 n 列由 0 和 1 构成的同样大小的数据，0 表示所在位置非空，1 表示所在位置为空，即相当于一种判断是否为空的索引。

示例程序如下：

```
from sklearn.impute import SimpleImputer


imp=SimpleImputer(strategy='mean')
#注意均值计算结果，空值不纳入计算：(1+7)/2=4，(2+3+6)/3=3.66667
imp.fit([[1,2],[np.nan,3],[7,6]])  #拟合训练模型
X=[[np.nan,2],[6,np.nan],[7,6]]
print(X)
print(imp.transform(X))
```

运行结果如下：

```
[[nan, 2], [6, nan], [7, 6]]
[[4.    2.     ]
 [6.    3.6667]
 [7.    6.     ]]
```

第二节　数据整合

一、数据整合简介

我们日常使用的数据来自各种渠道，有的是连续数据，有的是离散数据，有的是模糊数据，有的是定性数据，有的是定量数据。数据整合就是将多文件或者多数据库中的异构数据连接合并，并进行必要的改名、格式转换等操作，形成统一的完整数据视图。

在数据整合的过程中，一般需要考虑以下问题。

（1）实体识别：数据来源不同，其概念定义也可能不同。如同名异义，异名同义，单位不统一等。

（2）属性冗余：数据中存在冗余，如同一属性多次出现，同一属性命名不一致导致数据重复等。

（3）数据不一致：编码不一致导致数据表示不一致，如日期、新旧身份证号码等。

（4）连接与合并：不同来源的数据基于什么属性或规则进行连接，是横向连接还是纵向连接等。

二、Python 相关方法

Python 通常使用 pandas 读取外部数据源，其中 DataFrame 数据对象提供了丰富的数据连接与合并方法。

（一） merge 函数

pandas 中的 merge 函数类似于关系型数据库 SQL 语句中 join 的用法，可以将不同数据集依照某些字段（属性）进行合并操作，得到一个新的数据集。

1. merge 函数的用法

pd.merge(left，right，how：str=' inner'，on=None，left_on=None，right_on=None，left_index：bool=False，right_index：bool=False，sort：bool=False，suffixes=('_x'，'_y')，copy：bool=True，indicator：bool=False，validate=None)

参数说明如下：

- left：待拼接的左侧 DataFrame 对象。
- right：待拼接的右侧 DataFrame 对象。
- how：取值可选' left" right" outer" inner'，默认是' inner'，即内连接。inner 是取交集，outer 是取并集。比如"left:['A','B','C']；right:['A','C','D']；"，选用 inner 取交集时，left 中出现的 A 会和 right 中出现的另一个 A 进行匹配拼接，B 在 right 中没有匹配到，则会丢失；选用 outer 取并集时，同时出现的 A 会进行一一匹配，没有同时出现的会将缺失的部分添加为缺失值。
- on：要加入的列或索引级别名称，必须在左侧和右侧 DataFrame 对象中均找到。如果未传递且 left_index 和 right_index 为 False，则 DataFrame 中列的交集将被推断为连接键。
- left_on：左侧 DataFrame 中的列或索引用作键，可以是列名、索引级别名称，也可以是长度等于 DataFrame 长度的数组。
- right_on：右侧 DataFrame 中的列或索引用作键，可以是列名、索引级别名称，也可以是长度等于 DataFrame 长度的数组。
- left_index：如果为 True，则使用左侧 DataFrame 中的索引（行标签）作为其连接键。对于具有 MultiIndex（分层）的 DataFrame，级别数必须与右侧 DataFrame 中的连接键数相匹配。

- right_index：与 left_index 功能相似。
- sort：按字典顺序通过连接键对结果 DataFrame 排序。默认为 True，设置为 False 时将在很多情况下显著提高性能。
- suffixes：用于为重叠列名添加字符串后缀元组。默认添加（'x'，'y'）。
- copy：始终从传递的 DataFrame 对象复制数据（默认为 True），即使不需要重建索引也是如此。
- indicator：将一列添加到名为_merge 的输出 DataFrame，其中包含每行的来源信息。_merge 是分类类型，对于其合并键仅出现在左侧 DataFrame 中的观测值，取值为 left_only；对于合并键仅出现在右侧 DataFrame 中的观测值，取值为 right_only；如果在两者中都能找到观测值的合并键，则为 left_only。

2. merge 函数使用示例

（1）在列上合并。示例程序如下：

```
import numpy as np
import pandas as pd
df1=pd.DataFrame({'key':['b','b','a','c','a','a','b'],'data1':range(7)})
df2=pd.DataFrame({'key':['a','b','d'],'data2':range(3)})
pd.merge(df1,df2) #缺省对齐共同的列，合并不同列，若没有对应对齐列的值，则
                  丢掉
df3=pd.merge(df1,df2,on='key')        #指定用来连接的列，对应 SQL 中的主键和外
                                       键连接
df4=pd.merge(df1,df2,how='outer')     #相当于数据库的 SQL 外连接，两边没有对应的
                                       主外键值时也合并，其他不存在的列值则为空
```

运行结果见表 7-2。

表 7-2　DataFrame 对象不同连接操作结果示例 1

df1			df2			内连接结果 df3				外连接结果 df4			
	key	data1		key	data2		key	data1	data2		key	data1	data2
0	b	0	0	a	0	0	b	0	1	0	b	0.0	1.0
1	b	1	1	b	1	1	b	1	1	1	b	1.0	1.0
2	a	2	2	d	2	2	b	6	1	2	b	6.0	1.0
3	c	3				3	a	2	0	3	a	2.0	0.0
4	a	4				4	a	4	0	4	a	4.0	0.0
5	a	5				5	a	5	0	5	a	5.0	0.0
6	b	6								6	c	3.0	NaN
										7	d	NaN	2.0

（2）在索引上合并。示例程序如下：

```
left1=pd.DataFrame({'key': ['a', 'b', 'a', 'a', 'b', 'c'], 'value':range(6)})
right1=pd.DataFrame({'group_val':[3.5,7]},index=['a','b'])
pd.merge(left1,right1,left_on ='key',right_index=True)
                                    #一个 df 的列值与另一个 df 的索引值对齐合并
```

运行结果见表 7-3。

表 7-3 DataFrame 对象不同连接操作结果示例 2

left1			right1		连接合并结果			
	key	value		group_val		key	value	group_val
0	a	0	a	3.5	0	a	0	3.5
1	b	1	b	7.0	2	a	2	3.5
2	a	2			3	a	3	3.5
3	a	3			1	b	1	7.0
4	b	4			4	b	4	7.0
5	c	5						

（二）join 函数

DataFrame 对象的 join 函数也可以通过索引或者指定的列连接两个 DataFrame。

1. join 函数用法

函数定义如下：

DataFrame.join(other，on=None，how=' left '，lsuffix=''，rsuffix=''，sort=False)

参数说明如下。

- other：可为 DataFrame，或者带有名字的 Series，或者 DataFrame 的 list。如果传递的是 Series，那么其 name 属性应当是一个集合，并且该集合将会作为结果 DataFrame 的列名。
- on：连接的列，默认使用索引连接。
- how：连接方式，默认为左连接。
- lsuffix：左 DataFrame 中重复列的后缀。
- rsuffix：右 DataFrame 中重复列的后缀。
- sort：按照字典顺序在连接键上对结果排序。默认为 False，此时连接键的顺序取决于连接类型（关键字）。

2. join 函数使用示例

示例程序如下：

```
left2=pd.DataFrame([[1.,2.],[3.,4.],[5.,6.]],
                    index=['a','c','e'],
                    columns=['Ohio','Nevada'])
right2=pd.DataFrame([[7.,8.], [9.,10.], [11.,12.], [13,14]],
                     index=['b', 'c', 'd', 'e'],
                     columns=['Missouri', 'Alabama'])
lr1=left2.join(right2,how='outer')  #外连接
lr2=left2.join(right2)              #缺省时为左连接
```

运行结果见表 7-4。

表 7-4　DataFrame 对象不同连接操作结果示例 3

left2			right2			外连接结果 lr1					左连接结果 lr2				
	Ohio	Nevada		Missouri	Alabama		Ohio	Nevada	Missouri	Alabama		Ohio	Nevada	Missouri	Alabama
a	1.0	2.0	b	7.0	8.0	a	1.0	2.0	NaN	NaN	a	1.0	2.0	NaN	NaN
c	3.0	4.0	c	9.0	10.0	b	NaN	NaN	7.0	8.0	c	3.0	4.0	9.0	10.0
e	5.0	6.0	d	11.0	12.0	c	3.0	4.0	9.0	10.0	e	5.0	6.0	13.0	14.0
			e	13.0	14.0	d	NaN	NaN	11.0	12.0					
						e	5.0	6.0	13.0	14.0					

（三）concat 函数

numpy 库提供的 concatenate 函数可用于多维数组的连接与合并，pandas 的 concat 函数可以沿着指定的轴将多个 DataFrame 或者 Series 拼接到一起，缺省情况下是基于行合并记录，这与常用的 pd. merge 函数不同，pd. merge 函数只能实现两个表的拼接。

1. pandas 的 concat 函数的用法

pd. concat(objs: Union[Iterable[ForwardRef('NDFrame')], Mapping[Union[Hashable, NoneType], ForwardRef('NDFrame')]], axis=0, join='outer', ignore_index: bool=False, keys=None, levels=None, names=None, verify_integrity: bool=False, sort: bool=False, copy: bool=True)

其中部分参数说明如下：

- objs：Series，DataFrame 或者 panel 构成的序列 list。
- axis：需要合并连接的轴，0 表示行，1 表示列。
- join：连接方式，inner 或者 outer。

2. concat 函数使用示例

示例程序如下：

```
s1=pd.Series([0,1],index=['a','b'])
s2=pd.Series([2,3,4],index=['c','d','e'])
```

```
s3=pd.Series([5,6],index=['f','g'])
#pandas 的 concat 函数，缺省情况下是基于行合并记录
s4=pd.concat([s1, s2, s3])
#指定 axis=1，基于列进行合并，无对应的列则设置为空值
s5=pd.concat([s1,s2,s3], axis=1)
print(s1,s2,s3,s4,s5)
```

运行结果见表 7-5。

表 7-5　DataFrame 对象不同连接操作结果示例 4

s1，s2，s3 值	基于行的合并结果 s4	基于列的合并结果 s5
Out[13]: a 0 b 1 dtype: int64 Out[13]: c 2 d 3 e 4 dtype: int64 Out[13]: f 5 g 6 dtype: int64	a 0 b 1 c 2 d 3 e 4 f 5 g 6 dtype: int64	0 1 2 a 0.0 NaN NaN b 1.0 NaN NaN c NaN 2.0 NaN d NaN 3.0 NaN e NaN 4.0 NaN f NaN NaN 5.0 g NaN NaN 6.0

第三节　数据变换

一、数据变换简介

数据变换（data transformation）是指将数据转换或统一成适用于机器学习的形式。就像人类学习一样，需要将采集的外部数据转换成我们可以接受的形式。

由于实际过程中采集的各种数据的形式多种多样，格式也不一致，这些都需要采用一定的数据预处理方法，使得它们适用于机器学习算法。

数据变换的常用方法包括简单数学函数变换、数据归一化、连续变量离散化等。

1. 简单数学函数变换

如果数据较大，可以通过取对数或开方将数据压缩；如果数据较小，则可以通过平方将数据扩大；在时间序列分析中，常使用对数变换或差分运算将非平稳序列转换为平稳序列。

2. 数据归一化

归一化（normalization）又称标准化或规范化，用于消除数据之间的量纲影响。不同的数据值可能差别很大，甚至具有不同的量纲，如果进行调整很可能会影响数据分

析的结果，因此需要使数据落入一个有限的范围。数据的归一化就是将数据按比例缩放，使之落入一个小的特定区间，其中最常用的方法是将数据统一映射到［0，1］区间上。

数据归一化处理主要包括数据同趋化处理和无量纲化处理两个方面。数据同趋化处理主要解决数据性质不同的问题，对不同性质的指标直接加总不能正确反映不同作用力的综合结果，须先考虑改变逆指标数据性质，使所有指标对测评方案的作用力同趋化，再加总才能得出正确结果。数据无量纲化处理主要解决数据的可比性，经过处理，原始数据均转换为无量纲化指标测评值，即各指标值都处于同一个数量级，可以进行综合测评分析。

（1）把数据变为（0，1）之间的小数。为使数据处理方便和快速，把数据映射到0～1范围内处理。这种方法应该归到数字信号处理范畴之内，例如，图像识别建立深度学习神经网络，训练数据之前将图像数组数据统一除以255。

（2）把有量纲表达式转换为无量纲表达式。归一化是一种简化计算的方式，即将有量纲的表达式经过转换化为无量纲的表达式，成为纯量，解决数据的可比性。

数据归一化的好处有如下两方面：

（1）提升模型的收敛速度。如图7-1所示，左图中，x_1和x_2的取值范围差别很大，对其进行优化时，会得到一个窄长的椭圆形，导致在梯度下降时，梯度的方向为沿垂直等高线的方向走之字形，这样会使迭代很慢。相比之下，右图的迭代速度就会快很多（注意：无论步长走多走少，方向总是对的，不会走偏）。

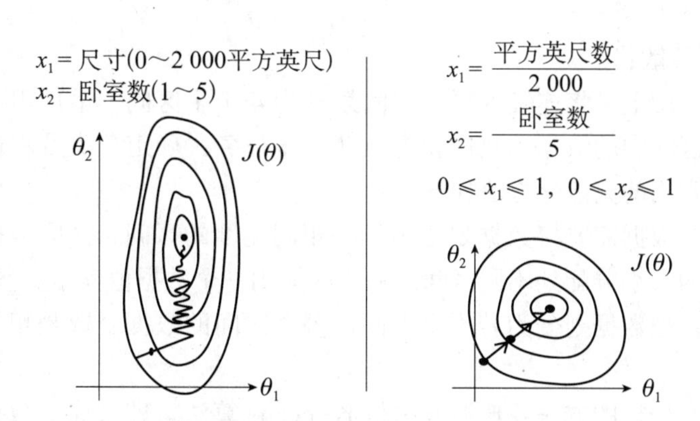

图7-1　数据归一化对模型提升作用示例

（2）提升模型的精度。涉及距离计算时，归一化的效果显著，比如算法要计算欧氏距离，图7-1左图中x_2的取值范围比较小，其对结果的影响远比x_1小，会造成精度的损失。因此归一化很有必要，它可以让各个特征对结果做出的贡献相同。

常见的数据归一化方法如下。

（1）最小-最大归一化方法。最小-最大归一化（min-max normalization），又称0-1标准化或离差标准化，通过对原始数据进行线性变换，使结果落在［0，1］区间内。该方法的缺点是当有新数据加入时，可能导致最小-最大值发生变化，需要重新定义。转换函数如下：

$$x^* = \frac{x - \min}{\max - \min} \tag{7-1}$$

（2）z-score 归一化方法。z-score 归一化也称零-均值规范化或标准差标准化，这种方法对原始数据的均值和标准差进行归一化。经过处理的数据服从标准正态分布，即均值为 0，标准差为 1。转换函数如下：

$$x^* = (x - \mu)/\sigma$$

式中，μ 为全体样本数据的均值，σ 为标准差。

该方法要求样本近似服从高斯分布，否则归一化效果会比较差。z-score 归一化方法适用于属性的最大值和最小值未知的情况或存在超出取值范围的离群数据的情况。

（3）小数定标归一化方法。通过移动数据的小数点位置来进行归一化。小数点移动多少位取决于属性取值中最大的绝对值。转换函数如下：

$$x^* = x/10^j$$

（4）其他归一化方法。

lg 函数转换：通过以 10 为底的 log 函数（即 lg 函数）转换的方法实现归一化。转换函数如下：

$$x^* = \lg x/\lg\max \tag{7-2}$$

arctan 函数转换：用反正切函数也可以实现数据的归一化。转换函数如下：

$$x^* = \arctan x * 2/\pi \tag{7-3}$$

3. 连续数据离散化

数据离散化本质上是将连续的属性空间划分为若干个区间，最后用不同的符号或整数值代表某个子区间中的数据。离散化涉及两个子任务：确定分类及将连续属性值映射给这些分类值。常用的离散化方法如下。

（1）等宽法：根据需要将数据划分为具有相同宽度的区间，区间数据事先指定，然后将数据按照值的大小分配到不同区间，每个区间用一个数据值表示。参考等宽分箱法。

（2）等频法：把数据划分为若干个区间，每个区间的数据个数是相等的。参考等深分箱法。

（3）基于聚类分析的方法：典型方法是 K-means 算法，即首先从数据集中随机选出 K 个数据作为 K 个类的中心；然后根据其他数据与这些中心的距离（欧氏距离、曼哈顿距离等），对所有对象聚类，如果数据 x 距某个中心最近，则将 x 划归到该中心所代表的类；最后重新计算区间的中心，并利用新的中心重新对所有样本聚类。

（4）其他方法：如基于熵的离散化方法、小波变换的特征提取方法、自上而下的卡方分裂算法等。具体选择哪种预处理方法需要了解方法本身的优缺点、适用范围并通过实验来验证和确定。

二、Python 相关方法

numpy 和 pandas 对数据变换提供了相应的函数方法，sklearn 库中的 preprocessing

子模块也提供了丰富的数据预处理方法。

1. pandas 归一化方法示例

示例程序如下：

```
#数据归一化
import pandas as pd
import numpy as np

datafile='./ori_data.xlsx'
data=pd.read_excel(datafile,header=None)
print(data)
min=(data-data.min())/(data.max()-data.min())          #最小-最大归一化方法
zero=(data-data.mean())/data.std()                      #z-score 归一化方法
float=data/10 ** np.ceil(np.log10(data.abs().max()))    #lg 函数转换方法
print(min)
print(zero)
print(float)
```

2. pandas 处理离散化与分箱示例

示例程序如下：

```
# 离散化与分箱
ages=[20,22,25,27,21,23,37,31,61,45,41,32]
bins=[18,25,35,60,100]              #设定分箱区间
cats=pd.cut(ages, bins)             #根据分箱区间规则划分离散值,缺省时包括右边
                                     界，即左开右闭
print(cats)   #注意，离散化后的对象包含 codes 和 categories 属性
data=np.random.randn(1000)          #正态分布
cats=pd.qcut(data, 4)               #四分位切割，缺省时是 0, 0.25, 0.5, 0.75, 1
pd.value_counts(cats)
```

运行结果如下：

```
Out[105]: [(18, 25], (18, 25], (18, 25], (25, 35], (18, 25], ..., (25, 35], (60, 100], (35, 60], (35, 60], (25, 35]]
          Length: 12
          Categories (4, interval[int64]): [(18, 25] < (25, 35] < (35, 60] < (60, 100]]
```

3. sklearn 模块中的预处理方法示例

```
# sklearn 库中的数据预处理方法
from sklearn import preprocessing
"""
函数形式：def scale(X, axis=0,with_mean=True,with_std=True,copy=True)
公式为：(X-X_mean)/X_std。z-score 归一化方法，计算时对每个属性(每列)分别归一化
```

```
"""
import numpy as np
X=np.array([[1.,-1.,2.],[2.,0.,0.],[0.,1.,-1.]])
X_scaled=preprocessing.scale(X)
#使用 StandardScaler 函数将归一化应用在测试集上：保存归一化参数
#一般归一化先在训练集上进行，在测试集上也应该做相同均值和标准差的归一化，这样就应该将训练集上的归一化参数保存下来
scaler=preprocessing.StandardScaler().fit(X)
print("scaler:",scaler)
print("scaler.mean_:",scaler.mean_)
print("scaler.scale_:",scaler.scale_)
print("X:",X)
#标准化后的 scaler 实例能够应用到新的数据集上，以保持训练集和测试集的归一化方法一致
print(scaler.transform(X))
```

运行结果如下：

```
scaler: StandardScaler()
scaler.mean_: [1.         0.         0.33333333]
scaler.scale_: [0.81649658 0.81649658 1.24721913]
X: [[ 1. -1.  2.]
 [ 2.  0.  0.]
 [ 0.  1. -1.]]
[[ 0.         -1.22474487  1.33630621]
 [ 1.22474487  0.         -0.26726124]
 [-1.22474487  1.22474487 -1.06904497]]
```

4. 生成哑变量方法示例

示例程序如下：

```
#虚拟变量(dummy variables,又称哑变量)处理方法
df=pd.DataFrame({'key':['b','b','a','c','a','b'],'data1':range(6)})
print(df)
#应用情景之一：问卷调研题项，让用户选择类别选项，如性别、学历等
#get_dummies 函数将指定列的取值类别在列一级展开，并设置对应行上的实际取值(对应类别的列取值为 1，其他为 0)
pd.get_dummies(df['key'])
#若 sparse 为 True，则生成的列受稀疏矩阵类(运算效率更高，在检索和存储方面都有优化)支持，否则是普通多维数组，显示结果没差别
pd.get_dummies(df['key'],sparse=True)
```

运行结果依次如下：

```
  key  data1
0   b      0
1   b      1
2   a      2
3   c      3
4   a      4
5   b      5
```

Out[2]:

	a	b	c
0	0	1	0
1	0	1	0
2	1	0	0
3	0	0	1
4	1	0	0
5	0	1	0

第四节　聚合与分组统计

在数据分析之前，经常需要按照一定的类别进行分组统计，然后对分组统计后的结果进行数据分析，以发现群体之间的特征、差异和影响。pandas 模块提供了大量的分组和聚合函数，可用于分组与聚合运算。

一、分组

1. 分组 groupby 机制

pandas 提供了分组函数 groupby，可根据 DataFrame 对象的某些轴先进行分组以形成分组对象，然后调用其聚合函数进行分组统计。

(1) 准备与设置参数。

示例程序如下：

```
#准备与设置参数
import numpy as np
import pandas as pd
import matplotlib.pyplot as plt
pd.options.display.max_rows=20
```

(2) 构造数据分组。

示例程序如下：

```
#生成 DataFrame
df=pd.DataFrame({'key1':['a','a','b','b','a'],
                 'key2':['one','two','one','two','one'],
```

```
                    'data1':np.random.randn(5),
                    'data2':np.random.randn(5)})
#groupby 分组函数，注意，没有聚类运算函数，只是先分组
grouped=df['data1'].groupby(df['key1'])
grouped.head()
```

运行结果如下：

```
0     0.168443
1     0.420023
2    -1.398424
3     1.396050
4     1.211848
Name: data1, dtype: float64
```

（3）针对一列进行分组聚合统计。

示例程序如下：

```
#分组后对象的聚类函数针对 groupby 的分组对象进行操作
grouped.mean()
```

运行结果如下：

```
key1
a     0.600105
b    -0.001187
Name: data1, dtype: float64
```

（4）针对多列进行分组聚合统计。

示例程序如下：

```
#分组+聚合运算的简短形式类似关系型数据库的 SQL，可以有多个分组属性
means=df['data1'].groupby([df['key1'],df['key2']]).mean()
means
```

运行结果如下：

```
key1  key2
a     one     0.690146
      two     0.420023
b     one    -1.398424
      two     1.396050
Name: data1, dtype: float64
```

（5）改变输出显示方式。分组计算结果缺省时纵向显示，可以通过 unstack 函数变成表格模式横向显示，使其更加清晰。

示例程序如下：

```
means.unstack()
```

运行结果如下：

key2	one	two
key1		
a	0.690146	0.420023
b	-1.398424	1.396050

groupby 函数的参数还可以是列名或列名列表。

示例程序如下：

```
df.groupby(['key1','key2']).mean()
```

2. 对分组进行迭代遍历操作

DataFrame 分组后的对象不再是 DataFrame 对象，分组后对象的第一项是分组的组合元组，第二项是具体分组的元素，如果进行迭代遍历，需要注意其数据结构。

示例程序如下：

```
for name, group in df.groupby('key1'):
    print("name:",name)
    print("group:",group)
```

运行结果如下：

```
name: a
group:   key1 key2     data1     data2
    0      a  one   0.168443   1.186751
    1      a  two   0.420023  -0.724594
    4      a  one   1.211848   0.016164
name: b
group:   key1 key2     data1     data2
    2      b  one  -1.398424  -0.159518
    3      b  two   1.396050   0.594554
```

3. 利用字典和序列分组

（1）构造数据。

示例程序如下：

```
people=pd.DataFrame(np.random.randn(5,5),columns=['a','b','c','d','e'],
                    index=['张三', '李四', '赵钱', '孙李', '王顺'])
people.iloc[2:3,[1,2]]=np.nan  # 添加新的空值
people
```

运行结果如下：

	a	b	c	d	e
张三	1.007189	-1.296221	0.274992	0.228913	1.352917
李四	0.886429	-2.001637	-0.371843	1.669025	-0.438570
赵钱	-0.539741	NaN	NaN	-1.021228	-0.577087
孙李	0.124121	0.302614	0.523772	0.000940	1.343810
王顺	-0.713544	-0.831154	-2.370232	-1.860761	-0.860757

（2）按映射方式分组。

示例程序如下：

```
#映射方式统计相当于按照映射后的对应值重新分组，axis=1 表示对每个索引分组逐列计算数值，求和的空值忽略
#如张三的"blue"分组值=原来"c"列和"d"列的和，"red"分组值=原来"a"列、"b"列和"e"列的和
mapping={'a':'red','b':'red','c':'blue','d':'blue','e':'red','f':'orange'}
by_column=people.groupby(mapping,axis=1)
by_column.sum()
by_column=people.groupby(mapping,axis=1)
by_column.sum()
```

运行结果如下：

	blue	red
张三	0.503905	1.063885
李四	1.297183	-1.553778
赵钱	-1.021228	-1.116829
孙李	0.524712	1.770545
王顺	-4.230992	-2.405455

（3）按 Series 方式分组。

示例程序如下：

```
map_series=pd.Series(mapping)
print(map_series)
#Series 也可以作为映射进行分组，根据(索引:值)的映射进行分组
people.groupby(map_series,axis=1).count()
```

运行结果如下：

```
a        red
b        red
c       blue
d       blue
e        red
f     orange
dtype: object
```

Out[21]:

	blue	red
张三	2	3
李四	2	3
赵钱	1	2
孙李	2	3
王顺	2	3

4. 利用函数分组

示例程序如下：

```
#注意函数的作用对象是谁，该例对索引计算，然后根据函数结果进行分组聚合运算
people.groupby(len).sum()
```

运行结果如下：

	a	b	c	d	e
2	0.764455	-3.826398	-1.94331	-0.98311	0.820312

5. 在索引水平上分组

示例程序如下：

```
#注意多重索引的列和名称的对应，类似于Excel中的分组数据透视表
columns=pd.MultiIndex.from_arrays([['中国','中国','中国','芬兰','芬兰'],[1,3,5,1,
        3]],names=['country','tenor'])
hier_df=pd.DataFrame(np.random.randn(4,5),columns=columns)
hier_df
```

运行结果如下：

country	中国			芬兰	
tenor	1	3	5	1	3
0	0.560145	-1.265934	0.119827	-1.063512	0.332883
1	-2.359419	-0.199543	-1.541996	-0.970736	-1.307030
2	0.286350	0.377984	-0.753887	0.331286	1.349742
3	0.069877	0.246674	-0.011862	1.004812	1.327195

示例程序如下：

```
#多重索引的分组需要指定所在索引的层级
hier_df.groupby(level='tenor',axis=1).count()
```

运行结果如下：

tenor	1	3	5
0	2	2	1
1	2	2	1
2	2	2	1
3	2	2	1

二、分组聚合运算

在DataFrame的分组对象上，可以采用多种函数进行运算，如用于发现异常值的四分位运算、汇总求和、均值计算等。

1. 数据聚合

以统计学上的分位数函数 quantile(p) 为例。原则上，p 可以取 0～1 之间的任意值。当 p=0.25、0.5、0.75 时，即计算四分位数。

为了更一般化，在计算的过程中考虑 p 分位。

首先，确定 p 分位数的位置：pos=1+(n−1)×p；根据 pos 的数值，确定它处于哪两个整数（即 i 和 j，索引下标从 1 开始）之间。

然后，计算 p 分位数的值：ret=value[i]+(value[j]−value[i])×(pos 的小数部分)。

例如，计算对'key1'分组后 a 对应的分位数值：pos=1+(3−1)×0.9=2.8，确定 i=2 并且 j=3，小数部分是 0.8；ret=0.478 943+(1.965 781−0.478 943)×0.8=1.668 413 4。

示例程序如下：

```
grouped=df.groupby('key1')
grouped['data1'].quantile(0.9)
```

运行结果如下：

```
key1
a      0.619329
b      0.640354
Name: data1, dtype: float64
```

2. 聚合函数 agg

分组对象提供了聚合函数 agg，可以指定要使用的运算函数。

(1) 自定义聚合函数。

示例程序如下：

```
#分组函数聚合
def peak_to_peak(arr):
    return arr.max()-arr.min()
grouped[["data1","data2"]].agg(peak_to_peak) #agg 函数的参数还可以是内置函数，如 mean、sum 等
```

运行结果如下：

key1	data1	data2
a	2.345357	2.475822
b	0.510050	0.743086

(2) 多重函数的应用。

示例程序如下：

```
tips=pd.read_csv('tips.csv')
# 增加新列"tip_pct"，它由列'tip'和'total_bill'计算得到
```

```
tips['tip_pct']=tips['tip']/tips['total_bill']
print(tips[:6])
#分组
grouped=tips.groupby(['day','smoker'])
#取分组对象的其中一列进行聚合计算
grouped_pct=grouped['tip_pct']
#print(grouped_pct.describe())
grouped_pct.agg('mean')
```

运行结果依次如下：

	total_bill	tip	smoker	day	time	size	tip_pct
0	16.99	1.01	No	Sun	Dinner	2	0.059447
1	10.34	1.66	No	Sun	Dinner	3	0.160542
2	21.01	3.50	No	Sun	Dinner	3	0.166587
3	23.68	3.31	No	Sun	Dinner	2	0.139780
4	24.59	3.61	No	Sun	Dinner	4	0.146808
5	25.29	4.71	No	Sun	Dinner	4	0.186240

```
day   smoker
Fri   No        0.151650
      Yes       0.174783
Sat   No        0.158048
      Yes       0.147906
Sun   No        0.160113
      Yes       0.187250
Thur  No        0.160298
      Yes       0.163863
Name: tip_pct, dtype: float64
```

对分组对象进行多重函数聚合运算，示例程序如下：

```
grouped_pct.agg(['mean','std',peak_to_peak])
```

运行结果如下：

day	smoker	mean	std	peak_to_peak
Fri	No	0.151650	0.028123	0.067349
	Yes	0.174783	0.051293	0.159925
Sat	No	0.158048	0.039767	0.235193
	Yes	0.147906	0.061375	0.290095
Sun	No	0.160113	0.042347	0.193226
	Yes	0.187250	0.154134	0.644685
Thur	No	0.160298	0.038774	0.193350
	Yes	0.163863	0.039389	0.151240

3. 应用函数 apply

分组对象还提供了应用函数 apply，可以应用自定义函数或内置函数进行分组运算。

示例程序如下：

```
#定义函数，对 DataFrame 对象排序并返回部分片段
def top(df,n=5,column='tip_pct'):
return df.sort_values(by=column)[-n:]
#对分组对象应用自定义函数
#分组对象应用函数 apply 可以带函数自身的参数，需注意参数形式
tips.groupby(['smoker','day']).apply(top,n=1,column='total_bill')
```

运行结果如下：

smoker	day		total_bill	tip	smoker	day	time	size	tip_pct
No	Fri	94	22.75	3.25	No	Fri	Dinner	2	0.142857
	Sat	212	48.33	9.00	No	Sat	Dinner	4	0.186220
	Sun	156	48.17	5.00	No	Sun	Dinner	6	0.103799
	Thur	142	41.19	5.00	No	Thur	Lunch	5	0.121389
Yes	Fri	95	40.17	4.73	Yes	Fri	Dinner	4	0.117750
	Sat	170	50.81	10.00	Yes	Sat	Dinner	3	0.196812
	Sun	182	45.35	3.50	Yes	Sun	Dinner	3	0.077178
	Thur	197	43.11	5.00	Yes	Thur	Lunch	4	0.115982

第五节　数据归约

一、数据归约简介

数据归约是指在尽可能保持数据原貌的前提下，最大限度地精简数据量。原数据可以用来得到数据集的归约表示，它接近于原数据，但数据量比原数据少得多。与非归约数据相比，对归约数据进行挖掘，所需的时间和内存资源更少，更有效率，并且产生相同或几乎相同的分析结果。

数据归约主要有两种途径——属性选择和数据采样，分别针对原始数据集中的属性和记录。数据归约的常用方法如下。

1. 维归约

维归约也称特征归约，是指采用减少属性特征的方式压缩数据量，通过移除不相关的属性，提高模型的效率。其原则是在保留甚至提高原有判别能力的同时减少特征向量的维度。维归约算法的输入是一组特征，输出是它的一个子集。

在领域知识缺乏的情况下，进行维归约一般包括三个步骤：

（1）搜索过程：在特征空间中搜索特征子集，每个子集称为一个状态，由选中的特征构成。

（2）评估过程：输入一个状态，通过评估函数或预先设定的阈值输出一个评估值，搜索算法的目的是使评估值达到最优。

（3）分类过程：使用最终的特征集完成最后的算法。

维归约处理后的数据效果如下：

- 数据更少，提高了挖掘效率。
- 数据挖掘处理精度更高。
- 数据挖掘处理结果简单。
- 特征更少。

对应方法包括：赤池信息量准则（Akaike information criterion，AIC）可以通过选择最优模型来选择属性；最小绝对收缩和选择算子（least absolute shrinkage and selection operator，LASSO）通过一定的约束条件选择变量；分类树、随机森林通过对分类效果的影响筛选属性；小波变换、主成分分析（principal component analysis，PCA）通过把数据变换或投影到较小的空间来降低维数。

2. 数值归约

数值归约也称样本归约，是指从数据集中选出一个有代表性的样本的子集，常用随机不重复的抽样方法。子集大小的确定需要考虑计算成本、存储要求、估计量的精度以及其他一些与算法和数据特性有关的因素。

初始数据集中最大和最关键的维度就是样本的数目，也就是数据表中的记录数。数据挖掘处理的初始数据集描述了一个极大的总体，对数据的分析只基于样本的一个子集。获得数据的子集后，用它来提供整个数据集的一些信息，这个子集通常叫作估计量，它的质量依赖于所选子集中的元素。抽样过程经常会导致抽样误差，抽样误差对所有方法和策略来讲都是固有的、不可避免的，当子集的规模扩大时，抽样误差一般也会降低。一个完整的数据集在理论上是不存在抽样误差的。与针对整个数据集的数据挖掘相比，数值归约具有以下优点：成本更小、速度更快、范围更广，有时甚至能获得更高的精度。

3. 特征值归约

特征值归约是特征值离散化技术，它将连续型特征值离散化，使之成为少量的区间，每个区间映射到一个离散符号。该技术简化了数据描述，使数据和最终的挖掘结果更易于理解。

特征值归约可以是有参的，也可以是无参的。有参方法使用一个模型来评估数据，只需要存放参数而不需要存放实际数据。有参的特征值归约可分为以下两种：

（1）回归：线性回归。

（2）对数线性模型：近似离散多维概率分布。

无参的特征值归约可分为以下三种：

（1）直方图：采用分箱来近似数据分布，其中 V-Optimal 和 MaxDiff 直方图是最精确和最实用的。

（2）聚类：将数据元组视为对象，将对象划分为群或聚类，使得一个类中的对象“类似”而与其他类中的对象“不类似”。在数值归约时，用数据的类代替实际数据。

（3）抽样：用数据较少的随机样本表示大的数据集，如简单选择 n 个样本（类似数值归约）、聚类抽样和分层抽样等。

二、数据降维

1. 数据降维简介

数据降维，也称维数约简（dimensionality reduction），是指通过线性或者非线性映射将高维空间中的原始数据投影到低维空间。这种低维是对原始数据有意义的表示，通过寻求低维表示，能够尽可能地发现隐藏在高维数据中的规律。

对高维数据进行降维处理的优势体现在如下几个方面：

（1）对原始数据进行有效压缩以节省存储空间；

（2）可以消除原始数据中存在的噪声；

（3）便于提取特征以完成分类或者识别任务；

（4）将原始数据投影到二维或三维空间，实现数据可视化。

数据降维的直观的好处是数据的维数降低了，便于计算和可视化；更深层次的意义在于有效信息的提取与综合及无用信息的摒弃。

2. 数据降维方法

根据数据的特性，数据降维方法可分为：

（1）线性降维：如主成分分析（PCA）、线性判别分析（linear discriminant analysis，LDA）、费希尔判别分析（Fisher discriminant analysis，FDA）等。

（2）非线性降维：如核方法（如核主成分分析（KPCA）、核费希尔判别分析（KFDA），即核＋线性）、二维化（如二维主成分分析、二维线性判别分析、二维典型相关分析，即二维＋线性）、流形学习（如等距映射（Isomap）、拉普拉斯特征映射（LE）、局部线性嵌入（LLE，包括改进算法 Hessian LLE）、多维缩放（MDS）、局部保留投影（LPP）、扩散映射（Diffusion Map）等）。

（3）其他方法：如神经网络方法（如自编码器（AE）、卷积神经网络（CNN）等）、聚类方法（如 K-means、DBSCAN）、分类方法（如 KNN、KNN Diffusion 等）。

根据是否考虑和利用数据的监督信息，数据降维方法可分为：

（1）无监督降维：如主成分分析（PCA）等。

（2）有监督降维：如线性判别分析（LDA）等。

（3）半监督降维：如自编码器（AE）、半监督判别分析（SDA）等。

数据降维方法的分类如图 7－2 所示。

3. 数据降维与图像压缩

图像压缩是数据压缩技术在数字图像上的应用，目的是减少图像数据中的冗余信息，从而用更加高效的格式存储和传输数据。数据降维的思想也可应用到图像压缩上。图像数据之所以能被压缩，就是因为数据中存在冗余。图像数据的冗余主要体现在以下方面：

（1）图像中相邻像素之间的相关性引起的空间冗余。

（2）图像序列中不同帧之间的相关性引起的时间冗余。

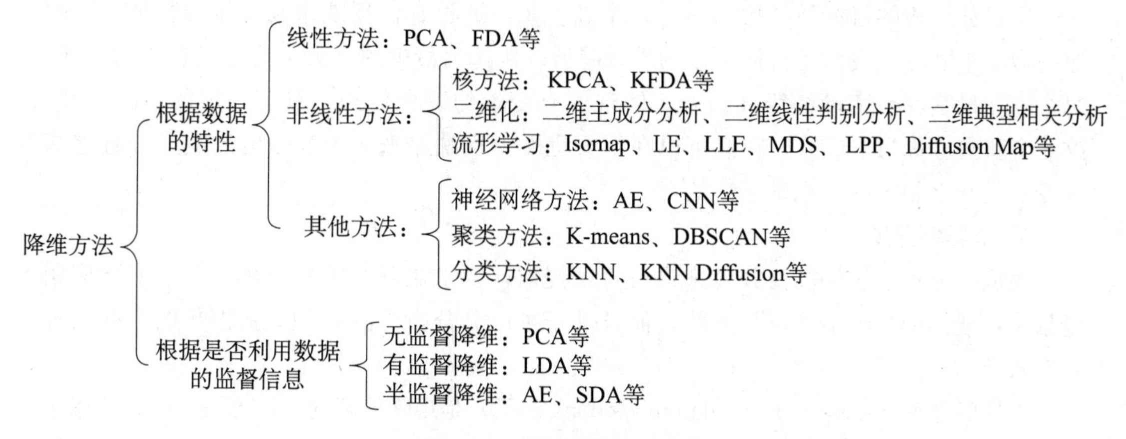

图 7-2　数据降维方法分类

（3）不同彩色平面或频谱带的相关性引起的频谱冗余。

图像压缩的目的是消除数据冗余，减少数据表示所需的比特数，提高存储、传输和处理的效率。

4. 主成分分析

主成分分析（PCA）是指设法将原来众多具有一定相关性的指标（比如 P 个指标），重新组合成一组新的互不相关的综合指标来代替原指标。

主成分分析的原理是设法将原变量重新组合成一组新的互不相关的综合变量，同时根据实际需要从中取出几个较少的综合变量来尽可能多地反映原变量的信息。该统计方法也称主分量分析，是数学上的一种降维方法。通常数学上的处理就是将原来 P 个指标的线性组合作为新的综合指标。最经典的做法是用 $F1$（选取的第一个线性组合，即第一个综合指标）的方差来表达，即 $\mathrm{Var}(F1)$ 越大，表示 $F1$ 包含的信息越多。因此在所有的线性组合中，选取的 $F1$ 应该是方差最大的，故称 $F1$ 为第一主成分。如果第一主成分不足以代表原来 P 个指标的信息，再考虑选取 $F2$（即第二个线性组合）。为了有效地反映原来的信息，$F1$ 已有的信息就不再需要出现在 $F2$ 中，用数学语言表达就是要求 $\mathrm{cov}(F1, F2)=0$，此时称 $F2$ 为第二主成分，依此类推，可以构造出第三、第四、…、第 P 个主成分。

因在特征提取和数据降维方面的优越性，主成分分析近年来广泛应用于特征提取、信号评测和信号探测等领域，其中人脸识别是主成分分析的一个经典应用领域：利用K-L变换提取人脸的主要成分，构造特征脸空间，识别时将测试图像投影到此空间，得到一组投影系数，通过与各个人脸图像比较进行人脸的识别。

主成分分析的主要步骤如下：

（1）计算矩阵 $\boldsymbol{X}$ 的样本的协方差矩阵 $\boldsymbol{S}$（此为非标准主成分分析，标准主成分分析需计算相关系数矩阵 $\boldsymbol{C}$）；

（2）计算协方差矩阵 $\boldsymbol{S}$（或 $\boldsymbol{C}$）的特征向量 $\boldsymbol{e}_1$，$\boldsymbol{e}_2$，…，$\boldsymbol{e}_n$ 和特征值；

（3）利用公式 $newBV_{i,p}=\sum_{k=1}^{n} e_i BV_{i,k}$，把数据投影到特征向量张成的空间，其中 BV 值是原样本中对应维度的值。

主成分分析的目标是寻找 $r(r<n)$ 个新变量，通过它们反映事物的主要特征，压缩原有数据矩阵的规模，将特征向量的维数降低，挑选出最少的维数来概括最重要的特征。每个新变量是原有变量的线性组合，体现原有变量的综合效果，具有一定的实际含义。这 r 个新变量称为主成分，它们可以在很大程度上反映原来 n 个变量的影响，并且这些新变量是互不相关的，也是正交的。

5. 奇异值分解

主成分分析通过特征值分解来进行特征提取，要求矩阵必须是方阵，但在实际应用场景中，遇到的矩阵不一定是方阵，而且基于主成分分析算法处理大数据集的内存处理效率较低。

奇异值分解（singular value decomposition，SVD）是矩阵分解的一种方法，即将原始矩阵表示成两个或多个矩阵乘积的形式（类似于代数因子分解），以易于处理。任意形状的矩阵 $\boldsymbol{A}$ 经过奇异值分解会得到 $\boldsymbol{U}$，$\boldsymbol{\Sigma}$，$\boldsymbol{V}^{\mathrm{T}}$（$\boldsymbol{V}$ 的转置）三个矩阵，即 $\boldsymbol{A}_{m\times n}=\boldsymbol{U}_{m\times m}\boldsymbol{\Sigma}_{m\times n}\boldsymbol{V}^{\mathrm{T}}_{n\times n}$。其中 $\boldsymbol{U}$ 是一个 $m\times m$ 的方阵，称为左奇异向量，方阵里的向量是正交的；$\boldsymbol{\Sigma}$ 是一个 $m\times n$ 的对角矩阵，除了对角线元素外其他元素都是 0，对角线上的值称为奇异值；$\boldsymbol{V}^{\mathrm{T}}$ 是一个 $n\times n$ 的方阵，称为右奇异向量，方阵里的向量也都是正交的。可以计算 $\boldsymbol{\Sigma}$ 的前 x 个奇异值的平方和占所有奇异值的平方和的比例，如果大于 90%，就选这 x 个奇异值重构矩阵（剩余的数据可能是噪声或无用数据）。其中，x 的计算公式如下：

$$x=\frac{\sum_{i=1}^{x}\sigma_i^2}{\sum_{i=1}^{n}\sigma_i^2}>90\% \tag{7-4}$$

那么重构的 $\boldsymbol{A}$ 的计算公式如下所示：

$$\boldsymbol{A}_{m\times n}=\boldsymbol{U}_{m\times m}\boldsymbol{\Sigma}_{m\times n}\boldsymbol{V}^{\mathrm{T}}_{n\times n}\approx\boldsymbol{U}_{m\times x}\boldsymbol{\Sigma}_{x\times x}\boldsymbol{V}^{\mathrm{T}}_{x\times n} \tag{7-5}$$

实际上，sklearn 的 PCA 就是用 SVD 求解的，原因如下：当样本维度很高时，协方差矩阵的计算较慢；方阵特征值分解的计算效率不高；SVD 除了特征值分解这种求解方式外，还有更高效、更准确的迭代求解方式，避免了 $\boldsymbol{A}^{\mathrm{T}}\boldsymbol{A}$ 的计算。

SVD 的缺点主要是：对于较大数据集，每次推荐都做 SVD 很耗资源，因此 SVD 一般在导入数据时运行一次。

6. 因子分析法

因子分析是研究从变量群中提取共性因子的统计技术，最早由英国心理学家 C. E. 斯皮尔曼提出。他发现学生的各科成绩之间存在一定的相关性，一科成绩好的学生，往往其他各科成绩也比较好，从而推想是否存在某些潜在的共性因子（或称某些一般智力条件）影响学生的学习成绩。因子分析可从许多变量中找出隐藏的具有代表性的因子。将相同本质的变量归入一个因子可减少变量的数目，还可检验变量间关系的假设。

（1）相关概念。因子分析的主要目的是描述隐藏在一组测度的变量中的一些更基本的但又无法直接测度到的隐性变量（latent variable，又译为潜变量）。比如，如果要测度学生的学习积极性，那么可以用课堂中的积极参与、作业完成情况以及课外阅读时间来反映，而学习成绩可以用期中、期末成绩来反映。学习积极性与学习成绩无法直接用一个指标准确测度，它们必须用一组方法来测度，然后把测度结果结合起来才能更准确地把握。

（2）分类。因子分析法可分为两类：一类是探索性因子分析法，另一类是验证性因子分析法。探索性因子分析不事先假定因子与测度项之间的关系，而是让数据“自己说话”，主成分分析和公因子分析是其中的典型方法；验证性因子分析假定因子与测度项的关系是部分知道的，即哪个测度项对应于哪个因子，虽然尚且不知道具体的系数。

（3）相关技术。因子分析法的相关技术包括结构方程模型（SEM）、偏最小二乘法（PLS）、主成分分析（PCA）等。

（4）应用步骤。

- 对数据样本进行标准化处理。
- 计算样本的相关矩阵 $\boldsymbol{R}$。
- 求相关矩阵 $\boldsymbol{R}$ 的特征根和特征向量。
- 根据系统要求的累积贡献率确定主因子的个数。
- 计算因子载荷矩阵 $\boldsymbol{A}$。
- 确定因子模型。
- 根据上述计算结果，对系统进行分析。

三、Python 相关方法

numpy 和 pandas 模块都提供了生成样本和抽样方法，如 pandas 的 take 与 sample 函数都可以进行数据抽样。sklearn 模块提供了丰富的数据预处理方法，sklearn. decomposition 模块提供了主成分分析方法，scipy 和 numpy 都提供了奇异值分解方法。

导入相关模块的代码如下：

```
from sklearn. decomposition import PCA
from scipy. linalg import svd
from numpy. linalg import svd
import pandas as pd
import numpy as np
```

1. take 函数

函数形式如下：

```
take(indices, axis=0, is_copy:Union[bool, NoneType]=None, **kwargs)
```

沿着指定轴返回对应索引的样本，参数 indices 为数组。

2. sample 函数

函数形式如下：

```
sample(n=None, frac=None, replace=False, weights=None, random_state=None, axis=None)
```

● n：抽取的行数，必须为整数值。

● frac：抽取的比例，必须为小数值，比如想随机抽取 30%的数据，则设置 frac=0.3 即可。

● replace：抽样后的数据是否代替原 DataFrame，默认为 False。

● weights：默认为等概率加权。

● random_state：随机种子，本质上是一个控制器，设置此值为任意实数，则每次随机的结果是一样的。

● axis：抽取数据的行还是列，axis=0 表示抽取行，axis=1 表示抽取列。

示例程序如下：

```
df=pd.DataFrame(np.arange(5*4).reshape((5,4)))
print(df)
#随机排列序列，返回排列的 5 个不重复的整数序列
sampler=np.random.permutation(5)
print(df)
df.take(sampler) #take 函数按照指定的序列抽样，缺省轴为 index，即抽取行
df.sample(n=3,random_state=10)   #随机抽取 3 个样本，但不修改原值
df.sample(frac=0.3)              #按比例 frac=0.3 抽取样本
choices=pd.Series([5,7,-1,6,4])
#放回抽样，如果抽样数量大于样本实际数量，则会重复
draws=choices.sample(n=10,replace=True)
```

3. PCA 方法

（1）sklearn.decomposition 模块中的 PCA 函数原型及参数说明如下。

sklearn.decomposition.PCA(n_components=None, copy=True, whiten=False, svd_solver='auto')

● n_components：PCA 算法中所保留的主成分个数，即保留下来的特征个数，取值类型可为 int、float、None 或 string。如果 n_components=1，则将把原始数据降到一维；如果 n_components='mle'并且 svd_solver='full'，将使用 Minka 的 MLE 算法来猜测降维后的维数；如果没有赋值，则默认为 None，特征个数不会改变（特征数据本身会改变）。

● copy：取值可为 True 或 False，默认为 True，即需要复制原始训练数据。

● whiten：取值可为 True 或 False，默认为 False，即不白化，使得每个特征具有相同的方差。

● svd_solver：指定 SVD 的方法。由于特征分解是 SVD 的一个特例，一般的 PCA 库都是基于 SVD 实现的。该参数取值有 4 个选项：'auto''full''arpack''randomized'。'randomized'一般适用于数据量大、数据维度多且主成分数目比例较低的 PCA 降维，它使用了一些加快 SVD 的随机算法；'full'则是传统意义上的 SVD，使用了 scipy 库对应的实现；'arpack'和'randomized'的使用场景类似，区别是'randomized'使用的是 sklearn 自

己的 SVD 实现，而' arpack '使用了 scipy 库的 sparse SVD 实现；默认为' auto '，即 PCA 类自己会在前面的三种算法中权衡，选择一种合适的 SVD 算法来降维。

（2）PCA 对象的属性。

- explained_variance_ratio_：返回保留的各个特征的方差百分比，若 n_components 没有赋值，则所有特征都会返回一个数值且解释方差之和等于 1。
- n_components_：返回所保留的特征个数。

（3）PCA 常用方法。

- fit(X)：用数据 X 来训练 PCA 模型。
- fit_transform(X)：用数据 X 来训练 PCA 模型，同时返回降维后的数据。
- inverse_transform(newData)：将降维后的数据转换成原始数据，但可能会有些许差别。
- transform(X)：将数据 X 转换成降维后的数据，当模型训练好后，对于新输入的数据，也可以用 transform 函数来降维。

示例程序如下：

```
#假设数据存在于某个 Excel 文件中，共有 13 个样本和 8 个特征，进行 PCA
#导入模块与初始设置
from IPython.core.interactiveshell import InteractiveShell
import pandas as pd
from sklearn.decomposition import PCA
inputfile='./pca_data.xls'                          #要读取的文件
outputfile='./reduced_data.xls'                     #要写入的文件
data=pd.read_excel(inputfile,header=None)           #读取数据
print("原始数据:\n",data)
pca=PCA()                                           #生成 pca 对象
pca.fit(data)                                       #数据拟合
print("特征向量:\n",pca.components_)                #特征向量
print("特征值:\n",pca.explained_variance_)          #特征值
print("特征方差的百分比:\n",pca.explained_variance_ratio_)
#各特征值所占百分比显示，前 3 个特征值所占比例已经超过 95%，故特征维数为 3
pca=PCA(3)                                          #降维
pca.fit(data)
low_d=pca.transform(data)
pd.DataFrame(low_d).to_excel(outputfile,engine="openpyxl")
#inverse_transform 使用降维后的主成分恢复数据
data=pca.inverse_transform(low_d)
print("压缩后的数据:\n",low_d)
print("还原后的数据:\n",data)
```

思考与练习

1. 数据预处理常见的方法有哪几类？各有哪些方法？
2. 确定异常值有哪些方法？异常数据处理有哪些方法？
3. 如何查看缺失值？处理缺失值的方法有哪些？对应的 Python 方法有哪些？
4. 噪声数据处理方法有哪些？对应的 Python 方法有哪些？
5. 对不同来源的数据进行整合，可能会存在哪些问题？
6. 数据变换有哪些方法？
7. 什么是数据归一化？归一化有什么好处？对应的 Python 方法有哪些？
8. 连续变量离散化的方法有哪些？
9. 什么是数据归约？常见方法有哪些？
10. Python 有哪些模块和方法可以进行数据预处理？
11. 不同 DataFrame 对象之间进行连接合并的方法有哪些？
12. 如何使用 DataFrame 对象对数据进行分组统计？有哪些方法？
13. DataFrame 对象有哪些抽样方法？
14. 数据降维有哪些分类和方法？提供数据降维功能的 Python 模块有哪些？
15. 什么是主成分分析（PCA）？其原理和作用是什么？
16. 什么是奇异值分解（SVD）？其原理和作用是什么？

延伸阅读材料

1. 杰奎琳·凯泽尔，凯瑟琳·贾缪尔. Python 数据处理. 张亮，吕家明，译. 北京：人民邮电出版社，2017.

2. 锡南·厄兹代米尔，迪夫娅·苏萨拉. 特征工程入门与实践. 庄嘉盛，译. 北京：人民邮电出版社，2019.

第八章

网络数据采集

教学目标

1. 了解爬虫的相关概念与知识，理解网络数据的交互过程和原理及 HTML 和 JavaScript 的基本语法和结构；
2. 掌握静态网页内容爬取常用 Python 模块的基本方法和操作，理解不同模块的功能特点和应用区别；
3. 了解动态网页技术，熟悉 Selenium 模块爬取动态网页的方法；
4. 了解爬虫框架 Scrapy 的基本结构和基本原理，理解 Scrapy 的开发方法和步骤。

引导案例

我们在浏览器中打开百度网页，输入想要搜索的关键字，百度立刻会返回很多与关键字有关的网页和链接。从百度和谷歌的搜索网页上，我们能够获取取之不尽的网络资源，难道它们是传说中的聚宝盆吗？当然不是！它们是一类搜索引擎，后台的网络蜘蛛或网络爬虫的网页抓取程序能够在网络中抓取大量网页做成快照，然后把它们分类存储在搜索引擎的数据库里，当我们输入关键字搜索时，搜索结果会指向原始网页。因此，百度和谷歌只是网页的搬运工。

第一节　爬虫的相关概念与知识

当前，大数据绝大部分由网络产生，而互联网上公开的数据绝大部分由网站通过网页形式公开展示，爬虫技术则是获取网页内容的主要方法。通用网络爬虫是搜索引擎抓取系统（百度、谷歌等）的重要组成部分，其主要目的是将互联网上的网页下载到本地，形成一个互联网内容的镜像备份。本书的重点不是搜索引擎使用的通用网络爬虫，而是面向主题的爬虫技术。

一、爬虫的基本概念

网络爬虫（web spider），又称网页蜘蛛、网络机器人，有时也称网页追逐者，是一种按照一定的规则，自动抓取互联网上网页中相应信息（文本、图片等）的程序或者脚本，然后把抓取的信息存储到自己的计算机上。

从功能来看，网络爬虫一般分为数据采集、处理和存储三个部分。它的基本原理和工作流程分别如图 8-1 和图 8-2 所示。

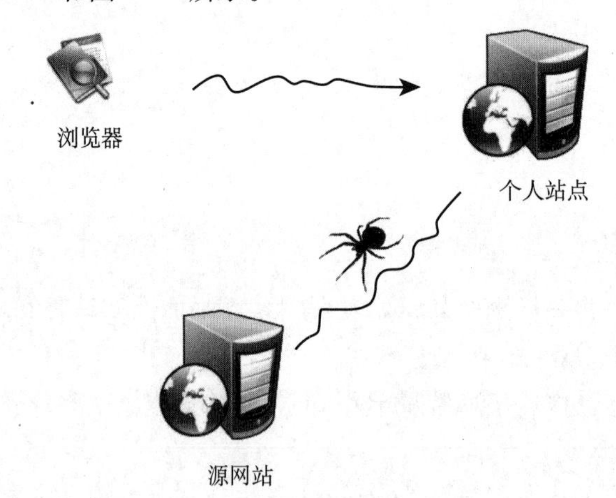

图 8-1　网络爬虫基本原理示意图

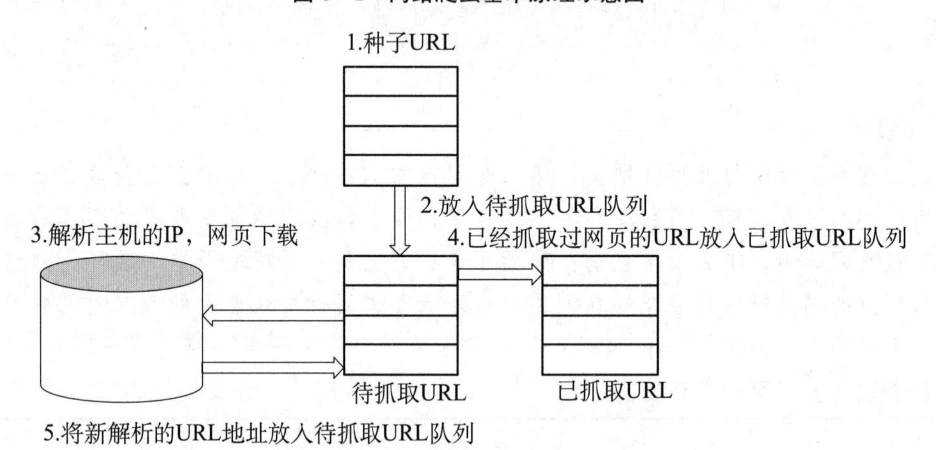

图 8-2　网络爬虫的一般工作流程

二、浏览网页及获取内容的流程

无论通过浏览器打开网站、访问网页，还是通过脚本对 URL 网址进行访问，本质上都是对HTTP服务器的请求，浏览器所呈现的以及控制台所显示的内容都是HTTP服务器对请求的响应。

1. HTTP和HTTPS

超文本传输协议（hypertext transfer protocol，HTTP）是一种发布和接收超文本标记语言（hypertext markup language，HTML）页面的方法。

HTTPS（hypertext transfer protocol over secure socket layer）是HTTP的安全版，在HTTP下加入了安全套接层（secure sockets layer，SSL）。SSL主要用于Web的安全传输协议，在传输层对网络连接进行加密，保障在互联网上数据传输的安全。

缺省情况下，HTTP的端口号为80，HTTPS的端口号为443。

网络爬虫的抓取过程可以理解为模拟浏览器操作的过程。

2. 网页访问的原理和过程

（1）网页访问的基本原理。

● 请求（Request）。每个用户打开的网页都必须在最开始由用户向服务器发送访问的请求。

● 响应（Response）。服务器在收到用户的请求后，会验证请求的有效性，然后向用户发送相应内容。客户端收到服务器的相应内容后，再将此内容展示出来以供用户浏览。该过程如图8-3所示。

图8-3　网页访问基本原理示意图

（2）浏览器发送HTTP请求的过程。

● 当用户在浏览器的地址栏中输入一个URL并按回车键之后，浏览器会向HTTP服务器发送HTTP请求。HTTP请求主要分为get和post两种方法。

● 当在浏览器中输入URL“http://www.baidu.com”时，浏览器发送一个Request去获取“http://www.baidu.com”的HTML文件，服务器把Response文件对象发回浏览器。

● 浏览器分析Response中的HTML，若发现其中引用了很多其他文件（比如images文件、css文件、js文件），则浏览器会再次发送Request去获取这些相应的文件。

● 当所有文件都下载成功后，网页会根据HTML的语法结构，完整地显示出来。

URL是用于完整地描述互联网上网页和其他资源的地址的一种标识方法，其基本格式如下：

scheme://host[:port#]/path/…/[?query-string][#anchor]:

● scheme：协议（例如HTTP、HTTPS、FTP）。

- host：服务器的 IP 地址或者域名。
- port#：服务器的端口号（如果是协议默认端口，则缺省端口号为 80）。
- path：访问资源的路径。
- query-string：参数，发送给 HTTP 服务器的数据。
- anchor：锚（跳转到网页的指定锚点位置）。

(3) 客户端 HTTP 请求。URL 只标识资源的位置，HTTP 用来提交和获取资源。客户端发送一个 HTTP 请求到服务器，该请求由请求行、请求头部、空行和请求数据四个部分组成。图 8-4 展示了 HTTP 请求的一般格式。

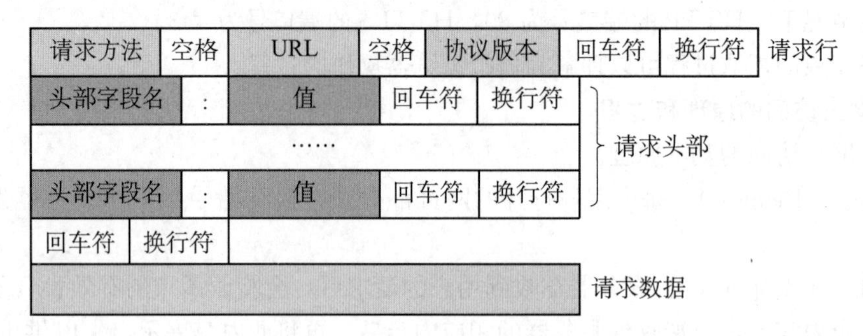

图 8-4　HTTP 请求的一般格式

一个典型的 HTTP 请求示例如下：

```
GET https://www.baidu.com/ HTTP/1.1
Host: www.baidu.com
Connection: keep-alive
Upgrade-Insecure-Requests: 1
User-Agent: Mozilla/5.0 (Windows NT 10.0; Win64; x64) AppleWebKit/537.36 (KHTML,
like Gecko) Chrome/54.0.2840.99 Safari/537.36
Accept: text/html,application/xhtml+xml,application/xml;q=0.9,image/webp,
*/*;q=0.8
Referer: http://www.baidu.com/
Accept-Encoding: gzip, deflate, sdch, br
Accept-Language: zh-CN,zh;q=0.8,en;q=0.6
Cookie:略
```

HTTP 请求方法包括 get、post、put、delete 等，但主要使用 get 和 post 两种方法。

- get 是从服务器上获取数据，post 是向服务器发送数据。
- get 请求的参数都显示在浏览器的网址上，HTTP 服务器根据该请求 URL 中所包含的参数来产生响应内容，即 get 请求的参数是 URL 的一部分。例如：http://www.baidu.com/s?wd=Chinese。
- post 请求的参数在消息体当中，消息长度没有限制且隐式发送，通常用来向 HTTP服务器提交量比较大的数据（比如请求中包含许多参数或者进行文件上传操作等），请求的参数包含在"Content-Type"消息头里，指明该消息体的媒体类型和编码。

3. 网络爬虫获取网页数据的步骤

（1）发送请求。

（2）获取响应内容。

（3）解析内容。

（4）保存数据。

网络爬虫获取网页数据的基本步骤如图 8－5 所示。

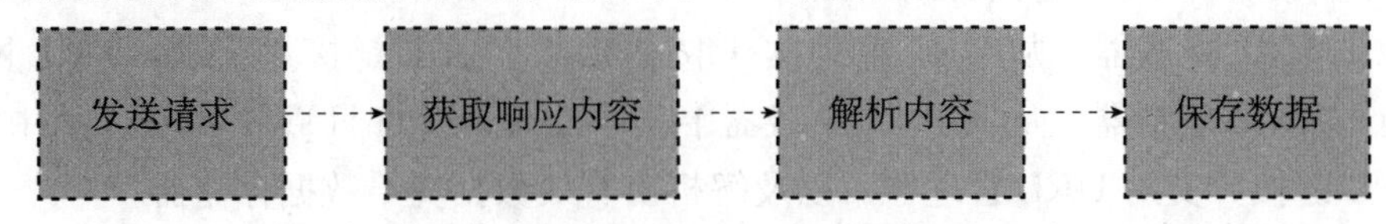

图 8－5　网络爬虫获取网页数据的基本步骤

4. 通过浏览器查看网页内容

浏览器的主要功能是向服务器发送请求，在浏览器窗口中展示用户选择的网络资源。HTTP 是一套计算机通过网络进行通信的规则。任意打开一个网页（如 https://www.jd.com/），单击鼠标右键，从弹出的快捷菜单中选择“检查”，即可查看该网页结构的源码，如图 8－6 所示。

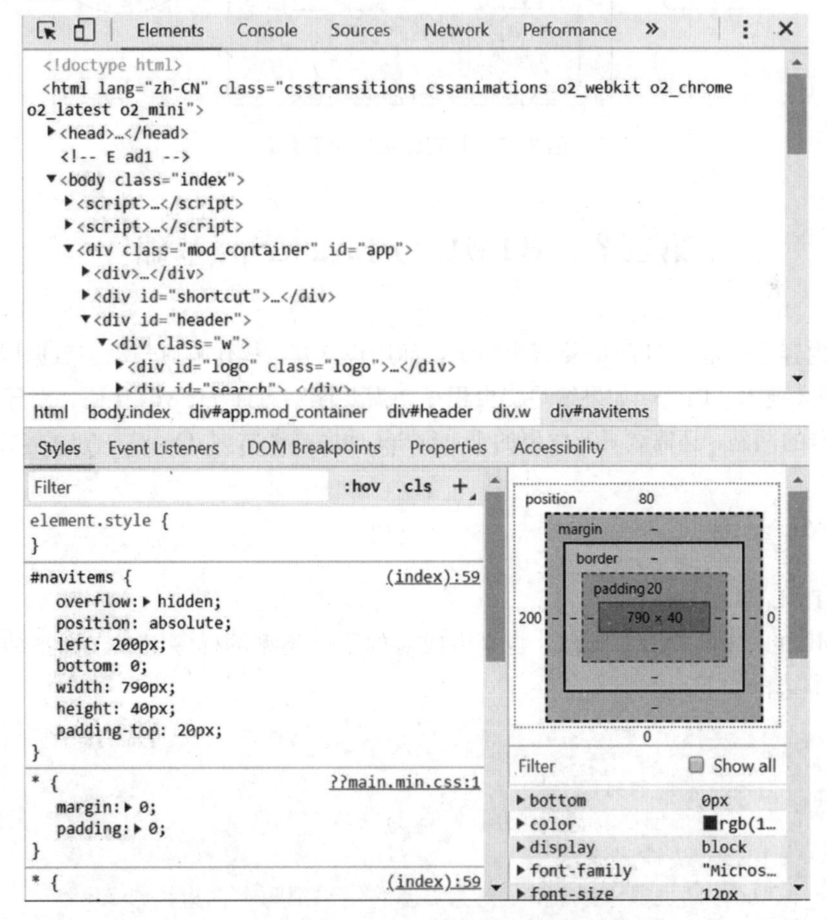

图 8－6　通过浏览器查看网页源码和结构界面示例

5. 基础爬虫框架

基础爬虫框架主要包括爬虫调度器、URL 管理器、HTML 下载器、HTML 解析器和数据存储器。

（1）爬虫调度器：统筹协调其他模块的工作。

（2）URL 管理器：负责管理 URL 链接，维护已经爬取的 URL 集合和未爬取的 URL，提供获取新 URL 链接的接口。

（3）HTML 下载器：从 URL 管理器获取未爬取的 URL 链接并下载 HTML 网页。

（4）HTML 解析器：从 HTML 下载器中获取已经下载的 HTML 网页，从中解析出新的 URL 链接并交给 URL 管理器，以及解析出有效数据交给数据存储器。

（5）数据存储器：将 HTML 解析器解析出的数据以文件或数据库的形式存储。

基础爬虫框架的示意图如图 8－7 所示。

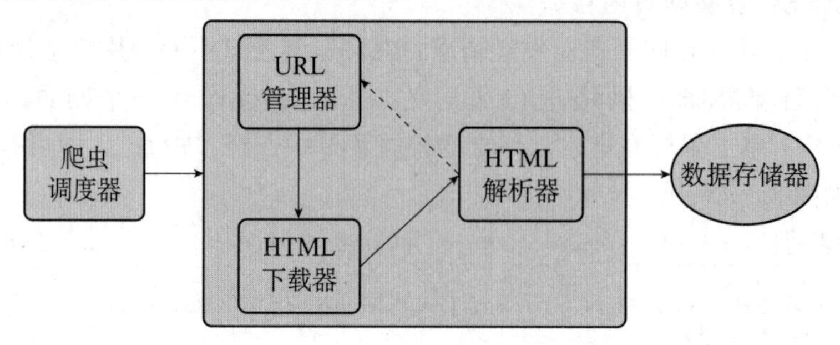

图 8－7　基础爬虫框架示意图

第二节　HTML 与 JavaScript 基础

网页内容主要基于 HTML 格式来组织，而用户交互、操作响应与动态数据展示经常使用 JavaScript 技术。因此，如果编写爬虫程序，需要能够看懂 HTML 代码，对于一些高级爬虫和特殊的网站，还需要具有深厚的 JavaScript 功底或者掌握 jQuery、Ajax 等知识。

一、HTML 基础

1. HTML 基本结构

HTML 的结构与 XML 类似，也是由成对的不同类型的标签组成，标签结构可以嵌套。其基本结构如下：

```
<html>根控制标签(头)
        <head>头控制标签(头)
             <title>标题</title> 标题标签
        </head>头控制标签(尾)
        <body>网页显示区域(一般要实现的代码都写在这里)</body>
</html>根控制标签(尾)
(开头和结尾成对出现，双标签)
```

大多数网站都有一个头部，多数 JavaScript 和页面样式文件在这里定义，同时还有其他额外信息。头部之后是主体，主体是站点的主要部分，也是我们想要抓取的内容。大多数站点使用容器（类似 XML 节点的标签节点）来组织站点，并且允许站点内容管理系统加载内容到页面中。网页内容的基本组织结构如图 8-8 所示。

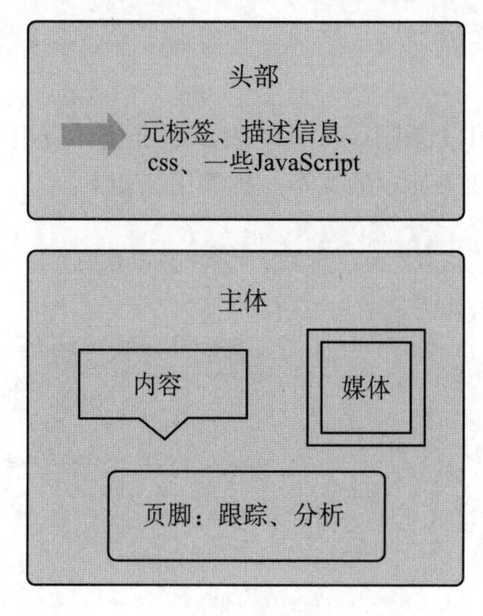

图 8-8　网页内容基本组织结构

2. HTML 控制标签的格式

HTML 控制标签的格式包括如下几种。

（1）<标签名称>：单一型，无设置值。如：

 换行

（2）<标签名称 属性="属性值">：单一型，有设置值。如：

<hr width="80%"> 水平分割线

（3）<标签名称>…</标签名称>：对称型，无设置值。如：

<title>…</title>

（4）<标签名称 属性="属性值">…</标签名称>：对称型，有设置值。如：

<body bgcolor="red">…</body>

<p align="center">…</p>

3. HTML 常用标签与控制

（1）h 标签：标题文字设置。在 HTML 代码中，用 h1～h6 表示不同级别的标题，其中 h1 级别的标题字体最大，h6 级别的标题字体最小。该标签的用法如下：

```
<h1>...</h1>
<h2>...</h2>
```

```
<h3>...</h3>
属性名称 align
属性值 left(文本左对齐，默认)
       center(文本居中对齐)
       right(文本右对齐)
```

（2）a 标签。在 HTML 代码中，a 标签表示超链接，使用时需要指定链接地址（由 href 属性来指定）和在页面上显示的文本。标签用法如下：

```
<a href="http://www.baidu.com">点这里</a>
```

（3）p 标签。标签用法如下：

```
段落<p align="排列方式">...</p>
属性名称 align
属性值 left(文本左对齐，默认)
       center(文本居中对齐)
       right(文本右对齐)
```

（4）img 标签。在 HTML 代码中，img 标签用来显示一个图像，并使用 src 属性指定图像文件的地址，可以使用本地图像文件，也可以指定网络上的图像。标签用法如下：

```
<img src="Python 可以这样学.jpg" width="200" height="300" />
<img src="http://www.tup.tsinghua.edu.cn/upload/bigbookimg/072406-01.jpg"
width="200" height="300" />
```

（5）table、tr、td 标签。在 HTML 代码中，table 标签用来创建表格，tr 标签用来创建行，td 标签用来创建单元格。标签用法如下：

```
<table border="1">
    <tr>
        <td>第一行第一列</td>
        <td>第一行第二列</td>
    </tr>
    <tr>
        <td>第二行第一列</td>
        <td>第二行第二列</td>
    </tr>
</table>
```

（6）ul、ol、li 标签。在 HTML 代码中，ul 标签用来创建无序列表，ol 标签用来创建有序列表，li 标签用来创建其中的列表项。ul 和 li 标签的用法如下：

```
<ul id="colors" name="myColor">
    <li>红色</li>
    <li>绿色</li>
    <li>蓝色</li>
</ul>
```

（7）div 标签。在 HTML 代码中，div 标签用来创建一个块，其中可以包含其他标签。标签用法如下：

```
<div id="yellowDiv" style="background-color:yellow;border:#FF0000 1px solid;">
    <ol>
        <li>红色</li>
        <li>绿色</li>
        <li>蓝色</li>
    </ol>
</div>
<div id="reddiv" style="background-color:red">
    <p>第一段</p>
    <p>第二段</p>
</div>
```

（8）背景色、文字颜色以及整体页面的边距和行距。标签用法如下：

```
<body bgcolor="背景色" text="文字颜色">
<body leftmargin="像素 px" topmargin="像素 px">
```

（9）特殊字符。标签用法如下：

```
&lt; 小于号<
&gt; 大于号>
&amp; &
&quot; 双引号""
 空格
```

（10）在 HTML 中备注符号。标签用法如下：

```
<!-- ... -->
```

（11）实体字符控制标签。标签用法如下：

```
<b>...</b>粗体
<i>...</i>斜体
```

```
<s>...</s>删除线
<u>...</u>下划线
<sub>...</sub>下标
<sup>...</sup>上标
```

（12）语义字符控制标签。标签用法如下：

```
<address>...</address>地址
<del>...</del> 删除(删除线)
<ins>...</ins> 修改(下划线)
<strong>...</strong> 加强语气(加粗)
<em>...</em> 加强语气(倾斜)
```

4. 文档对象模型 DOM

由 HTML 的内容组织结构可以看出，标签文档看起来像一棵树。它有根元素，元素可以有包含元素本身的子元素。HTML 是标签文档的文本表示，DOM（document object model）是它的编程接口。DOM 还可表示页面呈现时的状态，是通过 JavaScript 等动态生成的，其数据结构与某个 HTML 文档对应。

通过浏览器也可以查看网页 HTML 的 DOM。在进行抓取时，单击浏览器菜单栏"更多工具"→"开发人员工具"可以查看元素树，也可以右键单击网页的任何部分，选择"检查"来查看该内容。注意，DOM 中的内容和源中的内容可能存在很大差异。

二、JavaScript 基础

1. 网页中使用 JavaScript 代码的方式

（1）可以在 HTML 标签的事件属性中直接添加 JavaScript 代码。例如，把下面的代码保存为 index.html 文件并使用浏览器打开，单击"保存"按钮，网页会弹出"保存成功"的提示。

```
<html>
    <body>
        <form>
            <input type="button" value="保存" onClick="alert('保存成功');">
        </form>
    </body>
</html>
```

（2）可以把代码写在网页的<script>标签中。可以将较多但仅在个别网页中用到的 JavaScript 代码写在网页的<script>标签中。例如，下面的代码保存为 index.html 并使用浏览器打开，会发现页面上显示的是"动态内容"而不是"静态内容"。

```
<html>
    <body>
        <div id="test">静态内容</div>
    </body>
    <script type="text/javascript">
        document.getElementById("test").innerHTML="动态内容";
    </script>
</html>
```

(3) 引用写在外部文件中的 JavaScript 代码。如果一个网站中会用到大量的 JavaScript 代码，一般会把这些代码按功能划分到不同函数中，并把这些函数封装到一个扩展名为 js 的文件里，然后在网页中使用。例如，和网页在同一个文件夹中的 myfunctions.js 的内容如下：

```
function modify(){
    document.getElementById("test").innerHTML="动态内容";
}
```

在下面的代码中，导入外部文件 myfunctions.js，然后调用其中的函数：

```
<html>
<head>
    <script type="text/javascript" src="myfunctions.js"></script>
</head>
    <body>
        <div id="test">静态内容</div>
    </body>
    <script type="text/javascript">modify();</script>
</html>
```

2. 常用的 JavaScript 事件

网页中的用户交互与操作通常使用事件方式响应。把下面的代码保存为 index.html 文件并使用浏览器打开，会发现每次页面加载时都会弹出提示，但在页面上进行其他操作时，不会弹出提示。

```
<html>
    <body onLoad="alert('页面开始加载');">
        <div id="test">静态内容</div>
    </body>
</html>
```

除了常用的事件之外，还有一些特殊的方式可以执行 JavaScript 代码。例如，下面的代码演示了在超链接标签<a>中使用 href 属性来指定 JavaScript 代码的用法。

```
<html>
    <script type="text/javascript">
        function test(){alert('提示信息');}
    </script>
    <body>
        <a href="javascript:test();">点这里</a>
    </body>
</html>
```

3. 常用的 JavaScript 对象

为方便编程开发，JavaScript 内置了多种对象，如浏览器窗口对象 window、操作 HTML 的 document 文档对象、String 字符串对象、Array 数组对象、Date 日期时间对象等。

把下面的代码保存为 index. html 文件并使用浏览器打开，此时页面上会显示图像文件 1. jpg 的内容，单击该图像时会切换成 2. jpg 的内容。

```
<html>
    <body>
        <img name="img1" src="1.jpg" onClick="document.img1.src='2.jpg';" />
    </body>
</html>
```

第三节　静态网页内容爬取与解析

一、urllib 基本应用

Python 3. x 中，标准库 urllib 提供了 urllib. request、urllib. response、urllib. parse 和 urllib. error 四个模块，很好地支持了网页内容的读取功能。结合 Python 字符串方法和正则表达式，可以完成一些简单的网页内容爬取工作，这也是理解和使用其他爬虫库的基础。

1. 读取并显示网页内容

使用 urlopen 方法可以简单读取网页内容，urlopen 的参数是一个 URL 地址。但如果需要执行更复杂的操作（比如增加 HTTP 消息头），必须创建一个 request 实例来作为 urlopen 的参数，而需要访问的 URL 地址则作为 request 实例的参数。

示例程序如下：

```
import urllib.request
fp=urllib.request.urlopen(r'http://www.python.org')
print(fp.read(100))                    #读取 100 个字节
print(fp.read(100).decode())           #使用 UTF-8 进行解码
fp.close()                             #关闭连接
```

2. 提交网页参数

（1）下面的代码演示了如何使用 get 方法读取并显示指定 URL 的内容。

```
import urllib.request
import urllib.parse
params=urllib.parse.urlencode({'spam': 1, 'eggs': 2, 'bacon': 0})
url="http://www.musi-cal.com/cgi-bin/query?%s" % params
with urllib.request.urlopen(url) as f:
    print(f.read().decode('utf-8'))
```

（2）下面的代码演示了如何使用 post 方法提交参数并读取指定页面内容。

```
import urllib.request
import urllib.parse
data=urllib.parse.urlencode({'spam': 1, 'eggs': 2, 'bacon': 0})
data=data.encode('ascii')
with urllib.request.urlopen("http://requestb.in/xrbl82xr", data) as f:
    print(f.read().decode('utf-8'))
```

3. 使用 HTTP 代理访问页面

示例程序如下：

```
import urllib.request
proxies={'http': 'http://proxy.example.com:8080/'}
opener=urllib.request.FancyURLopener(proxies)
with opener.open("http://www.python.org") as f:
    f.read().decode('utf-8')
```

二、BeautifulSoup 基本应用

1. BeautifulSoup 简介

BeautifulSoup（简称 bs）是最流行、最简单的用于网页抓取的 Python 库之一，在网页抓取时它能够满足各种需求。它很简单、直接，并且易于学习，支持在 DOM 中导航并精确地返回所需的数据元素。

接下来了解如何使用 BeautifulSoup 解析页面。首先，使用 pip 安装 BeautifulSoup 库：pip install beautifulsoup4；然后，通过文本初始化 BeautifulSoup 对象；接着，通过 find/find_all 或其他方法检测信息；最后，输出或保存信息。

使用 BeautifulSoup 时需要指定一个“解析器”，可选解析器包括：

(1) html. parser：Python 自带，但容错性一般，对于一些书写不太规范的网页会丢失部分内容。

(2) lxml：解析速度快，需额外安装。

(3) xml：同属 lxml 库，支持 XML 文档。

(4) html5lib：容错性最好，但速度稍慢。

2. BeautifulSoup 应用

示例程序如下：

```
from bs4 import BeautifulSoup
BeautifulSoup('hello world!', 'lxml')                  #自动添加标签
BeautifulSoup('<span>hello world!', 'lxml')            #自动补全标签
html_doc="""
<html><head><title>The Dormouse's story</title></head>
<body>
<p class="title"><b>The Dormouse's story</b></p>
<p class="story">Once upon a time there were three little sisters; and their
names were
<a href="http://example.com/elsie" class="sister" id="link1">Elsie</a>,
<a href="http://example.com/lacie" class="sister" id="link2">Lacie</a> and
<a href="http://example.com/tillie" class="sister" id="link3">Tillie</a>;
and they lived at the bottom of a well.</p>
<p class="story">...</p>
"""
soup=BeautifulSoup(html_doc, 'html.parser')   #可指定 lxml 或其他解析器
print(soup.prettify())                        #以优雅的方式显示出来
```

输出结果如下：

```
<html>
  <head>
    <title>
      The Dormouse's story
    </title>
  </head>
```

```
  <body>
    <p class="title">
      <b>
          The Dormouse's story
      </b>
    </p>
    <p class="story">
      Once upon a time there were three little sisters; and their names were
      <a class="sister" href="http://example.com/elsie" id="link1">
      Elsie
      …
    </p>
    <p class="story">
      …
    </p>
  </body>
</html>
```

操作 soup 对象的示例程序如下：

```
soup.title     #访问<title>标签的内容，返回结果：<title>The Dormouse's story</
                 title>
soup.title.name        #查看标签的名称，返回结果：'title'
soup.title.text        #查看标签的文本，返回结果："The Dormouse's story"
soup.title.string      #查看标签的文本，返回结果："The Dormouse's story"
soup.title.parent      #查看上一级标签
     #返回结果：<head><title>The Dormouse's story</title></head>
soup.head      #返回结果：<head><title>The Dormouse's story</title></head>
soup.b         #访问<b>标签的内容，返回结果：<b>The Dormouse's story</b>
soup.body.b    #访问<body>中<b>标签的内容，返回结果：<b>The Dormouse's story
                 </b>
soup.name      #把整个 BeautifulSoup 对象看作标签对象，返回结果：'[document]'
soup.find_all('a')                #查找所有<a>标签，返回结果如下：
"""
[<a class="sister" href="http://example.com/elsie" id="link1">Elsie</a>,
 <a class="sister" href="http://example.com/lacie" id="link2">Lacie</a>,
 <a class="sister" href="http://example.com/tillie" id="link3">Tillie</a>]
"""
```

```
soup.find_all(['a', 'b'])          #同时查找<a>和<b>标签，返回结果如下：
"""
[<b>The Dormouse's story</b>,
 <a class="sister" href="http://example.com/elsie" id="link1">Elsie</a>,
 <a class="sister" href="http://example.com/lacie" id="link2">Lacie</a>,
 <a class="sister" href="http://example.com/tillie" id="link3">Tillie</a>]
"""
print(soup.get_text())                #返回所有文本，返回结果如下：
"""
The Dormouse's story
The Dormouse's story
Once upon a time there were three little sisters; and their names were
Elsie,
Lacie and
Tillie;
and they lived at the bottom of a well.
...
"""
soup.a['id']='test_link1'              #修改标签的属性值
soup.a
#返回结果：<a class="sister" href="http://example.com/elsie" id="test_
link1">Elsie</a>
```

遍历子标签的示例程序如下：

```
for child in soup.body.children:          #遍历直接子标签
    print(child)
```

输出结果如下：

```
<p class="title"><b>The Dormouse's story</b></p>
<p class="story">Once upon a time there were three little sisters; and their
          names were
<a class="sister" href="http://example.com/elsie" id="test_link1">Elsie</a>,
<a class="sister" href="http://example.com/lacie" id="link2">Lacie</a> and
<a class="sister" href="http://example.com/tillie" id="link3">Tillie</a>;
and they lived at the bottom of a well. </p>
<p class="story">...</p>
```

三、requests 基本应用

1. requests 简介

Python 扩展库 requests 可以使用比标准库 urllib 更简洁的形式来处理 HTTP 协议和解析网页内容，它可用于向网站发送请求，也是较为常用的爬虫工具之一。requests 库完美支持 Python 3. x，可以使用 pip 直接在线安装。

requests 使用 Python 语言编写，基于 urllib，是采用 Apache License 2.0 开源协议的 HTTP 库。它比 urllib 更方便，可以减少开发者的大量工作，完全满足 HTTP 测试需求。

安装成功之后，使用 import 语句导入 requests 库：import requests。

2. requests 基本操作

（1）增加头部并设置访问代理。

示例程序如下：

```
url='https://api.github.com/some/endpoint'
headers={'user-agent':'my-app/0.0.1'}
r=requests.get(url, headers=headers)
```

（2）访问网页并提交数据。

示例程序如下：

```
>>> payload={'key1':'value1','key2':'value2'}
>>> r=requests.post("http://httpbin.org/post", data=payload)
>>> print(r.text)             #查看网页信息，略去输出结果
>>> url='https://api.github.com/some/endpoint'
>>> payload={'some':'data'}
>>> r=requests.post(url, json=payload)
>>> print(r.text)             #查看网页信息，略去输出结果
>>> print(r.headers)          #查看头部信息，略去输出结果
>>> print(r.headers['Content-Type'])
application/json; charset=utf-8
>>> print(r.headers['Content-Encoding'])
gzip
```

（3）获取和设置 cookies。

下面的代码演示了如何使用 get 函数获取网页信息时查看 cookies 属性。

```
>>> r=requests.get("http://www.baidu.com/")
>>> r.cookies                  #查看 cookies
```

```
<RequestsCookieJar[Cookie(version=0, name='BDORZ', value='27315', port=
  None, port_specified=False, domain='.baidu.com', domain_specified=True,
  domain_initial_dot=True, path='/', path_specified=True, secure=False, ex-
  pires=1521533127, discard=False, comment=None, comment_url=None, rest=
  {}, rfc2109=False)]>
```

下面的代码演示了如何使用 get 函数获取网页信息时设置 cookies 参数。

```
>>> url='http://httpbin.org/cookies'
>>> cookies=dict(cookies_are='working')
>>> r=requests.get(url, cookies=cookies)  #设置 cookies
>>> print(r.text)
{
  "cookies": {
    "cookies_are": "working"
  }
}
```

3. 网页 JSON 数据爬取与解析

网页 JSON 数据的爬取与解析使用 API 的主要形式——具象状态传输（representational state transfer，REST），它在 Web 上公开。REST API 使用统一资源标识符（uniform resource identifier，URI；URL 是 URI 的特定形式）来指定要处理的 API。REST API 可以以不同形式返回数据，最常见的是 JSON 和 XML，在这两者中，JSON 占主导地位。JSON 代表 JavaScript 对象表示法，是一种非常方便的格式。下面使用 requests 库来获取国际空间站 ISS 的当前位置。

示例程序如下：

```
import requests
# 通过 Open Notify API 请求获取国际空间站 ISS 的最新位置
response=requests.get("http://api.open-notify.org/iss-now.json")
response      #返回结果：<Response [200]>
```

我们收到了回复，状态是 200。200 是一个状态码（你可能在网页上看到过“404 错误”）。以下是一些常见的访问网站的响应代码：

- 200：一切正常，结果已经返回（如果有的话）。
- 301：服务器将你重定向到另一个端点。当公司切换域名或端点名称更改时，可能会发生这种情况。
- 401：服务器认为你没有经过身份验证。当你没有发送正确的凭证来访问 API 时，就会发生这种情况。
- 400：服务器认为你做了一个错误的请求。这种情况可能发生在你没有发送正确的数据时。

- 403：你试图访问的资源是被禁止的，你没有权限查看。
- 404：你试图访问的资源在服务器上没有找到。

读取 JSON 内容的示例程序如下：

```
In [25]:  1 response.content
Out[25]: b'{"timestamp": 1622507967, "message": "success", "iss_position": {"latitude": "27.6114", "longitude": "-172.4729"}}'

In [26]:  1 response.headers['content-type']
Out[26]: 'application/json'

In [27]:  1 response_j = response.content.decode("utf-8")
          2 print(response_j)

{"timestamp": 1622507967, "message": "success", "iss_position": {"latitude": "27.6114", "longitude": "-172.4729"}}
```

JSON 读取的内容看起来像一个字典，有 key-value 对，可以使用 json 库将 JSON 转换为对象。

示例程序如下：

```
import json
response_d=json.loads(response_j)
print(type(response_d))
print(response_d)
response_d["iss_position"]
#或者使用 pandas 模块直接读入，pandas 也可以读入 JSON
import pandas as pd

df=pd.read_json(response_j)
df
```

运行结果如下：

	timestamp	message	iss_position
latitude	2021-06-01 00:39:27	success	27.6114
longitude	2021-06-01 00:39:27	success	-172.4729

四、pandas 读取 table 标签内容

HTML 的 table 标签组织的表格数据还可以使用 pandas 的 read_html 函数直接读取，装载为 DataFrame 对象。下面的示例程序展示了如何读取新浪股票网页中的表格数据。

```
import pandas as pd
#由于网站更新，链接可能无效
```

```
pd.set_option('display.width', None)
url='https://finance.sina.com.cn/stock/'
df = pd.read_html(url)[6]  #返回值为DataFrame数组，取第7个
df.head()
```

运行结果如下：

	股票名称	申购代码	日期	申购价格
0	诺瓦星云	301589	01-30	126.89
1	上海合晶	787584	01-30	22.66
2	成都华微	787709	01-29	15.69
3	海昇药业	889998	01-24	19.90
4	华阳智能	301502	01-24	28.01

五、正则表达式与网页内容解析

正则表达式是字符串处理的有力工具，它使用预定义的模式去匹配一类具有共同特征的字符串，可以快速、准确地完成复杂的查找、替换等处理要求。与字符串自身提供的方法相比，正则表达式提供了更强大的处理功能。例如，使用字符串对象的 split 方法只能指定一个分隔符，而使用正则表达式可以很方便地指定多个符号作为分隔符；使用字符串对象的 split 方法指定分隔符时，很难处理分隔符连续多次出现的情况，而正则表达式让这一切都变得非常简单。

此外，正则表达式在文本编辑与处理、网页爬虫等场合中也有重要应用。

1. 正则表达式的语法

（1）正则表达式的基本语法。正则表达式由元字符及其不同组合构成，巧妙构造的正则表达式可以匹配任意字符串，完成查找、替换、分隔等复杂的字符串处理任务。正则表达式的元字符及其功能说明如表 8-1 所示。

表 8-1　正则表达式的元字符及其功能说明

元字符	功能说明
.	匹配除换行符以外的任意单个字符
*	匹配位于“*”之前的字符或子模式的 0 次或多次出现
+	匹配位于“+”之前的字符或子模式的 1 次或多次出现
-	在 [] 之内用来表示范围
|	匹配位于“|”之前或之后的字符
^	匹配行首，匹配以“^”后面的字符开头的字符串
$	匹配行尾，匹配以“$”之前的字符结束的字符串

续表

元字符	功能说明
?	匹配位于“?”之前的0个或1个字符。当此字符紧随任何其他限定符（*、+、?、{n}、{n,}、{n,m}）之后时，匹配模式是“非贪心的”。“非贪心的”模式匹配搜索到的尽可能短的字符串，而默认的“贪心的”模式匹配搜索到的尽可能长的字符串。例如，在字符串“oooo”中，“o+?”只匹配单个“o”，而“o+”匹配所有“o”
\	表示位于“\”之后的为转义字符
\num	此处的num是一个正整数，表示子模式编号。例如，“(.)\1”匹配两个连续的相同字符
\f	匹配换页符
\n	匹配换行符
\r	匹配一个回车符
\b	匹配单词头或单词尾
\B	与“\b”含义相反
\d	匹配任何数字，相当于[0-9]
\D	与“\d”含义相反，等效于[^0-9]
\s	匹配任意空白字符，包括空格、制表符、换页符，与[\f\n\r\t\v]等效
\S	与“\s”含义相反
\w	匹配任意字母、数字以及下划线，相当于[a-zA-Z0-9_]
\W	与“\w”含义相反，与“[^A-Za-z0-9_]”等效
()	将位于()内的内容作为一个整体来对待
{m,n}	{}前的字符或子模式重复至少m次、至多n次
[]	表示范围，匹配位于[]中的任意一个字符
[^xyz]	反向字符集，匹配除x、y、z之外的任意字符
[a-z]	字符范围，匹配指定范围内的任意字符
[^a-z]	反向范围字符，匹配除小写英文字母之外的任意字符

正则表达式的基本语法如下：

● 如果以“\”开头的元字符与转义字符相同，则需要使用“\\”，或者使用原始字符串。

● 在字符串前加上字符“r”或“R”之后表示原始字符串，此时字符串中任意字符都不再进行转义。原始字符串可以减少用户的输入，主要用于正则表达式和文件路径字符串的情况，但如果字符串以一个斜线“\”结束，则需要多写一个斜线，即以“\\”结束。

(2) 正则表达式的扩展语法。正则表达式还有一些扩展语法，如：

● 正则表达式使用圆括号“()”表示一个子模式，圆括号内的内容作为一个整体对待，例如，'(red)+'可以匹配'redred'和'redredred'等一个或多个重复'red'的情况。

● 使用子模式扩展语法可以实现更加复杂的字符串处理功能。

正则表达式的扩展语法及其功能说明如表8-2所示。

表 8-2 正则表达式的扩展语法及其功能说明

语法	功能说明
(?P<groupname>)	为子模式命名
(?iLmsux)	设置匹配标志，可以是几个字母的组合，每个字母的含义与编译标志相同
(?:...)	匹配但不捕获该匹配的子表达式
(?P=groupname)	表示在此之前命名为 groupname 的子模式
(?#…)	表示注释
(?<=…)	用在正则表达式之前，表示如果“<=”后的内容在字符串中不出现，则匹配，但不返回“<=”之后的内容
(?=…)	用在正则表达式之后，表示如果“=”后的内容在字符串中出现，则匹配，但不返回“=”之后的内容
(?<!…)	用在正则表达式之前，表示如果“<!”后的内容在字符串中不出现，则匹配，但不返回“<!”之后的内容
(?!…)	用在正则表达式之后，表示如果“!”后的内容在字符串中不出现，则匹配，但不返回“!”之后的内容

（3）正则表达式集锦。

- 最简单的正则表达式是普通字符串，可以匹配自身。
- '[pjc]ython'可以匹配'Python''jython''cython'。
- '[a-zA-Z0-9]'可以匹配任意大小写字母或数字。
- '[^abc]'可以匹配除'a''b''c'之外的任意字符。
- 'Python|perl'或'p(ython|erl)'都可以匹配'Python'或'perl'。
- 子模式后面加上问号表示可选。r'(http://)?(www\.)?Python\.org'只能匹配'http://www.Python.org''http://Python.org''www.Python.org''Python.org'。
- '^http'只能匹配所有以'http'开头的字符串。
- (pattern)*：允许模式重复 0 次或多次。
- (pattern)+：允许模式重复 1 次或多次。
- (pattern){m,n}：允许模式重复 m～n 次。

使用时需要注意，正则表达式只是进行形式上的检查，并不保证内容一定正确。例如，正则表达式'^\d{1,3}\.\d{1,3}\.\d{1,3}\.\d{1,3}$'可以检查字符串是否为 IP 地址，字符串'888.888.888.888'也能通过检查，但实际上并不是有效的 IP 地址。同理，正则表达式'^\d{18}|\d{15}$'只负责检查字符串是否为 18 位或 15 位数字，并不保证一定是合法的身份证号。

2. 正则表达式模块 re

Python 标准库 re 模块提供了正则表达式操作所需的功能，表 8-3 是有关方法及其功能说明。

表 8-3　正则表达式模块 re 提供的方法及其功能说明

方法	功能说明
findall(pattern, string[, flags])	返回包含字符串中所有与给定模式匹配的项的列表
match(pattern, string[, flags])	从字符串的开始处匹配模式，返回 match 对象或 None
search(pattern, string[, flags])	在整个字符串中搜索模式，返回 match 对象或 None
split(pattern, string[, maxsplit=0])	根据模式匹配项分隔字符串
sub(pat, repl, string[, count=0])	将字符串中所有与 pat 匹配的项用 repl 替换，返回新字符串，repl 可以是字符串或返回字符串的可调用对象，作用于每个匹配的 match 对象
compile(pattern, flags=0)	使用任何可选的标记来编译正则表达式的模式，然后返回一个正则表达式对象。推荐预编译，但不是必需的

其中函数的参数“flags”的值可以是下面几种类型的不同组合（使用“|”进行组合）：

- re. I：注意是大写字母 I，不是数字 1，表示忽略大小写。
- re. L：支持本地字符集的字符。
- re. M：多行匹配模式。
- re. S：使元字符“.”匹配任意字符，包括换行符。
- re. U：匹配 Unicode 字符。
- re. X：忽略模式中的空格，并可以使用“#”注释。

正则表达式解析的示例程序如下：

```
>>> import re
>>> example='Beautiful is better than ugly.'
>>> re.findall('\\b\w.+?\\b', example)           #所有单词
['Beautiful', 'is', 'better', 'than', 'ugly']
>>> re.findall('\w+', example)                   #所有单词
['Beautiful', 'is', 'better', 'than', 'ugly']
>>> re.findall(r'\b\w.+?\b', example)            #使用原始字符串
['Beautiful', 'is', 'better', 'than', 'ugly']
>>> re.split('\s', example)              #使用任何空白字符分隔字符串
['Beautiful', 'is', 'better', 'than', 'ugly.']
>>> re.findall('\d+\.\d+\.\d+', 'Python 2.7.13')   #查找 x.x.x 形式的数字
['2.7.13']
>>> re.findall('\d+\.\d+\.\d+', 'Python 2.7.13,Python 3.6.0')
```

```
['2.7.13', '3.6.0']
>>> s='<html><head>This is head.</head><body>This is body.</body></html>'
>>> pattern=r'<html><head>(.+)</head><body>(.+)</body></html>'
>>> result=re.search(pattern, s)
>>> result.group(1)                                    #第一个子模式
'This is head.'
>>> result.group(2)                                    #第二个子模式
'This is body.'
```

3. match 对象

正则表达式对象的 match 方法和 search 方法在匹配成功后返回 match 对象。match 对象的主要方法有：

- group：返回匹配的一个或多个子模式的内容。
- groups：返回一个包含匹配的所有子模式内容的元组。
- groupdict：返回包含匹配的所有命名子模式内容的字典。
- start：返回指定子模式内容的起始位置。
- end：返回指定子模式内容的结束位置的前一个位置。
- span：返回一个包含指定子模式内容的起始位置和结束位置的前一个位置的元组。

match 对象应用的示例程序如下：

```
>>> m=re.match(r"(?P<first_name>\w+) (?P<last_name>\w+)", "Malcolm Reyn-
    olds")
>>> m.group('first_name')          #使用命名的子模式
'Malcolm'
>>> m.group('last_name')
'Reynolds'
>>> m=re.match(r"(\d+)\.(\d+)", "24.1632")
>>> m.groups()                      #返回所有匹配的子模式(不包括第 0 个)
('24', '1632')
>>> m=re.match(r"(?P<first_name>\w+) (?P<last_name>\w+)", "Malcolm Reyn-
    olds")
>>> m.groupdict()                   #以字典形式返回匹配的结果
{'first_name': 'Malcolm', 'last_name': 'Reynolds'}
```

六、网站爬虫声明

虽然网站网页的内容是公开的，但爬取数据毕竟是不请自来的，而且当收集大量数据时，会给服务器带来相当高的负载。因此，网站管理员通常会在网站上公布其所允许的爬取类型。过度爬取之前应该看一下网站根目录下 robots.txt 文件的服务条款和有关域的声明，了解哪些内容允许爬取，哪些内容不允许爬取。

robots. txt 文件一般在网站的根目录下，例如，可以看一下百度学术的 robots. txt 文件的内容（网址：https://xueshu. baidu. com/robots. txt）。示例程序如下：

```
User-agent: Baiduspider
Disallow: /baidu
Disallow: /s?
...
```

这里，它指定了不允许爬取的许多页面，有的禁止动态地生成查询。常见的网站会要求用户延迟爬取：

```
Crawl-delay: 30
Request-rate: 1/30
```

用户应该尊重这些限制。现在，没有人可以阻止你通过爬虫程序运行一个请求，但如果你在短时间内请求了很多页面，像谷歌、百度这样的网站就会迅速阻止你。动态爬取的另一种策略是下载网站的本地副本并进行爬取，确保每个页面只访问站点一次，这可以考虑使用开源软件 Wget 以命令行的方式获取网络文件。

第四节　动态网页内容爬取

一、动态 HTML 介绍

1. JavaScript

JavaScript 是网络上最常用、支持者最多的客户端脚本语言。它可以收集用户的跟踪数据，不需要重载页面，直接提交表单，在页面嵌入多媒体文件甚至运行网页游戏。在网页源代码的<script>标签里可以看到定义的 JavaScript 脚本语言，比如：

```
<script type="text/javascript" src="https://statics.huxiu.com/w/mini/static_2015/js/sea.js?v=201601150944"></script>
```

2. jQuery

jQuery 是一个十分常见的库，约 70% 最流行的网站（约 200 万）和约 30%的其他网站都在使用。一个网站使用 jQuery 的特征，就是源代码里包含 jQuery 入口，比如：

```
<script type="text/javascript" src="https://statics.huxiu.com/w/mini/static_2015/js/jquery-1.11.1.min.js?v=201512181512"></script>
```

如果在一个网站上看到了 jQuery，那么采集这个网站的数据时要格外小心。jQuery 可以动态地创建 HTML 内容，只有在 JavaScript 代码执行之后才会显示。如果使用传统的方法采集页面内容，就只能获得 JavaScript 代码执行之前的页面内容。

3. Ajax

我们与网站服务器通信的唯一方式就是发出 HTTP 请求获取新页面。如果提交表单或从服务器获取信息之后，网站的页面不需要重新刷新，那么我们访问的网站就使用了异步 JavaScript 和 XML（asynchronous JavaScript and XML，Ajax）技术。

Ajax 其实并不是一门语言，而是用来完成网络任务（可以认为它与网络数据采集类似）的一系列技术。网站不需要使用单独的页面请求就可以和网络服务器进行交互（收发信息）。

4. DHTML

与 Ajax 相同，动态 HTML（dynamic HTML，DHTML）也是一系列用于解决网络问题的技术的集合。DHTML 使用客户端语言改变页面的 HTML 元素（HTML、css 或两者皆被改变）。比如，页面上的按钮只有当用户移动鼠标之后才会出现，背景色可能每次点击都会改变，或者用一个 Ajax 请求触发页面来加载一段新内容。网页是否属于 DHTML，关键要看是否使用 JavaScript 控制 HTML 和 css 元素。

5. 如何读取 DHTML

使用 Ajax 或 DHTML 技术改变/加载内容的页面，可以用 Python 读取，具体包括以下两种途径：

（1）直接从 JavaScript 代码里采集内容（费时费力）。

（2）用 Python 的第三方库运行 JavaScript，直接采集在浏览器里看到的页面。

二、Selenium 基本应用

1. Selenium 简介

Selenium 是一个 Web 的自动化测试工具，最初是为网站自动化测试而开发的，其类型像我们玩游戏时使用的按键精灵，可以按指定的命令自动操作。不同的是，Selenium 可以直接在浏览器上运行，它支持所有主流的浏览器（包括 PhantomJS 这种无界面的浏览器）。

Selenium 可以根据我们的指令让浏览器自动加载页面并获取需要的数据，甚至将页面截屏或者判断网站上某些动作是否发生。

Selenium 不自带浏览器，不支持浏览器的功能，它需要与第三方浏览器结合在一起才能使用。但有时需要让它内嵌在代码中运行，所以可以使用具体某个浏览器驱动或使用 PhantomJS 代替真实的浏览器。

可以登录 PyPI 网站（https://pypi. Python. org/simple/selenium）下载 Selenium 库，也可以使用 pip 命令安装：pip install selenium。

2. 浏览器驱动

（1）PhantomJS。PhantomJS 是一个基于 WebKit 的“无界面”浏览器，它会把网站加载到内存并执行页面上的 JavaScript，因为不会展示图形界面，所以运行起来比完整的浏览器更高效。

如果把 Selenium 和 PhantomJS 结合在一起，就可以运行一个非常强大的网络爬虫，这个爬虫可以处理 JavaScript、cookie、headers，以及任何真实用户需要做的事情。

注意：PhantomJS 只能从它的官方网站（http://phantomjs.org/download.html）下载。因为 PhantomJS 是一个功能完善（虽然无界面）的浏览器而非一个 Python 库，所以它不需要像 Python 的其他库一样安装，但我们可以通过 Selenium 调用 PhantomJS 来直接使用。

PhantomJS 官方参考文档：http://phantomjs.org/documentation。

（2）其他具体浏览器驱动。第三方浏览器厂商一般会提供相应的驱动程序，如 Chrome、Edge、Firefox 等。下面以 Windows 平台自带的 Edge 浏览器为例说明如何安装相应的驱动程序。

首先，查看一下本地计算机 Windows 操作系统的内部版本号，以 Windows 10 为例，步骤为：依次单击“开始”→“设置”→“系统”→“关于”，找到如图 8-9 所示的操作系统内部版本号。

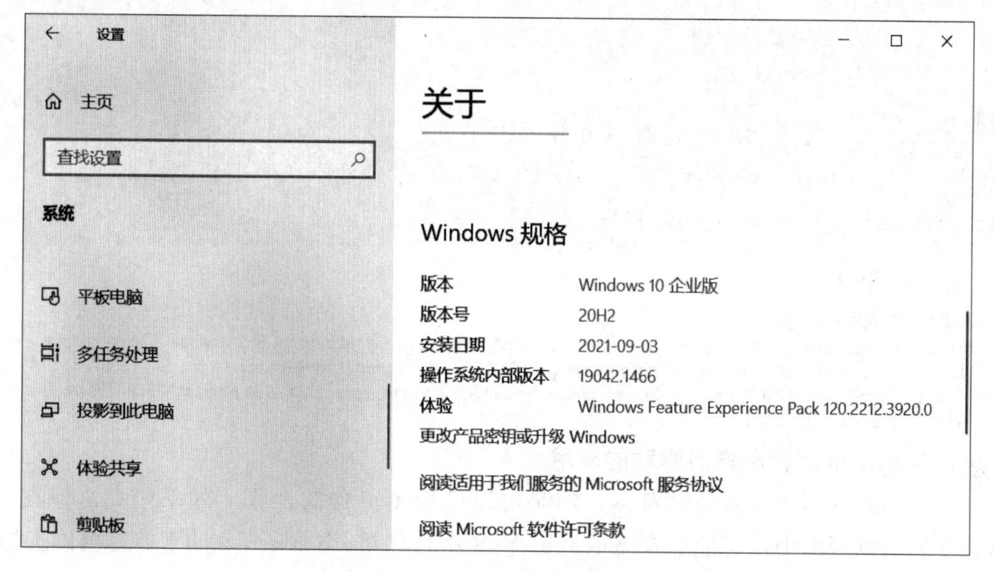

图 8-9　Windows 10 操作系统的内部版本号查看界面示例

然后，打开网址 https://developer.microsoft.com/en-us/microsoft-edge/tools/webdriver/，下载合适版本的驱动，并放到 Python 安装目录下或者当前程序的目录下。

3. Selenium 基本应用

Selenium 库里有一个名为 WebDriver 的 API。WebDriver 类似可以加载网站的浏览器，但它也可以像 BeautifulSoup 或者其他 Selector 对象一样用来查找页面元素，与页面上的元素进行交互（发送文本、点击等），以及执行其他操作来运行网络爬虫。

使用 Python 调用 Selenium 框架执行 JavaScript 脚本也可以将 JavaScript 的执行结果返回给 Python 的一个对象，对象类型是 WebElement，只需要在调用的 JavaScript 脚本中使用 return 语句返回对应的内容即可。需要注意的是，对于动态网页，可能不会正常获取 JavaScript 动态生成的内容，从而导致解析失败，必要时可以使用 driver.execute_script 方法执行 JavaScript 脚本。

Selenium 动态网页内容爬取指定城市当前天气的示例程序如下：

```
import re
from selenium import webdriver
import time
driver=webdriver.Edge()        #指定引擎，或者 Chrome()等
city=input('请输入要查询的城市：').lower()
#获取指定 URL 的信息，并进行渲染
driver.get(r'http://openweathermap.org/find?q={0}'.format(city))
time.sleep(2)
#网页内容渲染结束之后，获取网页源代码并转换成小写
content=driver.page_source.lower()
matchResult=re.search(r'<a href="(.+?)">\s+'+city+'.+?]', content)
if matchResult:
    print(matchResult.group(0))
else:
    print('无法查询到，请检查城市名。')
driver.close()      # 关闭当前页面，如果只有一个页面，则会关闭浏览器
driver.quit()       # 关闭浏览器
```

运行结果如下：

```
请输入要查询的城市：Beijing
<a href="/city/1816670"> beijing, cn</a></b> <img src="http://openweathermap.org/images/flags/cn.png"><b>
<i> clear sky</i></b><p><span class="badge badge-info">26° c </span> temperature from 24 to 27.8 ° c,
wind 2 m/s. clouds 0 %, 1010 hpa</p><p>geo coords <a href="/weathermap?zoom=12&amp;lat=39.9075&amp;lon=
116.3972">[39.9075, 116.3972]
```

4. Selenium 结合浏览器驱动的应用

PhantomJS 不需要启动浏览器，但是可以模拟浏览器的操作，效率较高。但在 Python 3 的后续版本中，可能会在 Selenium 模块中移除对 PhantomJS 的支持，可以选择使用无界面版本的 Chrome 或 Firefox 驱动。

Selenium 结合 PhantomJS 爬取网页的示例程序如下：

```
# 导入 webdriver
from selenium import webdriver
import re
# 要想调用键盘按键操作，需要引入 Keys 包
from selenium.webdriver.common.keys import Keys
import time
# 调用环境变量指定的 PhantomJS 浏览器来创建浏览器对象
driver=webdriver.PhantomJS()
# 如果没有在环境变量中指定 PhantomJS 位置，则要设置路径
# driver=webdriver.PhantomJS(executable_path="./phantomjs-2.1.1")
time.sleep(2)
```

```
city=input('请输入要查询的城市:').lower()
#获取指定URL的信息，并进行渲染
driver.get(r'http://openweathermap.org/find?q={0}'.format(city))
#网页内容渲染结束之后，获取网页源代码并转换成小写
content=driver.page_source.lower()
print("Web Content:",content)
matchResult=re.search(r'<a href="(.+?)">\s+'+city+'.+?]', content)
if matchResult:
    print(matchResult.group(0))
else:
    print('无法查询到，请检查城市名.')
# 获取当前URL
print(driver.current_url)
# 关闭浏览器
driver.quit()
```

Selenium 结合无界面形式的 Chrome 浏览器驱动爬取网页的示例程序如下：

```
import re
from selenium import webdriver
from selenium.webdriver.chrome.options import Options
chrome_options=Options()
chrome_options.add_argument('--headless')
chrome_options.add_argument('--disable-gpu')
driver=webdriver.Chrome(options=chrome_options)
city=input('请输入要查询的城市:').lower()
#获取指定URL的信息，并进行渲染
driver.get(r'http://openweathermap.org/find?q={0}'.format(city))
#网页内容渲染结束之后，获取网页源代码并转换成小写
content=driver.page_source.lower()
matchResult=re.search(r'<a href="(.+?)">\s+'+city+'.+?]', content)
#后面的代码与前述示例代码相同，略
```

三、网站操作模拟

不同网站的登录方式和网页设计可能会发生变化，导致网站的手工操作模拟失败。

1. 网站模拟登录

通过 driver.find_element_by_name 方法找到对应元素，然后调用 send_keys 方法模

拟手工输入，或者执行 click 方法模拟鼠标点击。

示例程序如下：

```
from selenium import webdriver
from selenium.webdriver.common.keys import Keys
import time

driver=webdriver.PhantomJS()
driver.get("http://www.douban.com")
# 输入账号和密码
driver.find_element_by_name("form_email").send_keys("xxxxx@xxxx.com")
driver.find_element_by_name("form_password").send_keys("xxxxxxxx")
# 模拟点击登录
driver.find_element_by_xpath("//input[@class='bn-submit']").click()
# 等待 3 秒
time.sleep(3)
# 生成登录后的快照
driver.save_screenshot("douban.png")
with open("douban.html","w") as file:
    file.write(driver.page_source)
driver.quit()
```

2. 执行 JavaScript 语句

通过 driver 的 execute_script 方法执行 JavaScript 语句。

示例程序如下：

```
from selenium import webdriver
driver=webdriver.PhantomJS()
driver.get("https://www.baidu.com/")
# 给搜索输入框标红的 javascript 脚本
js="var q=document.getElementById(\"kw\");q.style.border=\"2px solid
    red\";"
# 调用给搜索输入框标红的 js 脚本
driver.execute_script(js)
#查看页面快照
driver.save_screenshot("redbaidu.png")
#js 隐藏元素，将获取的图片元素隐藏
img=driver.find_element_by_xpath("//*[@id='lg']/img")
driver.execute_script('$(arguments[0]).fadeOut()',img)
# 向下滚动到页面底部
```

```
driver.execute_script("$('.scroll_top').click(function(){$('html,body').
      animate({scrollTop:'0px'}, 800);});")
#查看页面快照
driver.save_screenshot("nullbaidu.png")
driver.quit()
```

第五节　爬虫框架 Scrapy 与应用

如果计划编写一个类似于搜索引擎使用的通用爬虫程序，可参考使用一些开源的爬虫框架，如 Scrapy。

一、Scrapy 爬虫概述

Scrapy 是一个使用 Python 编写的高级开源网络爬虫框架。Scrapy 可用于各种应用程序，如数据挖掘、信息处理以及历史归档等，目前主要用于抓取 Web 站点并从页面中提取结构化数据。

Scrapy 的安装方式如下：

- 使用“pip install scrapy”命令安装。如果失败，需要根据错误提示分别按照顺序安装依赖的模块，如 twisted、lxml、zope.interface、pywin32、pyOpenSSL 等。
- 安装完成后，用如图 8－10 所示的命令测试是否安装成功。

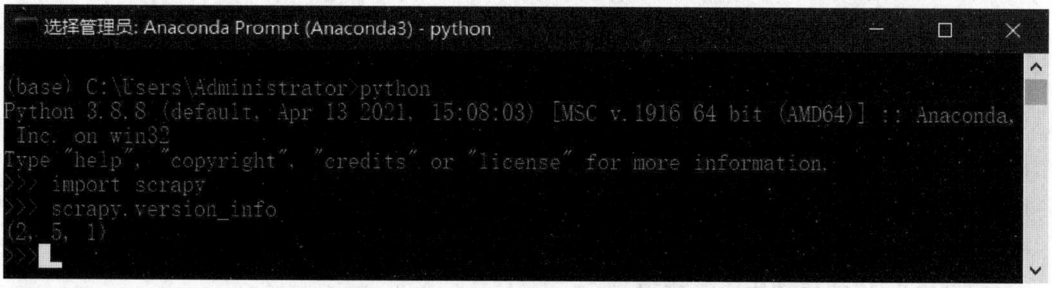

```
选择管理员: Anaconda Prompt (Anaconda3) - python
(base) C:\Users\Administrator>python
Python 3.8.8 (default, Apr 13 2021, 15:08:03) [MSC v.1916 64 bit (AMD64)] :: Anaconda,
 Inc. on win32
Type "help", "copyright", "credits" or "license" for more information.
>>> import scrapy
>>> scrapy.version_info
(2, 5, 1)
>>>
```

图 8－10　Scrapy 安装命令行测试方法

二、Scrapy 基本原理

1. Scrapy 的组成结构

Scrapy 框架由 Scrapy Engine、Scheduler、Downloader、Spiders、Item Pipelines、Middlewares 等几部分组成，如图 8－11 所示。

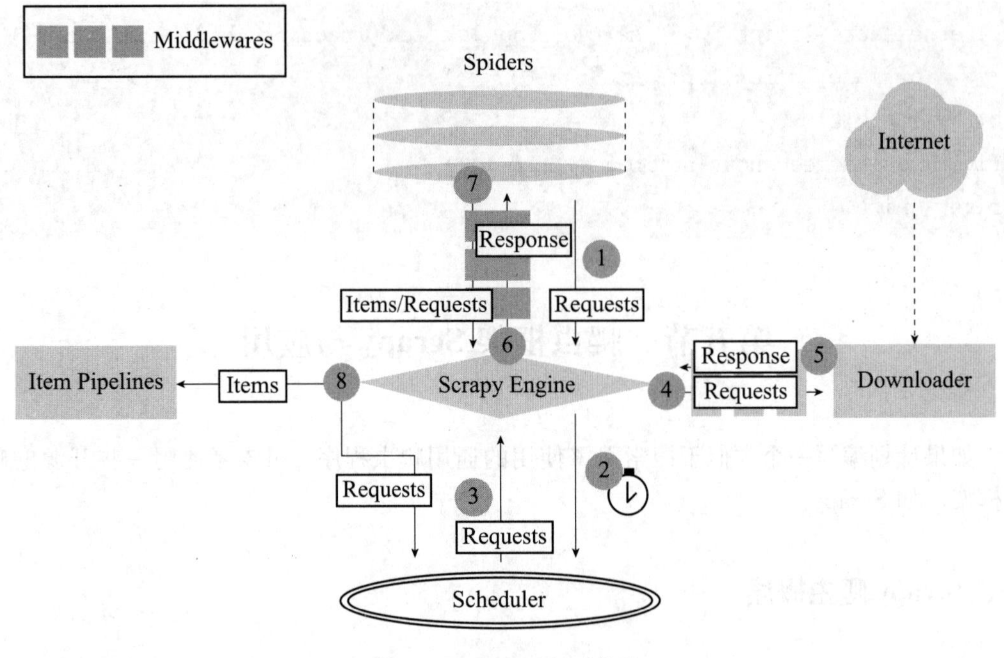

图 8-11　Scrapy 组成结构

（1）Spiders：爬虫，定义了爬取的逻辑和网页内容的解析规则，主要负责解析响应（Response）并生成结果和新的请求（Requests）。

（2）Scrapy Engine：引擎，处理整个系统的数据流，触发事务，是 Scrapy 框架的核心。

（3）Scheduler：调度器，接收引擎发送过来的请求并将其加入队列，在引擎再次发送请求时将请求提供给引擎。

（4）Downloader：下载器，下载网页内容并将下载内容返回给 Spiders。

（5）Item Pipelines：项目（Items）管道，用于处理 Spiders 从网页中抽取的数据，主要负责清洗、验证和向数据库中存储数据。

（6）Middlewares：中间件，包括：Downloader Middlewares（下载中间件），位于引擎和 Downloader 之间，主要处理引擎输入的请求和 Downloader 输出的响应；Spider Middlewares（Spiders 中间件），位于引擎和 Spiders 之间，主要处理引擎输入的响应和 Spiders 输出的结果及新的请求，在 middlewares. py 里实现。

2. Scrapy 框架的整体执行流程

如图 8-11 所示，执行流程如下。

（1）Spiders 将 Requests 发送给 Scrapy Engine。

（2）Scrapy Engine 对 Requests 不做任何处理发送给 Scheduler。

（3）Scheduler 生成 Requests 发送给 Scrapy Engine。

（4）Scrapy Engine 收到 Requests，通过 Downloader Middlewares 发送给 Downloader。

（5）Downloader 在收到 Requests 之后，又经过 Downloader Middlewares 发送 Response 给 Scrapy Engine。

（6）Scrapy Engine 收到 Response 之后，返回给 Spiders，Spiders 的 parse 方法对收

到的 Response 进行处理，解析出 Items 或者 Requests。

（7）Spiders 将解析出来的 Items 或者 Requests 发送给 Scrapy Engine。

（8）Scrapy Engine 收到 Items 或者 Requests 之后，将 Items 发送给 Item Pipelines，将 Requests 发送给 Scheduler。

3. Scrapy 主要对象

在整个框架中，Spiders 是最核心的组件，Scrapy 爬虫开发基本上是围绕 Spiders 展开的。此外，Scrapy 框架中还有三种数据流对象，分别是 Request、Response 和 Item。

（1）Request 对象。Request 是 Scrapy 中的 HTTP 请求对象，用于描述一个 HTTP 请求，由 Spiders 产生。Request 构造函数的参数列表如下：

```
Request(url[, callback, method='GET', headers, body, cookies, meta, encoding=
        'utf-8', priority=0, dont_filter=False, errback])
```

（2）Response 对象。Response 是 Scrapy 中的 HTTP 响应对象，用于描述一个 HTTP 响应，由 Downloader 产生。Response 构造函数的参数列表如下：

```
Response(url[, status=200, headers=None, body=b'', flags=None, request=
        None])
```

（3）Item 对象。Item 对象是一种简单的容器，用于保存爬取到的数据。

（4）Select 对象。Scrapy 的数组组织结构是 Selector，它使用 xpath 选择器在 Response 中提取数据。从页面中提取数据的核心技术是 HTTP 文本解析。Selector 对象是基于 lxml 库建立的，并且简化了 API 接口，使用方便。在 Python 中，Selector 常用的处理模块有：

- BeautifulSoup：是一个非常流行的解析库，API 简单，但解析速度慢。
- lxml：是一个使用 C 语言编写的 XML 解析库，解析速度快，但 API 较复杂。

在具体实现中，Scrapy 使用 xpath 和 css 选择器来定位元素，它的基本方法如下：

- xpath：返回选择器列表，每个选择器代表使用 xpath 语法选择的节点。
- css：返回选择器列表，每个选择器代表使用 css 语法选择的节点。

示例程序如下：

```
response.xpath('/html/body/div')             #选取 body 下的所有 div 节点
response.xpath('//a')                        #选取文档中所有 a 节点
response.xpath('/html/body//div')            #选取 body 下所有节点中的 div 节点
response.xpath('//a/text()')                 #选取所有 a 节点的文本
response.xpath('/html/div/*')                #选取 div 的所有元素子节点
response.css('div a::text').extract()        #选取所有 div 下的所有包含 a 节点的文本
response.css('div a::attr(href)').extract()  #href 的值
response.css('div>a:nth-child(1)')           #选取每个 div 的第一个 a 节点，设定
                                              只在子节点中寻找，不在孙节点中
                                              寻找
```

```
response.css('div:not(#container)')      #选取所有 id 不是 container 的 div 节点
response.css('div:first-child>a:last-child')   #第一个 div 中的最后一个 a 节点
```

4. Spider 开发流程

实现一个 Spider 需要以下几步：

（1）继承 scrapy. Spider。

（2）为 Spider 命名。

（3）设置爬虫的起始爬取点。

（4）实现页面的解析。

三、Scrapy 的开发与实现

1. Scrapy 爬虫的开发步骤

Scrapy 爬虫的开发一般有以下几步：

（1）新建项目：新建一个爬虫项目。

（2）明确目标：确定抓取的网页目标。

（3）制作爬虫：制作爬虫，开始爬取网页。

（4）存储内容：设计管道存储爬取到的内容。

Scrapy 提供了一些常用命令，用于创建项目和管理项目，如：

（1）创建一个新项目：scrapy startproject <name>。

（2）在项目下创建一个爬虫：scrapy genspider <name> <domain>。

（3）获取爬虫配置信息：scrapy settings。

（4）运行已创建好的爬虫：scrapy crawl <spider>。

（5）列出项目中的所有爬虫：scrapy list。

2. Scrapy 开发案例

（1）使用 pip 命令安装好 Scrapy 之后，在命令提示符环境中执行下面的命令来创建一个项目 MyCraw：

```
scrapy startproject MyCraw
```

然后在该项目下创建一个爬虫：

```
scrapy genspider MyCraw
```

（2）编写 Python 程序 MyCraw\MyCraw\spiders\MySpider. py，用于爬取指定页面的内容，把网页内容和图片分别保存为文件。MySpider. py 的代码请参考本书对应的示例代码文件。

（3）在命令提示符环境中执行下面的命令，运行爬虫程序。

```
scrapy crawl MySpider
```

思考与练习

1. 在浏览器中浏览的网页内容是什么格式？如何在浏览器（如 Edge）中查看网页的源代码？

2. 什么是 DOM？有何作用？

3. 使用网络爬虫获取网页内容一般需要哪几个步骤？

4. HTML 总体结构包括哪些部分？常见标签有哪些？

5. JavaScript 语言在 HTML 中一般有什么作用？

6. 常见的 Python 网络爬虫模块有哪些？它们有哪些作用和特点？

7. Scrapy 框架有何作用？有哪些组成模块？

8. 使用 Python 爬取动态网页数据时，可考虑使用哪些模块？使用具体某个浏览器的 Web 驱动时需要注意什么问题？

9. 对于 HTML 中的 table 标签类数据，有哪些爬取方法？

10. 向指定网址发送 HTTP 请求，其常用方法 get 和 post 有何区别？

延伸阅读材料

1. 吕云翔，张扬．Python 网络爬虫与数据采集．北京：人民邮电出版社，2021.

2. Selenium 开发文档．www. selenium. dev/zh-cn/documentation/.

3. Scrapy 开发向导．doc. scrapy. org/en/latest/intro/tutorial. html.

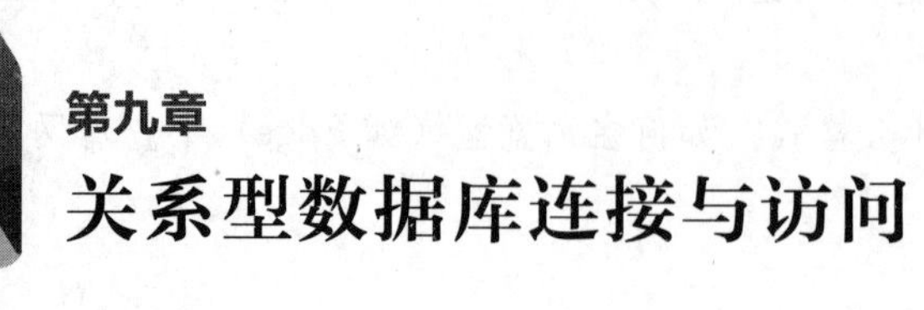

第九章

关系型数据库连接与访问

教学目标

1. 了解关系型数据库的基本概念、原理、知识和常用 SQL 操作，理解关系型数据库的 ACID 特性和关系模型结构；

2. 了解嵌入式关系型数据库 SQLite 的特点和访问方式，掌握基于 Python 访问 SQLite 数据库的操作方法；

3. 了解网络关系型数据库 MySQL 的特点和访问方式，掌握基于 Python 模块 pymysql、sqlalchemy 及 pandas 访问 MySQL 数据库的操作方法。

引导案例

鉴于关系型数据库在企业级信息化应用中的重要支撑作用，关系型数据库产品在国内各大企业和机构中广泛应用，并有效支撑了关键核心业务。早期，国际数据库品牌产品在国内占据主导地位，如 Sybase、DB2、Oracle、SQL Server 等，其中 Oracle 数据库应用最为广泛。但对企业用户而言，Oracle 高额的授权费用和维护费用是一个不可忽视的问题。根据 Oracle 官网公布的价格，Oracle 数据库企业版的授权单价为 47 500 美元，而且需要另外支付维护费用。对于规模较大的企业而言，授权费用轻松就能达到数百万美元，而对于一些中小企业而言，这是难以承受的。鉴于 Oracle 的费用高昂，许多企业开始考虑向其他开源数据库平台转变，如 MySQL、PostgreSQL 等。近几年，通过国内企业的不断努力，国产数据库软件开始崛起并逐渐在各类组织中广泛应用，如人大金仓 Kingbase、南大通用 GBase、OceanBase 等。

第一节　关系型数据库概述

到目前为止，我们主要使用平面表来存储和处理数据。然而，现实世界中的大多数结构化数据都存储在数据库中，特别是关系型数据库。其他类型的数据库有特定的优点，比如性能优异（如 NoSQL），适用于图形（图形数据库，如 Neo4j），或者与内存中的 OO 数据结构（如面向对象数据库）兼容。关系型数据库及其实现（即关系型数据库管理系统（RDBMS））仍然是存储企业数据的主要方式。

一、关系型数据库简介

1. 什么是关系型数据库

关系型数据库是建立在关系模型基础上的数据库，借助于集合代数等概念和方法来处理数据库中的数据，同时也是一组拥有正式描述的表格。该种形式的表格的实质是装载数据项的特殊集合体，这些表格中的数据能以许多不同的方式存取或重新召集而不需要重新组织数据库表格。每个表格（有时称为一个关系）包含用列表示的一个或多个数据种类。每行包含唯一的数据实体，这些数据是被列定义的种类。当创建一个关系型数据库时，可以定义数据列的可能值的范围和可能应用于某个数据值的进一步约束。结构化查询语言（structured query language，SQL）是标准用户和应用程序到关系型数据库的接口，其优势是容易扩充，在最初的数据库创建之后，一个新的数据种类能被添加而不需要修改所有的现有应用软件。主流的关系型数据库有 Oracle、DB2、SQL Server、Sybase、MySQL 等。

图 9－1 为关系型数据库的关系模型图例。

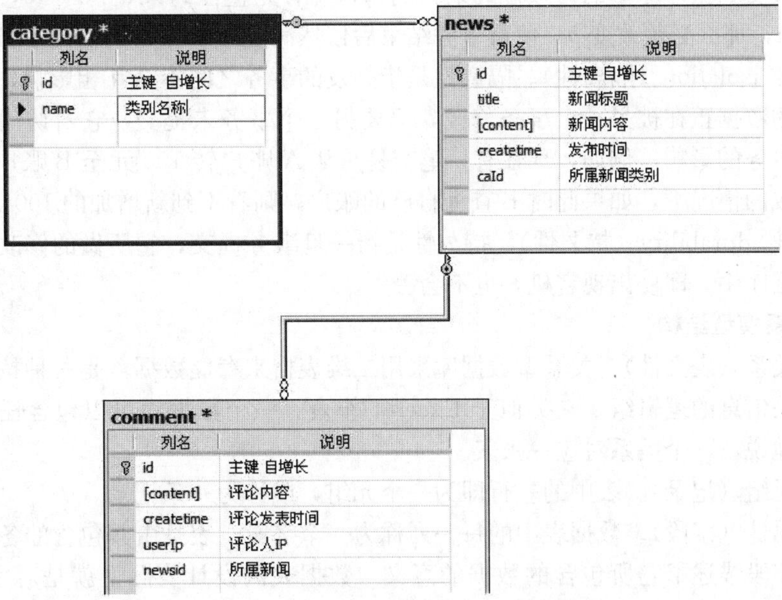

图 9－1　关系型数据库的关系模型图例

关系型数据库是数据库应用的主流，许多数据库管理系统的数据模型都是基于关系数据模型开发的。关系数据模型包括关系数据结构、关系操作集合和数据完整性约束三个要素。关系数据结构是二维表；常用的关系操作包括查询、插入、删除、修改等；而数据完整性约束包括实体完整性、参照完整性及用户定义的完整性等。

关系型数据库分为两类：一类是桌面数据库，例如 Access、FoxPro 和 dBase 等；另一类是客户端/服务器（C/S）数据库，例如 SQL Server、Oracle 和 Sybase 等。一般而言，桌面数据库用于小型、单机的应用程序，它不需要网络和服务器，实现起来比较方便，但它只提供数据的存取功能。客户端/服务器数据库主要适用于大型、多用户的数据库管理系统，应用程序包括两部分：一部分驻留在客户机上，用于向用户显示信息及实现与用户的交互；另一部分驻留在服务器中，用于实现对数据库的操作和对数据的计算处理。

2. 关系型数据库事务

与本地文本文件或 Web 爬取不同，一般不能直接访问公共数据库。数据库功能强大，但使用起来也有一些困难。更有可能的情况是，我们与之交互的 API 在幕后由关系型数据库提供动力，从而隐藏了复杂性。此外，虽然主要考虑的是读取数据，但数据库也可以写入，这就增加了滥用的可能性。因此，对数据库进行读/写访问的最有可能的情况是，数据库是由用户或用户所在的组织管理的。

关系型数据库的事务（transaction）遵循 ACID 特性。事务和现实世界中的交易类似，它有如下四个特性。

（1）A：atomicity（原子性）。原子性是指事务里的所有操作要么全部做完，要么都不做，事务成功的条件是事务里的所有操作都成功，只要有一个操作失败，整个事务就失败，需要回滚。例如银行转账，从 A 账户转 100 元至 B 账户，分为两个步骤：1）从 A 账户取 100 元；2）将 100 元存至 B 账户。这两步要么一起完成，要么均不完成，如果只完成第一步，而第二步失败，则钱会莫名其妙少 100 元。

（2）C：consistency（一致性）。一致性是指数据库要一直处于一致的状态，事务的运行不会改变数据库原本的一致性约束。例如，现有完整性约束 $a+b=10$，如果一个事务改变了 a，那么必须改变 b，使得事务结束后依然满足 $a+b=10$，否则事务失败。

（3）I：isolation（隔离性）。隔离性是指并发的事务之间不会互相影响，如果一个事务要访问的数据正在被另一个事务修改，只要另一个事务未提交，它所访问的数据就不受未提交事务的影响。例如，现在有一笔交易是从 A 账户转 100 元至 B 账户，在这笔交易还未完成的情况下，如果此时 B 查询自己的账户，则看不到新增加的 100 元。

（4）D：durability（持久性）。持久性是指一旦事务提交，它所做的修改将会永久地保存在数据库中，即使出现宕机，也不会丢失。

3. 关系模型结构

（1）关系（表文件）。关系型数据库采用二维表格来存储数据，是一种按行与列排列的具有相关信息的逻辑组，它类似于 Excel 工作表。一个数据库可以包含任意多张数据表。通俗地说，一个关系对应一张表。

（2）元组（记录）。表中的一行即为一个元组，或称为一条记录。

（3）属性（字段）。数据表中的每一列称为一个字段。表是由其包含的各种字段定义的，每个字段描述了它所包含的数据的意义。数据表的设计实际上就是对字段的设计。创建数据表时，为每个字段分配一个数据类型，定义它们的数据长度和其他属性。字段可以包含各种字符、数字，甚至图形。

(4) 属性值。行和列的交叉位置表示某个属性值，如“数据采集与处理：基于Python”就是课程名称的属性值。

(5) 主键。主键（primary key）也称主码或主关键字，是表中唯一确定元组的数据。主键用来确保表中记录的唯一性，可以是一个字段或多个字段，常用作一个表的索引字段。每条记录的主键都是不同的，因而可以唯一地标识一条记录。

(6) 域。属性的取值范围，如课程学分属性的取值范围是0～10之间的整数。

(7) 关系模式。关系的描述称为关系模式。关系模式一般表示为：关系名(属性1，属性2，…，属性 n)。例如：课程(课程号，课程名称，学分，任课老师)。关系模式这种简单的数据结构能够表达丰富的语义，描述现实世界的实体以及实体间的各种关系。

二、关系型数据库操作

1. SQL语言

SQL是执行增删改查事务的特定于域的语言。我们将主要研究使用SQL聚合数据的查询。下面是一个非常简单的查询示例：

```
SELECT * FROM products
```

这个语句选择并返回products表中的所有行。我们可以使用“WHERE”子句限制要检索的行数，下面的语句将检索价格高于100的所有行：

```
SELECT * FROM products WHERE 'Price' > 100
```

2. 关系型数据库操作流程

以常用的MySQL数据库为例，访问MySQL数据库的基本流程如图9-2所示。访问关系型数据库首先要创建对应数据库的连接（connect）；然后创建游标（cursor），通过游标对象执行数据库的具体操作，如数据的增、删、改、查等；操作完成后，需要关闭游标；最后关闭数据库连接以释放资源。

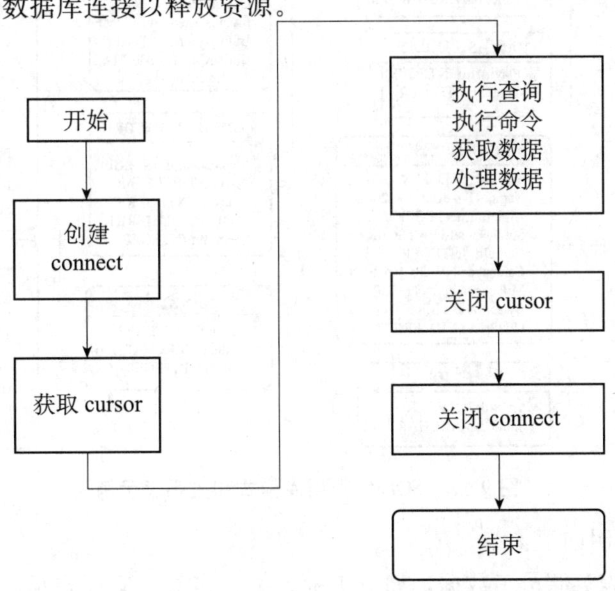

图9-2 访问MySQL数据库的基本流程

第二节　SQLite 数据库连接与访问

一、 SQLite 数据库简介

大多数数据库管理系统都是用客户端/服务器系统实现的，即数据库托管在一个专用服务器上，多个用户可以在该服务器上读写数据，例如 PostgreSQL、MySQL 和 Oracle。这些数据库管理系统的处理速度快，可以同时处理多个用户的请求和操作，不会引起冲突。但是它们需要安装服务器系统，所以我们使用 SQLite，它为单个用户工作并将整个数据库存储在单个文件中。SQLite 广泛用于单用户用例。虽然这些不同的数据库具有不同的特性和性能特征，但它们都支持 SQL，因此在这里学到的技能可以广泛使用。

SQLite 是一种嵌入式关系型数据库软件，即数据库是一个本地文件，自身并没有单独的伺服软件，但提供了相应的 API，以便访问该数据库文件。另外，也可以下载安装 SQLite Expert Personal 软件查看数据库内容，或者使用通用的关系型数据库管理客户端软件进行管理，如 Navicat 软件等。

二、 Python 访问 SQLite 操作

本书使用 SQLite 示例数据库资源。SQLite 数据库模式和关系表示例如图 9 - 3 所示。

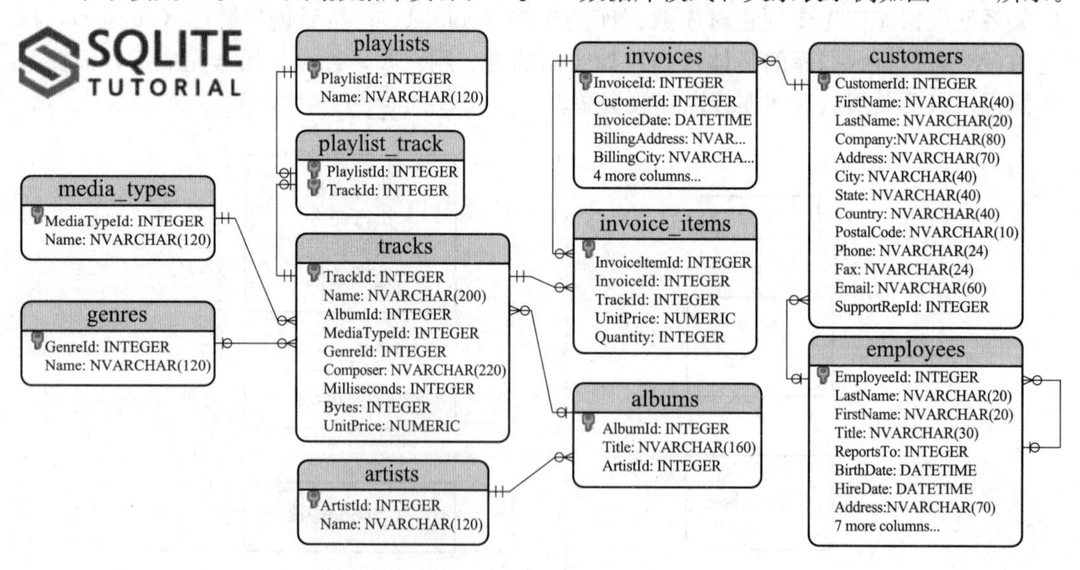

图 9 - 3　SQLite 数据库模式和关系表示例

数据库示例说明如下：

- employees 表存储员工数据，如员工 id、姓、名等。它还包括一个名为“Reports-

To”的字段，用于指定员工向谁报告。

- customers 表存储客户数据。
- invoices 和 invoice_items 表存储发票数据。invoices 表存储发票头数据，而 invoice_items表存储发票明细项数据。
- artists 表存储艺术家数据，只包含艺术家 id 和姓名。
- albums 表存储专辑曲目列表数据。每张专辑属于一位艺术家，而一位艺术家可能有多张专辑。
- media_types 表存储媒体类型数据，如 MPEG 音频文件、AAC 音频文件等。
- genres 表存储音乐类型数据，如摇滚、爵士和重金属等。
- tracks 表存储歌曲数据，每个曲目（对应一首音乐）属于一张专辑（唱片）。
- playlists 和 playlist_track 表：playlists 表存储有关播放列表的数据，每个播放列表包含了曲目，每个音轨可能属于多个播放列表。播放列表 playlists 和曲目表 tracks 之间的关系是多对多的；playlist_track 表用于反映这种关系。图 9-3 突出显示了每个表中的主键以及它们之间的关系，使用外键彼此连接。注意，“员工”有一个自我引用，以捕获报告给谁（ReportsTo）的关系。

Python 中的 sqlite3 模块可用于操作 SQLite 数据库，示例程序如下：

```
import pandas as pd
import sqlite3 as sq                    #导入 sqlite3 模块
conn=sq.connect("./chinook.db")         #连接到数据库
c=conn.cursor()                         #获取数据库的操作游标
c.execute("SELECT * FROM albums")       #执行 SQL 语句
#获取并打印结果中的一行
print(c.fetchone())                     #游标 cursor 是一个迭代器，可以循环读取
```

运行结果如下：

```
(1,'For Those About To Rock We Salute You',1)
```

这里使用游标来访问数据。要在执行 SELECT 语句后检索数据，可以将游标视为迭代器，调用游标的 fetchone 函数来检索单个匹配行，或者调用 fetchall 函数来获取匹配行的列表。下面的示例程序讲解了如何使用它作为迭代器。

```
for row in c:
    if(row[0]<10):                 #限制输出行数
        print(row)
c.execute("SELECT * FROM albums")
c.fetchall()                       #一次获取所有记录
```

三、 pandas 与关系型数据库访问

对于关系型数据库表的读写操作，pandas 提供了更简易的方法，可以分别使用 read_sql

和 to_sql 函数对关系型数据库表进行读写操作。

示例程序如下：

```
# 类似于 read_csv 函数
pd.read_sql("""SELECT * FROM albums""", conn).head()  #单个表访问
#多表内连接查询访问
df=pd.read_sql("""SELECT trackid, tracks.name as Track, albums.title as Album
FROM tracks INNER JOIN albums ON albums.albumid=tracks.albumid""", conn).head
(30)
df.to_sql(name="al_track",con=conn,if_exists="replace")
```

第三节　MySQL 数据库连接与访问

一、MySQL 数据库简介

1. 什么是 MySQL

MySQL 是一个小型的关系型数据库管理系统，由于该软件体积小、运行速度快、操作方便，目前广泛应用于中小企业网站的后台。

在本地计算机上安装好 MySQL 后，在 Windows 命令行中输入“net start mysql”即可启动该程序。若要进入 MySQL 可执行程序目录，输入命令“mysql-u root”即可进入 MySQL 中的命令行模式。

2. MySQL 基本操作

MySQL 数据库的基本操作主要分为操作 MySQL 数据库和操作 MySQL 数据表，对应定义数据库或数据表的操作语句称为数据定义语言（data definition language，DDL），而对应增、删、改、查的操作语句则称为数据操纵语言（data manipulation language，DML）。

MySQL 数据库的基本操作主要有以下几种：

（1）创建数据库：CREATE　DATABASE　*数据库名*。

（2）查看数据库：SHOW　DATABASES。

（3）选择指定数据库：USE　*数据库名*。

（4）删除数据库：DROP　DATABASE　*数据库名*。

MySQL 数据表的基本操作主要有以下几种：

（1）创建数据表：CREATE　TABLE　*数据表名*。

（2）查看数据表：SHOW　TABLES。

（3）查看数据表结构：DESCRIBE　*数据表名*。

（4）向数据表中添加记录：INSERT　INTO　*数据表名*　VALUES。

（5）修改数据表中的记录：UPDATE　*数据表名*。

（6）查询数据表记录：SELECT　……。

二、 Python访问MySQL操作

1. MySQL访问相关模块pymysql

在Python 3中，可以使用pymysql库来实现MySQL数据库的访问。pymysql库是一个纯Python库，可以直接安装使用，安装时可在Windows命令行中输入以下命令：

pip install pymysql

在Python中访问MySQL数据库和用C++访问数据库的方法基本相同，主要有以下步骤：

（1）通过pymysql库的方法与MySQL数据库建立连接。

（2）编写SQL语句。

（3）连接返回的数据库连接对象，调用相应方法执行SQL语句。

（4）读取数据库返回的数据（即缓冲区中的数据）。

（5）对相应的返回数据进行操作。

（6）关闭数据库连接对象，关闭数据库。

使用pymysql模块访问数据库的一般流程如下：

（1）导入模块。

```
import pymysql
```

（2）创建数据库连接对象。

```
con=pymysql.connect(host,port,user,password,database,charset)
```

（3）使用数据库连接对象调用cursor函数创建游标。

```
cur=con.cursor()
```

注意，创建游标时会默认开启一个隐式的事务，在执行增、删、改的操作后需要提交（commit）事务，如果不提交，默认为事务回滚（rollback），即操作并没有生效；如果操作失败，可调用rollback函数回滚撤销事务。

（4）编写SQL语句字符串，并执行SQL语句。

```
sql='''增删改查的SQL语句'''
cur.execute(sql,参数)
```

execute函数可以使用元组（tuple）、列表（list）、字典（dict）这三种方式传参，一般使用元组或列表的方式。

（5）当需要显示查询后的结果时，可以通过fetchone、fetchmany、fetchall函数获取查询后的结果元组。

（6）提交事务并关闭游标。对数据进行增、删、改后需要提交事务，否则所有操作无效。

```
con.commit()
cur.close()
```

（7）关闭数据库连接。

```
con.close()
```

2. MySQL 访问相关模块 sqlalchemy

sqlalchemy 是 Python 的一款开源软件，提供了 SQL 工具包及对象关系映射（object relational mapping，ORM）工具，使用 MIT 许可证发行。sqlalchemy 首次发行于 2006 年 2 月，并迅速成为 Python 社区最广泛使用的 ORM 工具之一，不亚于 django 内嵌的 ORM 框架。其安装方式如下：

```
pip install sqlalchemy 或 conda install sqlalchemy
```

sqlalchemy 操作数据库的步骤与其他模块基本类似，只是涉及具体的大型网络关系型数据库时，需要下载对应的数据库引擎，即对应数据库模块。如连接 MySQL 时需要同时下载安装 pymysql 库。sqlalchemy 的使用方法和操作如图 9-4 所示。

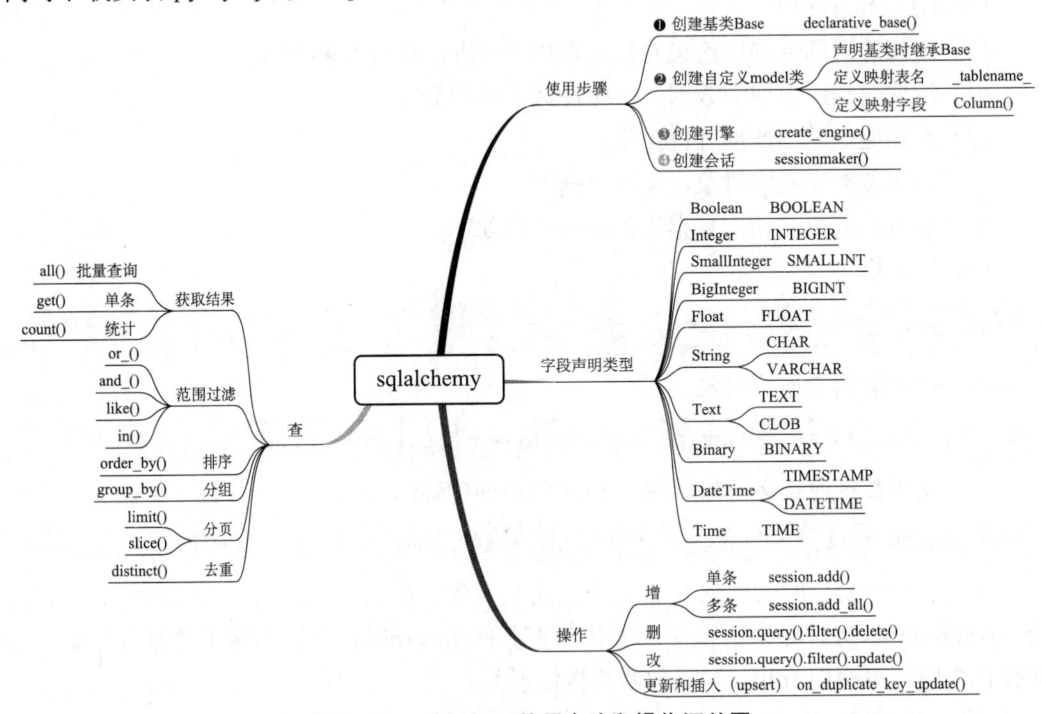

图 9-4　sqlalchemy 使用方法和操作汇总图

连接 MySQL 数据库的字符串 URL 形式为：

```
db_url="mysql+pymysql://{username}:{password}@{host}:{port}/{db}?charset
=utf8"
```

通过 create_engine 函数来连接数据库：

```
from sqlalchemy import create_engine
engine=create_engine(db_url)
conn=engine.connect()
result=conn.execute("select 1")
```

3. sqlalchemy 访问 MySQL 示例

以 MySQL 数据库自带的 world 数据库（又称为 Schema）的访问为例，示例程序如下：

```
# sqlalchemy 操作 MySQL 简单查询示例
# 1. 导入模块
from sqlalchemy import *
from sqlalchemy.orm import *
# 2. 建立数据库引擎
#mysql_engine=create_engine("$address", echo, module)
#address 数据库://用户名:密码(没有密码则为空)@主机名:端口/数据库名
#echo 标识用于设置通过 Python 标准日志模块完成的 sqlalchemy 日志系统，当开启日志功能时，将能看到所有的 SQL 生成代码
db_url="mysql+pymysql://root:xxxxx@127.0.0.1:3306/world?charset=utf8"
mysql_engine=create_engine(db_url)
# 3. 建立连接
connection=mysql_engine.connect()
# 4. 查询表信息
sql_stat="""select * from world.city limit 100"""
result=connection.execute(sql_stat)
for row in result:
    print(row)
# 5. 关闭连接
connection.close()
```

思考与练习

1. 关系型数据库的操作有哪些？对应的 SQL 脚本有哪些？
2. 操作关系型数据库 MySQL 的 Python 模块有哪些？通用的操作步骤有哪些？
3. 对于网络关系型数据库的连接，一般需要哪些必要的参数？
4. 什么是嵌入式关系型数据库？有何特点？
5. 关系型数据库的 ACID 特性指的是什么？怎么操作才能保证 ACID 特性？
6. 试比较关系型数据库表之间的连接与 pandas 的 DataFrame 之间的连接的具体操作差异。

延伸阅读材料

1. 李月军. 数据库原理及应用（MySQL 版）. 2 版. 北京：清华大学出版社，2023.
2. MySQL 开发文档. dev.mysql.com/doc/.

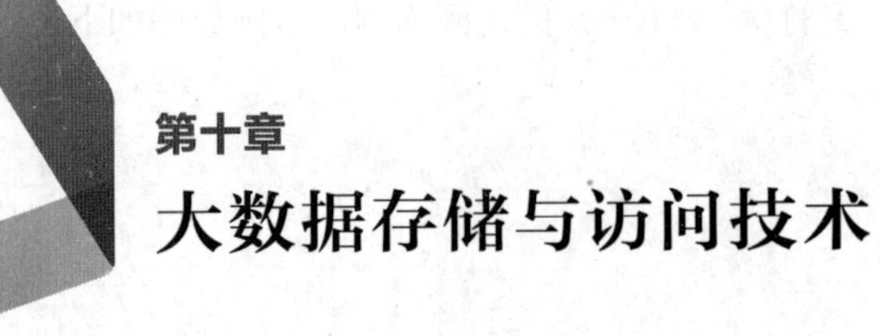

第十章 大数据存储与访问技术

教学目标

1. 了解大数据的相关概念、关键技术、计算模式和 NoSQL 数据库分类，理解非关系型数据库（NoSQL）的 CAP 定理和 BASE 原则；

2. 了解 NoSQL 数据库 MongoDB 的特点和存储模式，掌握基于 Python 的 MongoDB 的操作步骤及相关模块和方法。

引导案例

有人把数据比喻为蕴藏能量的煤矿，现实中数据已成为重要的生产要素，大数据在人工智能、业务决策、经济发展中也逐渐发挥着越来越重要的作用。2015 年国务院正式印发《促进大数据发展行动纲要》，明确指出要全面推进大数据发展和应用。同年，我国“十三五”规划纲要中提出实施大数据战略。“十三五”期间我国大数据产业蓬勃发展，整体呈现出梯级分布、路径多样、集聚发展三大特点。2021 年 3 月，国家发布的“十四五”规划明确提出，要加快构建全国一体化大数据中心体系，强化算力统筹智能调度，建设若干国家枢纽节点和大数据中心集群。2021 年 11 月 30 日，工业和信息化部发布《“十四五”大数据产业发展规划》，全力推动大数据产业高质量发展。

第一节 大数据技术

一、 大数据概述

1. 什么是大数据

2006 年麦肯锡首次提出了大数据（big data）的概念，它是指在一定时间范围内无法用常规软件工具进行捕捉、管理和处理的数据集合，是需要新处理模式才能具有更强的决策力、洞察发现力和流程优化能力的海量、高增长率和多样化的信息资产。

随着对大数据认识的不断加深，人们认为大数据一般具有4V+1O特征：数据量大（volume）、数据类型繁多（variety）、数据产生速度快（velocity）、数据价值密度低（value），以及数据在线（online）。

（1）数据量大。大数据中的数据量大，就是指海量数据。大数据之“大”还表现在其采集范围和内容的丰富多变，能存入数据库的不仅包含各种规律性的数据符号，还囊括了各种非规则的数据（如图片、视频、声音等）。

（2）数据类型繁多。大数据类型繁多，从结构上可分为结构化数据、半结构化数据和非结构化数据。

（3）数据产生速度快。随着网络技术（特别是移动网络技术）和各种应用的普及，人们的网络活动日渐频繁，数据产生的速度不断加快，而对数据处理的速度和效率要求也日渐提高。

（4）数据价值密度低。大数据虽然数据量巨大，包含了大量有价值的信息和知识，但同时也可能包含了大量的脏数据、重复数据和无效数据，导致数据的价值密度相对较低。

（5）数据在线。大数据概念伴随着网络时代出现，而且大数据的产生也主要源于各类网络活动，其存储也同样依赖于分布式网络系统，因此可以说大数据是永远在线的。

2. 大数据的发展

大数据的发展主要历经了三个阶段：出现阶段、热门阶段和应用阶段。

（1）出现阶段（1980—2008年）。随着数据挖掘理论和数据库技术的逐步成熟，一批商业智能工具和知识管理技术（如数据仓库、专家系统、知识管理系统等）开始被应用，方便企业、机构对内部数据进行统计、分析和挖掘利用。

（2）热门阶段（2009—2012年）。非结构化数据的大量产生使得传统处理方法难以应对，带动了大数据技术的快速突破，大数据解决方案逐渐走向成熟，形成了并行计算与分布式系统两大核心技术，谷歌的GFS和MapReduce等大数据技术受到追捧，Hadoop平台开始大行其道。

（3）应用阶段（2013年至今）。大数据应用渗透各行各业，数据驱动决策，信息社会智能化程度大幅提高，同时将出现跨行业、跨领域的数据整合，甚至是全社会的数据整合。大数据已成为以数据生成、采集、存储、加工、分析、服务为主的战略性新兴产业。

3. 大数据的应用

大数据的应用无处不在，从金融业到娱乐业，从制造业到互联网行业，从物流业到运输业，到处都有大数据的身影。

二、 大数据关键技术

大数据关键技术涵盖数据存储、处理、应用等多个方面，根据大数据的处理过程，可将其分为大数据采集、大数据预处理、大数据存储及管理、大数据处理、大数据分析及挖掘等。

（1）大数据采集技术。大数据采集技术是指通过射频识别（radio frequency identification，RFID）、传感器、社交网络交互及移动互联网等方式获得各种类型的结构化、半结构化及非结构化的海量数据。因为数据源多种多样，数据量大，数据产生速度快，所以大数据采集技术也面临着许多技术挑战，不仅需要保证数据采集的可靠性和高效性，还要避免重复数据。

（2）大数据预处理技术。大数据预处理技术主要是指完成对已接收数据的辨析、抽取、清洗、填补、平滑、合并、规格化及一致性检查等操作。因获取到的数据可能具有多种结构和类型，数据预处理的主要目的是将这些复杂的数据转化为单一的或者便于处理的结构，以达到快速分析处理的目的。

（3）大数据存储及管理技术。大数据存储及管理的主要目的是用存储器把采集到的数据存储起来，建立相应的数据库进行存储、管理和调用。

（4）大数据处理技术。大数据的应用类型很多，主要的处理模式可以分为流处理模式和批处理模式两种。批处理是先存储后处理；而流处理则是直接处理，实时性较高。

（5）大数据分析及挖掘技术。大数据分析及挖掘是指利用先进的算法和技术，对大规模数据进行智能化的分析、处理和挖掘的过程。它一般基于人工智能、机器学习、模式识别、统计学、数据库、可视化技术等，可以高度自动化地对数据进行分析并归纳、推理，从而在其中挖掘出潜在的价值。

三、 大数据计算模式

根据处理方式和用途的不同，大数据计算模式及相关技术包括以下方面：

- 查询与分析计算，即数据的存储管理和查询分析。主要技术和应用有：HBase、Hive、Cassandra、Premel、Impala、Shark、Hana、Redis 等。
- 批处理计算，即针对大规模数据的批量处理。主要技术和应用有：Hadoop、Spark 等。
- 流式计算，即针对流数据的实时计算处理。主要技术和应用有：Scribe、Flume、Storm、S4、Spark Streaming 等。
- 图计算，即针对大规模图结构数据的处理。主要技术和应用有：Pregel、PowerGraph、GraphX、Neo4j 等。
- 内存计算，即基于内存对大数据进行存储和计算。主要技术和应用有：Dremel、Hana、Redis 等。

第二节 非关系型数据库简介

一、NoSQL 数据库简介

1. 什么是 NoSQL

在现代计算系统中，网络上每天都会产生庞大的数据量，这些数据有很大一部分由关系型数据库管理系统（RDBMS）来处理。1970 年埃德加·弗兰克·科德（E. F. Codd）发表了关系模型的论文“A relational model of data for large shared data banks”，这使数据建模和应用程序编程变得更加简单。应用实践证明，关系模型非常适用于客户端/服务器编程，远远超出预期，今天它是结构化数据存储在网络和商务应用中的主导技术。

NoSQL（NoSQL＝Not Only SQL，即“不仅仅是 SQL”）是一项全新的数据库革命性运动，早期就已有人提出，至 2009 年发展趋势愈发高涨。NoSQL 的拥护者们提倡运用非关系型的数据存储。相比广泛的关系型数据库的运用，这一概念无疑是一种全新的思维注入。

2. RDBMS 与 NoSQL 比较

传统的关系型数据库仍然在当今社会各个领域的信息系统建设中占据重要地位，相比后起之秀 NoSQL 数据库，RDBMS 具有以下特点：

- 拥有高度组织化、结构化的数据。
- 支持结构化查询语言（SQL），如数据操纵语言（DML）、数据定义语言（DDL）。
- 数据和关系都存储在单独的表中。
- 具有严格的一致性。
- 处理基础事务。

进入移动互联大数据时代，传统 RDBMS 对有效管理和高效响应用户访问大数据的需求愈发吃力，因此各类新兴的 NoSQL 数据库应运而生。这些 NoSQL 数据库具有以下特点：

- 代表不仅仅是 SQL。
- 没有声明性查询语言。
- 没有预定义的模式。
- 存储模式多样，如 key-value 存储、列存储、文档存储、图形存储。
- 最终一致性，而非 ACID 特性。
- 数据非结构化且不可预知。
- 遵循 CAP 定理。
- 具有高性能、高可用性和可伸缩性。

二、 CAP 定理

1. 什么是 CAP 定理

传统的关系型数据库有很强的理论基础，新兴的 NoSQL 数据库也需要理论指导。

在计算机科学中，CAP 定理（CAP theorem）又称作布鲁尔定理（Brewer's theorem），它指出对于一个分布式计算系统来说，不可能同时满足以下三点：

（1）一致性（consistency）：所有节点在同一时间具有相同的数据。

（2）可用性（availability）：每个请求不管成功还是失败都有响应。

（3）分区容错性（partition tolerance）：系统中任意信息的丢失或失败不会影响系统的继续运作。

CAP 定理的核心是：一个分布式系统不可能同时很好地满足一致性、可用性和分区容错性这三个需求，最多只能同时较好地满足其中两个。

因此，根据 CAP 定理可将 NoSQL 数据库分成满足 CA 原则、满足 CP 原则和满足 AP 原则三大类。

（1）满足 CA 原则的数据库：单点集群，满足一致性和可用性的系统，通常在可扩展性上不太强大。

（2）满足 CP 原则的数据库：满足一致性和分区容错性的系统，通常性能不是特别高。

（3）满足 AP 原则的数据库：满足可用性和分区容错性的系统，通常可能对一致性要求低一些。

2. 什么是 BASE 原则

BASE，即 basically available，soft-state，eventually consistent，由埃里克·布鲁尔（Eric Brewer）定义。CAP 定理说明分布式系统不可能同时很好地满足一致性、可用性和分区容错性这三个需求，BASE 则是 NoSQL 数据库通常对可用性及一致性的弱要求原则：

（1）basically available：基本可用。

（2）soft-state：软状态/柔性事务。“soft state”可以理解为“无连接”的，而“hard state”是“面向连接”的。

（3）eventually consistent：最终一致性，也是 ACID 的最终目的。

三、NoSQL 数据库分类

按照存储方式，NoSQL 数据库可分为以下几类：

（1）列存储：如 HBase、Cassandra、Hypertable 等，顾名思义，是按列存储数据。最大的特点是方便存储结构化和半结构化数据，方便进行数据压缩，在针对某一列或者某几列的查询方面有非常大的 I/O 优势。

（2）文档存储：如 MongoDB、CouchDB，一般用类似 JSON 的格式存储，存储的内容是文档型的。这样就可以对某些字段建立索引，实现关系型数据库的某些功能。

（3）key-value 存储：如 Tokyo Cabinet/Tyrant、Berkeley DB、MemcacheDB、Redis 等，可以通过 key 快速查询到其 value。一般来说，存储不管 value 的格式，照单全收。

（4）图形存储：如 Neo4j、FlockDB 等，图形关系的最佳存储。使用传统关系型数据库来存储时性能低下且使用不方便。

（5）对象存储：如 db4o、Versant 等，通过类似面向对象语言的语法操作数据库，通过对象的方式存取数据。

（6）XML 存储：如 Berkeley DB XML、BaseX 等，高效地存储 XML 数据，并支持 XML 的内部查询语法，比如 XQuery、XPath。

第三节　MongoDB 数据库连接与访问

一、MongoDB 数据库简介

1. 什么是 MongoDB

MongoDB 是一个由 C++语言编写的基于分布式文件存储的开源数据库系统。在高负载的情况下，添加更多节点可以保证服务器性能。

MongoDB 旨在为 Web 应用提供可扩展的高性能数据存储解决方案。MongoDB 将数据存储为一个文档，数据结构由 key-value 对组成，类似于 JSON 对象，字段值可以包含其他文档、数组及文档数组。其存储数据的结构示例如图 10－1 所示。

```
{
  name: "sue",                       ←— field: value
  age: 26,                           ←— field: value
  status: "A",                       ←— field: value
  groups: [ "news", "sports" ]       ←— field: value
}
```

图 10－1　MongoDB 存储数据结构示例

2. MongoDB 的主要特点

MongoDB 是一个面向文档存储的数据库，操作起来比较简单和容易，它的优点是高性能、易部署、易使用，存储数据非常方便。主要特点有：

（1）模式自由。MongoDB 面向集合（collection-oriented），数据被分组存储在数据集中，称为一个集合（collection）。每个集合在数据库中都有唯一的标识名，并且可以包含不限数目的文档。集合的概念类似关系型数据库里的表，不同的是它不需要定义任何模式。

（2）支持完全索引，包含内部对象。可以在 MongoDB 记录中设置任何属性的索引（如：FirstName＝"Sameer"，Address＝"8 Gandhi Road"）来实现更快的排序。

（3）扩展性强。可以通过本地或者网络创建数据镜像，负载可以分布到计算机网络的其他节点中。

（4）支持动态查询和丰富的查询表达式，并使用 Map/reduce 函数对数据进行批量处理和聚合操作，使用 update 命令可以替换完成的文档（数据）或者一些指定的数据字段。查询指令使用 JSON 形式的标签，可轻易查询文档中内嵌的对象及数组。

（5）GridFS 是 MongoDB 中的一个内置功能，可以用于存放大量小文件。

（6）允许在服务器端执行脚本。可以用 JavaScript 编写某个函数，直接在服务器端执行；也可以把函数的定义存储在服务器端，下次直接调用。

（7）MongoDB 支持各种编程语言，如 Ruby，Python，Java，C++，PHP，C#等。

二、 Python 访问 MongoDB 操作

（1）准备工作。在开始之前，请确保已经安装好 MongoDB 并启动了其服务，并且安装了 Python 的 pymongo 库。

（2）连接 MongoDB。连接 MongoDB 时，需要使用 pymongo 库中的 MongoClient。一般来说，传入 MongoDB 的 IP 及端口即可，其中第一个参数为地址 host，第二个参数为端口 port（默认是 27017）：

```
import pymongo
client=pymongo.MongoClient(host='localhost', port=27017)
```

这样就可以创建 MongoDB 的连接对象了。

另外，MongoClient 的第一个参数 host 还可以直接传入 MongoDB 的连接字符串，它以 mongodb 开头，例如：

```
client=MongoClient('mongodb://localhost:27017/')
```

（3）指定数据库。MongoDB 中可以建立多个数据库，接下来需要指定操作哪个数据库。这里以 test 数据库为例来说明：

```
db=client.test
```

调用 client 的 test 属性即可返回 test 数据库。当然，也可以这样指定：

```
db=client['test']
```

（4）指定集合。MongoDB 的每个数据库又包含许多集合，它们类似于关系型数据库中的表。因此需要指定要操作的集合，这里指定一个集合名称为 students。与指定数据库类似，指定集合也有两种方式：

```
collection=db.students
collection=db['students']
```

这样我们便声明了一个 collection 对象。

Python 操作 MongoDB 的示例程序及备注说明如下：

```
#1. 导入模块
import pymongo
#2. 连接数据库
client=pymongo.MongoClient(host='localhost', port=27017)
```

```
#MongoClient 的第一个参数 host 还可以直接传入 MongoDB 的连接字符串，它以mongodb开头
client=MongoClient('mongodb://localhost:27017/')
#3. 指定数据库，需要提前创建包含"posts"集合的数据库 test-database
db=client['test-database']  #或者 db=client.test-database
#4. 指定集合：MongoDB 的每个数据库包含许多集合，它们类似于 RDBMS 中的表
collection=db.posts          #或者 db['posts']
#5. 插入数据：posts 集合的数据结构是 key-value 形式，因此定义一个字典形式的数据插入
post_record={'author':"CUEB",'text':"My first blog post for CUEB!",'tags':"Py-
            thon"}
#插入一条记录，也可使用 insert_many 函数同时插入多条数据，函数参数需为列表形式
result=collection.insert_one(post_record)
#在 MongoDB 中，每条数据其实都有一个_id 属性来唯一标识，如果没有显式指明该属性，MongoDB 会自动产生一个 ObjectId 类型的_id 属性，insert 函数会在执行后返回_id 值
print("插入数据结果 objectId:",result)
#插入数据后，可以利用 find_one 或 find 函数进行查询，其中 find_one 查询得到的是单个结果，find 则返回一个生成器对象
#6. 查询
result=collection.find_one({'author':'Dongpu'})
print(type(result))
print("查询结果:",result)
#7. 更新：可以使用 update 类函数，指定更新的条件和更新后的数据即可
condition={'author':'Dongpu'}
student=collection.find_one(condition)
student['text']="Hello Beijing"
#新版本建议使用 replace_one、update_one 或 update_many 函数
result=collection.replace_one(condition,student)
print("更新结果:",result)
```

思考与练习

1. 试比较 NoSQL 数据库与关系型数据库特征的异同之处。
2. 什么是 NoSQL 数据库的 CAP 定理？它与关系型数据库的 ACID 特性有何异同？
3. 什么是 NoSQL 数据库的 BASE 原则？它与关系型数据库的 ACID 特性有何异同？
4. NoSQL 数据库有哪些类别？
5. MongoDB 的主要特点有哪些？对应的 Python 模块有哪些？主要操作步骤有

哪些？

延伸阅读材料

1. 林子雨. 大数据技术原理与应用. 2 版. 北京：人民邮电出版社，2017.
2. MongoDB 快速入门. www.mongodb.com/docs/guides/.

第十一章
数据集成与 ETL 技术

教学目标

1. 了解数据集成的基本概念、分类、常见方法和相关产品；

2. 了解 ETL 相关技术和常用的 ETL 工具，理解常见的 ETL 相关技术和基本操作方法。

引导案例

大数据时代，“信息孤岛”“数据烟囱”“信息壁垒”等名词已显得不符合潮流。我国电子政务建设早期，各个政府主管部门纷纷上线自己独立的业务信息系统，但是不同委办局之间数据不共享，形成了事实上的“信息孤岛”，导致个人和企业办理业务时出现“跑断腿”的现象，同时也影响了政府决策和监管的效率与效果。为了解决上述问题，我国各省市开始着力打破部门信息壁垒，采用数据集成技术推进政务信息的资源共享。2006 年，北京市建成全国首个政务信息资源共享交换平台。2016 年，国务院印发了《政务信息资源共享管理暂行办法》，用于规范政务部门间政务信息资源共享工作，加快推动政务信息系统互联和公共数据共享。

第一节　数据集成

一、 数据集成概述

大型组织中往往同时运行多个应用系统并管理和存储多种数据，对于管理者和决策者而言，往往需要对整个组织中不同来源的业务数据进行整体分析，才能完整反映一个组织的业务面貌及不同部门和业务之间的联系，从而进行科学准确的业务决策。数据集成（data integration，DI）就是将不同来源的异构数据，通过数据清洗、转换等多种处理，合并成一致的数据视图或物理存储。数据集成的核心任务是将互相关联的分布式异构数据源集成到一起，使用户能够以透明的方式访问这些数据源。集成是指维护数据源整体上的数据一致性，提高信息共享利用的效率；透明的方式是指用户无须关心如何实现对异构数据源数据的访问，只关心以何种方式访问何种数据。实现数据集成的系统称作数据集成系统，它为用户提供统一的数据源访问接口，执行用户对数据源的访问请求。

数据集成的数据源主要指关系型数据库系统和非关系型数据库系统，广义上也包括各类 XML 文档、HTML 文档、电子邮件、普通文件等结构化、半结构化数据。数据集成是信息系统集成的基础和关键，但数据集成主要存在以下难点：

（1）异构性。被集成的数据源通常是独立开发的，数据模型异构给集成带来了很大困难。这种异构性主要表现在数据语义、相同语义数据的表达形式、数据源的使用环境等方面。

（2）分布性。数据源是异地分布的，依赖网络传输数据，这就存在网络传输的性能和安全性等问题。

（3）自治性。各个数据源有很强的自治性，它们可以在不通知集成系统的前提下改变自身的结构和数据，给数据集成系统的鲁棒性带来挑战。

二、数据集成分类

数据集成可以分为以下 4 个层次。

1. 基本数据集成

基本数据集成面临的问题很多，通用标识符问题是数据集成时遇到的最大难题之一。当同一业务实体存在于多个系统源中，并且没有明确的办法确认这些实体是同一实体时，就会产生这类问题。处理该问题的办法如下：

（1）隔离。保证实体的每次出现都指派唯一标识符。

（2）调和。确认哪些实体是相同的，并将该实体的各次出现合并起来。

当目标元素有多个来源时，可指定某一系统在冲突时占主导地位。

数据丢失问题是最常见的问题之一，一般的解决办法是为丢失的数据产生一个非常接近实际的估计值来进行处理。

2. 多级视图集成

多级视图机制有助于对数据源之间的关系进行集成：底层数据表示为局部模型的局部格式，如关系和文件；中间数据表示为公共模型格式，如扩展关系模型或对象模型；高级数据表示为综合模型格式。

多级视图集成的过程分为两级映射：

（1）数据从局部数据库中经过数据翻译、转换，集成为符合公共模型格式的中间视图。

（2）进行语义冲突消除、数据集成和数据导出处理，将中间视图集成为综合视图。

3. 模式集成

模式集成是人们最早采用的数据集成方法。其基本思想是，在构建集成系统时将各数据源的数据视图集成为全局模式，使用户能够按照全局模式透明地访问各数据源的数据。全局模式描述了数据源共享数据的结构、语义及操作等。用户直接在全局模式的基础上提交请求，然后数据集成系统处理这些请求，转换成各个数据源在本地数据视图基础上能够执行的请求。模式集成的特点是直接为用户提供透明的数据访问方法。由于用户使用的全局模式是虚拟的数据源视图，一些学者也把模式集成称为虚拟视图集成。模式集成要解决两个基本问题：一是构建全局模式与数据源数据视图间的映射关系；二是处理用户在全局模式基础上的查询请求。

模式集成需要将原来异构的数据模式做适当的转换，消除数据源间的异构性并映射成全局模式。全局模式与数据源数据视图映射的构建方法有两种：全局视图法和局部视图法。全局视图法中的全局模式是在数据源数据视图基础上建立的，它由一系列元素组成，每个元素对应一个数据源，表示相应数据源的数据结构和操作；局部视图法先构建全局模式，数据源的数据视图则是在全局模式基础上定义，然后由全局模式按一定的规则推理得到。用户在全局模式基础上查询请求时需要被映射成各个数据源能够执行的查询请求。

4. 多粒度数据集成

多粒度数据集成是异构数据集成中最难处理的问题，理想的多粒度数据集成模式是自动逐步抽象。

数据综合（或数据抽象）是指高精度数据经过综合形成精度较低但粒度较大的数据。其作用过程为从多个较高精度的局部数据中获得较低精度的全局数据。在这个过程中，要对各局域中的数据进行综合，提取其主要特征。数据综合集成的过程实际上是特征提取和归并的过程。

数据细化是指通过一定精度的数据获取精度较高的数据。实现该过程的主要途径有：时空转换、相关分析或者通过综合中数据变动的记录进行恢复。数据集成是最终实现数据共享和辅助决策的基础。

三、常见数据集成方法

1. 联邦数据库

联邦数据库是人们早期采用的一种模式集成方法。联邦数据库系统（federated database system，FDBS）是一个彼此协作却又相互独立的单元数据库（component database system，CDBS）的集合，它将单元数据库系统按不同程度进行集成，对该系统整体提供控制和协同操作的软件叫作联邦数据库管理系统（federated database management system，FDBMS）。一个单元数据库可以加入若干个联邦数据库管理系统，每个单元数据库系统可以是集中式的，也可以是分布式的，或者是另外一个FDBMS。图11-1为联邦数据库管理系统的体系结构。

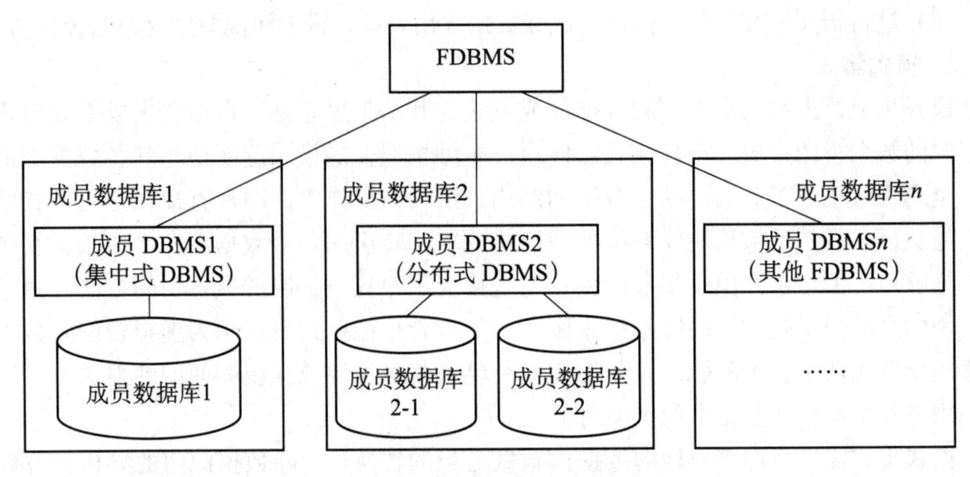

图 11-1 联邦数据库管理系统体系结构

联邦数据库产品当前已经不常用，早期具有影响力的产品有 DB2 联邦数据库。

2. 中间件集成方法

中间件（mediator）集成方法是目前比较流行的数据集成方法，中间件模式通过统一的全局数据模型来访问异构数据库、遗留系统、Web 资源等。中间件位于异构数据源系统（数据层）和应用程序（应用层）之间，向下协调各数据源系统，向上为访问集成数据的应用提供统一的数据模式和数据访问的通用接口。各数据源的应用仍然完成它们的任务，中间件系统则主要集中为异构数据源提供高层次检索服务。它同样使用全局数据模式，通过在中间层提供一个统一的数据逻辑视图来隐藏底层的数据细节，使得用户可以把集成数据源看作一个统一的整体。这种模型的关键问题是如何构造这个逻辑视图并使得不同数据源能映射到这个中间层。

与联邦数据库不同，中间件系统不仅能够集成结构化数据源中的信息，还可以集成半结构化或非结构化数据源中的信息，如 Web 信息。典型的基于中间件的数据集成系统的体系结构如图 11-2 所示，该结构主要包括中间件和封装器（wrapper，也称为适配器(adapter)），其中每个数据源对应一个封装器。中间件通过封装器和各个数据源交互。用户在全局数据模式的基础上向中间件发出查询请求。中间件处理用户请求，将其转换成各个数据源能够处理的子查询请求，并对此过程进行优化以提高查询处理的并发性，减少响应时间。封装器对特定数据源进行封装，将其数据模型转换为系统所采用的通用模型，并提供一致的访问机制。中间件将各个子查询请求发送给封装器，由封装器和其封装的数据源交互，执行子查询请求，并将结果返回给中间件。

集成中间件产品较多，如国产软件有东方通的数据交换平台 TongDXP、谷云科技的实时数据集成平台 RestCloud 等，国外商业软件有 Informatica 的 Enterprise Data Integration、Oracle 的 ODI（Oracle Data Integrator）等，开源软件有 Kettle 等。

3. 数据仓库方法

数据仓库方法是一种典型的数据复制方法。该方法将各个数据源的数据复制到同一处，即数据仓库。用户可以像访问普通数据库一样直接访问数据仓库，其基本原理和结构如图 11-3 所示。

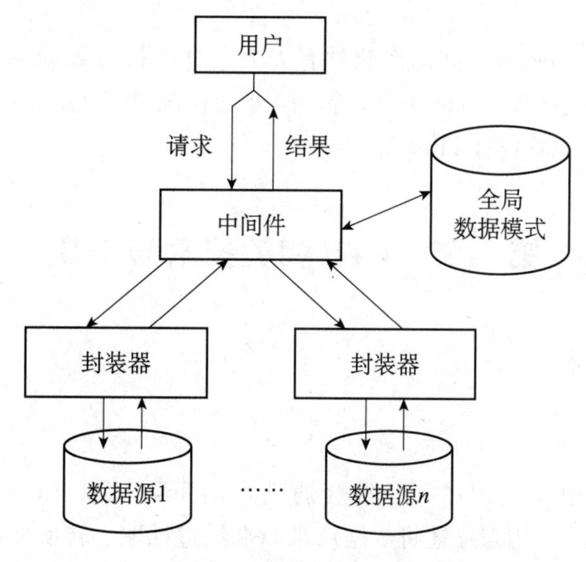

图 11－2　基于中间件的数据集成系统体系结构

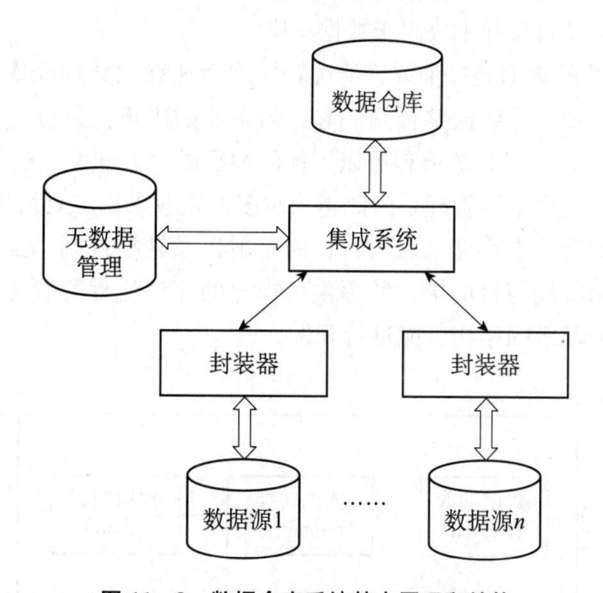

图 11－3　数据仓库系统基本原理和结构

数据仓库是在数据库已经大量存在的情况下，为了进一步挖掘数据资源和决策需要而产生的。目前，大部分数据仓库还是用关系型数据库管理系统来管理，将前端查询和分析作为基础，后端存储用于决策支持的当前和历史数据，操作以查询和读取为主，基本不会再对数据进行修改。

从内容和设计的原则来讲，传统的操作型数据库是面向事务设计的，数据库中通常存储在线交易数据，设计时尽量避免冗余，一般采用符合范式的规则来设计；而数据仓库是面向主题设计的，存储的一般是历史数据，在设计时有意引入冗余，采用反范式的方式来设计。另外，从设计的目的来讲，数据库是为捕获数据而设计的；而数据仓库是为分析数据而设计的，它的两个基本元素是维表和事实表。维是看问题的角度，例如时间、部门，维表中存放的就是这些角度的定义；事实表里存放着要查询的数据，同时有维的 ID。

数据仓库相关产品较多，如国产软件有人大金仓分析型数据库 KingbaseAnalytics-DB、阿里云分析型数据库 AnalyticDB 等，国外商业软件有 Oracle 数据库、微软 SQL Server 数据库等，开源软件有 Hive 等。

第二节　ETL 相关技术与工具

一、ETL 相关技术

1. ETL 概述

在数据集成的相关应用中，经常会遇到术语 ETL（或 ELT）。ETL 是 extract-transform-load 的缩写，用来描述将数据从来源端经过抽取、转换加载至目的端的过程，也是数据集成的相关处理步骤，因此 ETL 也是数据集成的相关技术的简称。ETL 一词常用于数据仓库，但其对象并不仅限于数据仓库。

ETL 将业务系统的数据经过抽取、清洗转换之后加载到数据仓库，目的是将企业中分散、零乱、标准不统一的数据整合到一起，为企业的决策提供分析依据，其工作流程示意图如图 11－4 所示。ETL 的流程可以用任何编程语言去开发完成。由于 ETL 是极为复杂的过程，而手写程序不易管理，因此越来越多的企业采用工具协助 ETL 的开发，并运用其内置的元数据功能来存储来源与目标的映射以及转换规则。工具可以提供较强大的连接功能来连接来源端与目的端，并提供可视化的完整流程配置工具，开发人员无须熟悉各种不同的平台及数据结构就能进行开发。

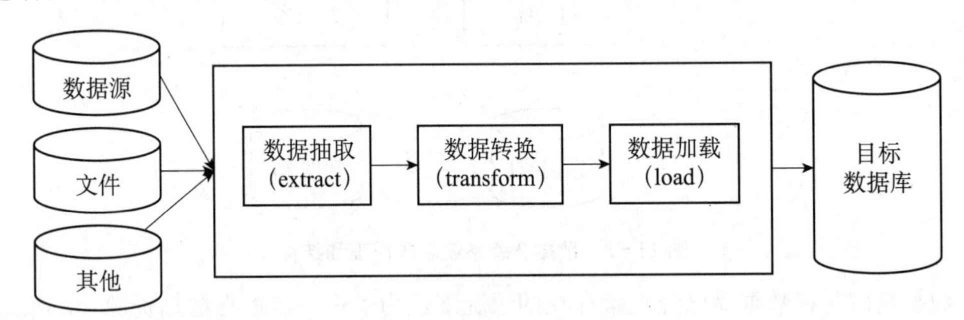

图 11－4　ETL 工作流程示意图

2. 数据库相关的数据抽取

数据抽取是指从数据源中抽取对企业有用的或感兴趣的数据的过程，它的实质是将数据从各种原始的业务系统中读取出来，它是大数据工作开展的前提。

对于关系型数据库中的数据抽取，一般有两种策略：

（1）全量抽取。即将指定来源的数据一次性地全部抽取，适用于一次性的批量数据抽取，效率较高，但数据源有增量数据变化时则不能实时反映数据变化。

（2）增量抽取。即只对指定来源新增数据进行抽取，可避免数据重复采集。要实现增量抽取技术，有以下几种方法：一是扫描数据源指定表中的时间戳变化；二是扫描指定来源数据库的操作日志内容；三是利用指定来源数据库的触发器机制（若有增、删、改操作，则利用触发器记录增量变化数据）；四是全量读取指定来源数据内容（删除目的来源数据内容）。

二、常用 ETL 工具

除了前述数据集成方法提到的相关技术和工具（如 Kettle）之外，一些数据挖掘软件本身也提供了 ETL 功能或工具，如商业软件 RapidMiner、Tableau 以及开源软件 Weka 等。鉴于篇幅有限，下面仅介绍 RapidMiner 和 Kettle 这两种工具。

1. RapidMiner

RapidMiner 诞生于 2001 年的多特蒙德工业大学的一个数据科学项目，目前已经发展成为一个通用的数据科学平台。RapidMiner 有企业级的商业版本，也有教育试用版本，可登录官网（http://rapidminer.com/）下载。

RapidMiner 除了提供数据挖掘、机器学习等工具支持外，还为数据准备和预处理提供了大量的组件和简单易用的工具支持，其操作工具为 RapidMiner Studio，操作界面如图 11-5 所示。

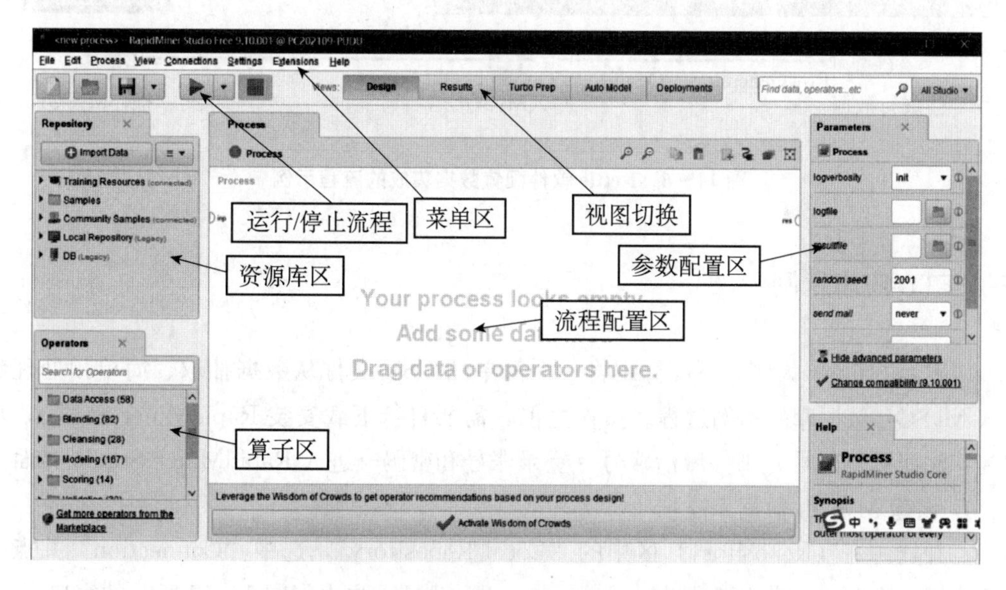

图 11-5 RapidMiner Studio 软件操作界面

（1）资源库（Repository）：配置的流程、数据源等都存放于此，便于管理。

（2）算子（Operators）：各类数据源访问组件、预处理组件、数据分析组件等统称为算子。

（3）流程配置（Process）：可将算子区的各类算子拖放到此处并按照处理要求进行连接，装配算子组件。

（4）菜单：菜单区包括文件、编辑、流程、视图、连接、设置等操作。

（5）视图切换（Views）：点击可切换成不同视图，如“Design”为设计视图，“Results”为运行结果视图。

（6）参数配置（Parameters）：可对算子的属性进行配置，参数也在此列出和配置。

2. Kettle

Kettle 最早是一个开源的 ETL 工具，全称为 KDE Extraction，Transportation，Transformation and Loading Environment。2006 年，Pentaho 公司收购了 Kettle 项目，Kettle 成为企业级数据集成及商业智能套件 Pentaho 的主要组成部分，并重命名为 Pentaho Data Integration（PDI）。2015 年，Pentaho 公司被 Hitachi Data Systems 收购。PDI 分为商业版与开源版，人们仍习惯把 PDI 的开源版称为 Kettle。

PDI 使用 Java 开发，支持跨平台运行，其特性包括：支持 100%无编码、拖拽方式开发 ETL 数据管道（如图 11－6 所示）；可对接传统数据库、文件、大数据平台、接口、流数据等数据源；支持 ETL 数据管道加入机器学习算法。

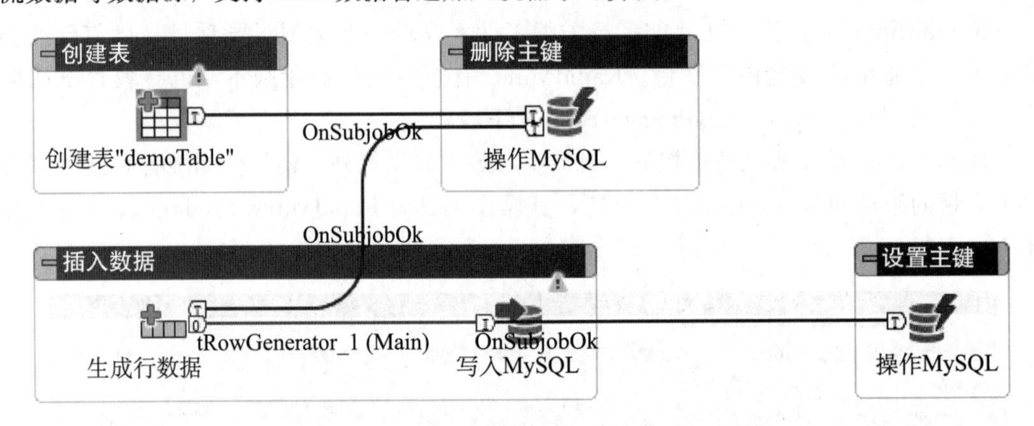

图 11－6　Kettle 软件配置数据集成的流程示例

三、 ETL 应用示例

以 RapidMiner 为例，下面介绍将一个简单的 CSV 文件从数据抽取、简单预处理到存入 MySQL 数据库的示例过程。操作之前，需要自行下载安装 RapidMiner Studio，步骤为：注册试用账号并邮件激活账号→登录账号和密码→进入 RapidMiner Studio 界面。

1. 创建 MySQL 数据库连接

点开资源库（Repository）区中的“Local Repository”，选中“Connection”并点击鼠标右键，在弹出的菜单中点击“Create Connection”，弹出如图 11－7 所示的窗口。

在“Connection Name”栏输入一个连接名称，如 LocalMySQL，点击“Create”按钮，弹出配置窗口，在配置窗口中设置数据库系统类型、用户名和密码、连接主机名或 IP 地址、连接端口及对应数据库。准确设置完参数后，点击“Test connection”，测试是否能成功连接到 MySQL 数据库，测试成功后点击“Save”保存并退出，如图 11－8 所示。

2. 读取 CSV 数据源

在算子（Operators）区，点击进入“Data Access”下的 Files 目录，点击子目录下

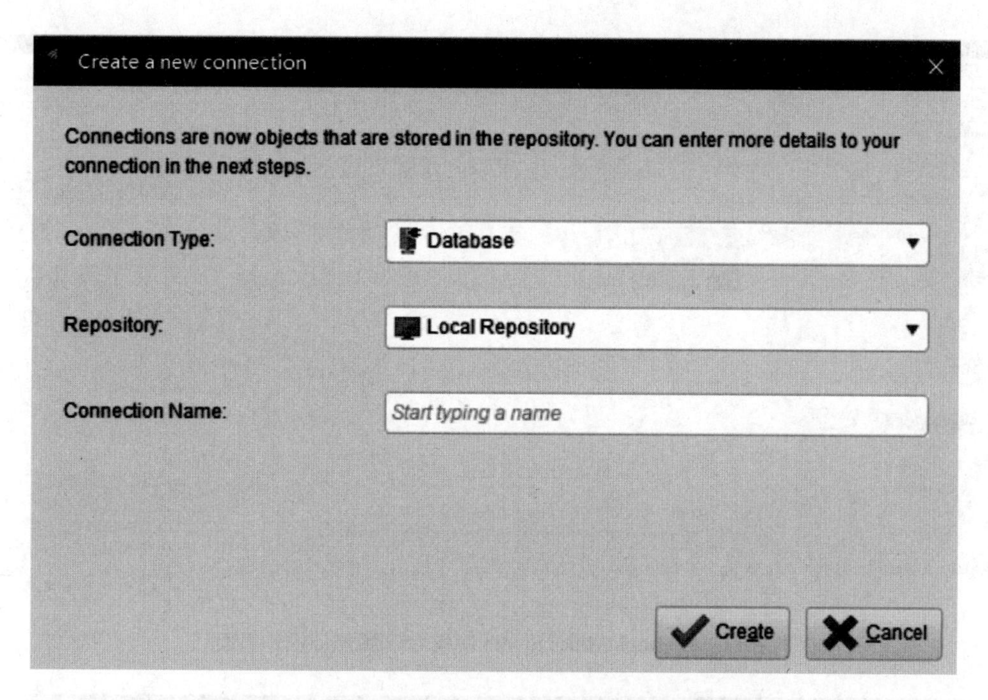

图 11－7　RapidMiner Studio 创建数据库连接操作界面

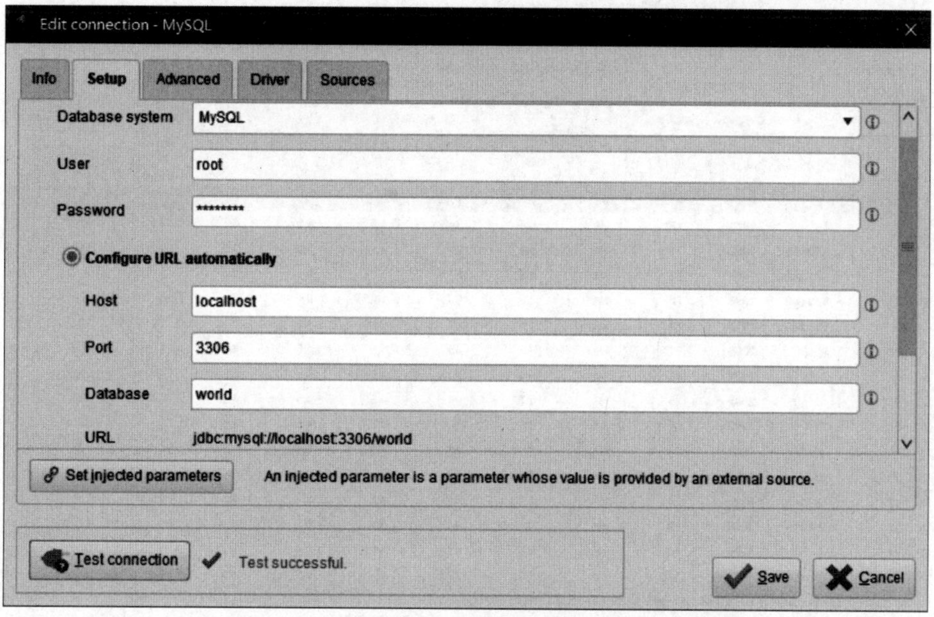

图 11－8　RapidMiner Studio 配置数据库连接参数界面

的“Read CSV”算子，拖放到流程配置（Process）区并选中，然后点击参数配置（Parameters）区中的“Import Configuration Wizard”，如图 11－9 所示。

在弹出的窗口中选中本课程示例文件“movies. csv”并点击“Next”，文件格式自动解析并显示如图 11－10 所示的内容。（注意，budget 列有不少缺失值“NA”。）然后点击“Next”，并在下个窗口点击“Finish”，关闭窗口。

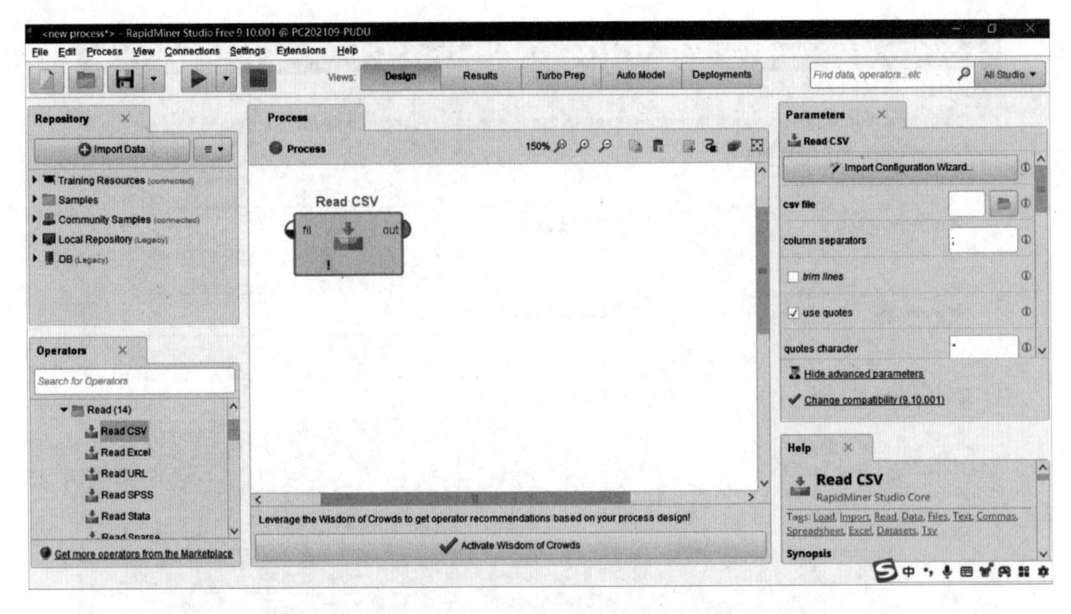

图 11-9　RapidMiner Studio 读取 CSV 数据源操作界面

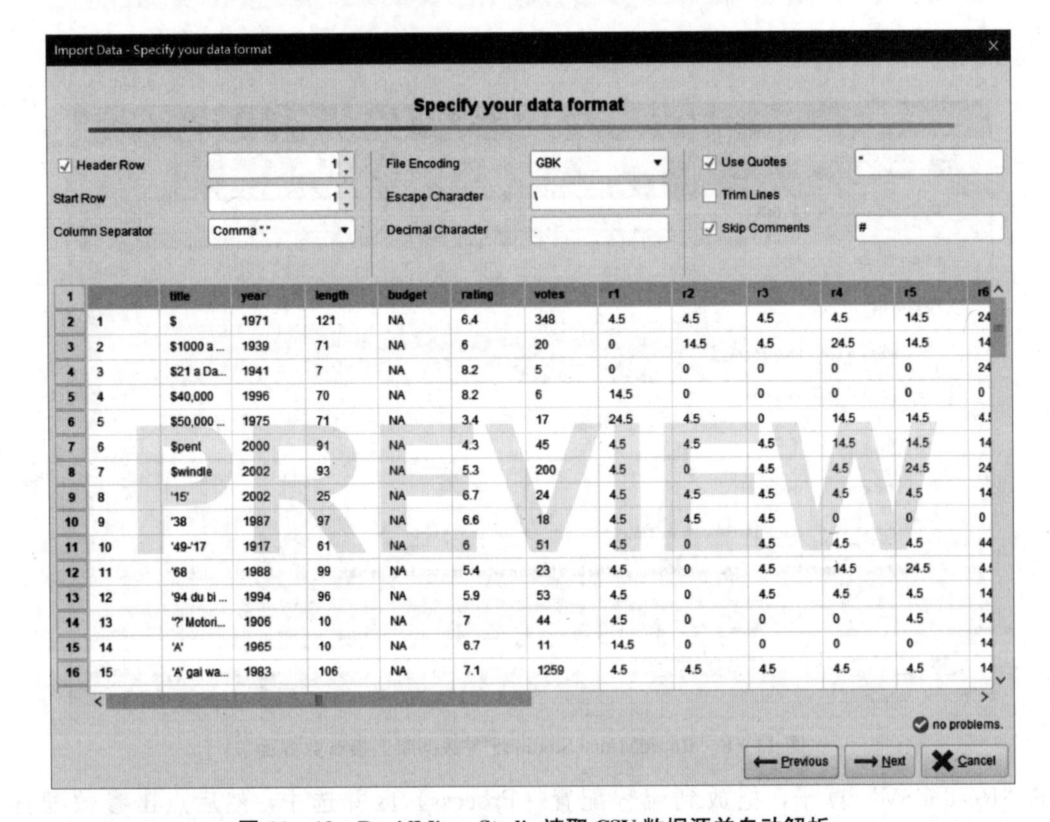

图 11-10　RapidMiner Studio 读取 CSV 数据源并自动解析

3. 配置预处理流程

（1）填充缺失值：将算子区中 Cleansing 目录下 Missing 子目录中的“Replace Missing Values”算子拖到流程配置区，并将它的输入“exa”端口与“Read CSV”算子中的

“out”端口相连，在配置属性区的设置如图 11－11 所示，budget 列的缺失值用平均数替换。

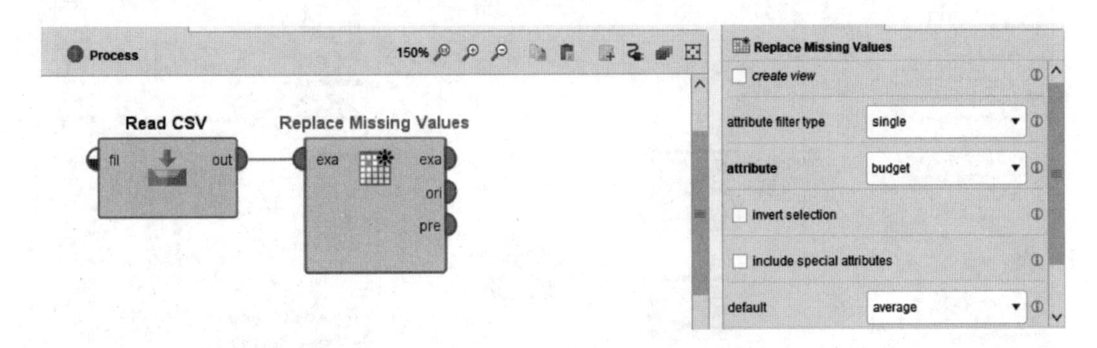

图 11－11　RapidMiner Studio 配置预处理流程界面

（2）选择部分列：拖放算子区中 Blending 目录下 Attributes 的 Selection 子目录中的“Select Attributes”算子到流程配置区，将它的输入“exa”端口与“Replace Missing Values”算子的输出“exa”端口相连，并配置属性，选择“attribute filter type”为“subset”，然后点击“Select Attributes”，在弹出窗口中选择属性 budget、length、rating、title、votes、year 等，如图 11－12 所示，并点击“Apply”按钮退出窗口。

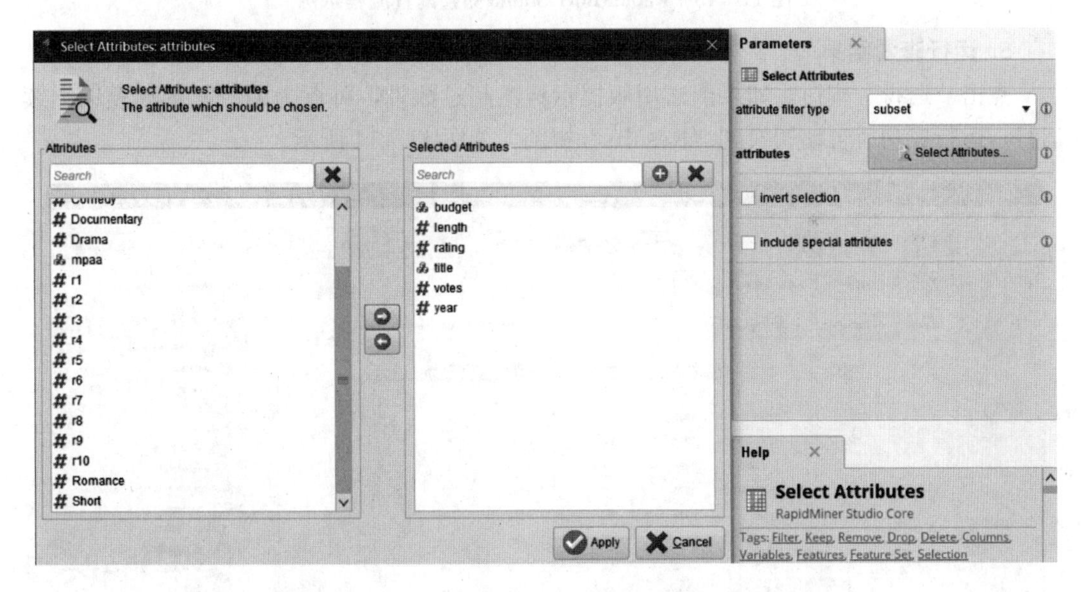

图 11－12　RapidMiner Studio 数据源属性过滤与配置

4. 写入关系型数据库

拖放算子区 Data Access 目录下 Database 子目录中的“Write Database”算子到流程配置区，将其输入端口“inp”与“Select Attributes”算子的输出端口“exa”相连，输出端口“thr”与右侧边缘的“res”相连，然后在参数配置区配置数据库属性，在“connection entry”配置项右侧点击文件打开图标并选择之前配置好的 MySQL 连接，设置表名为“movies”。流程配置和数据库配置结果如图 11－13 所示。

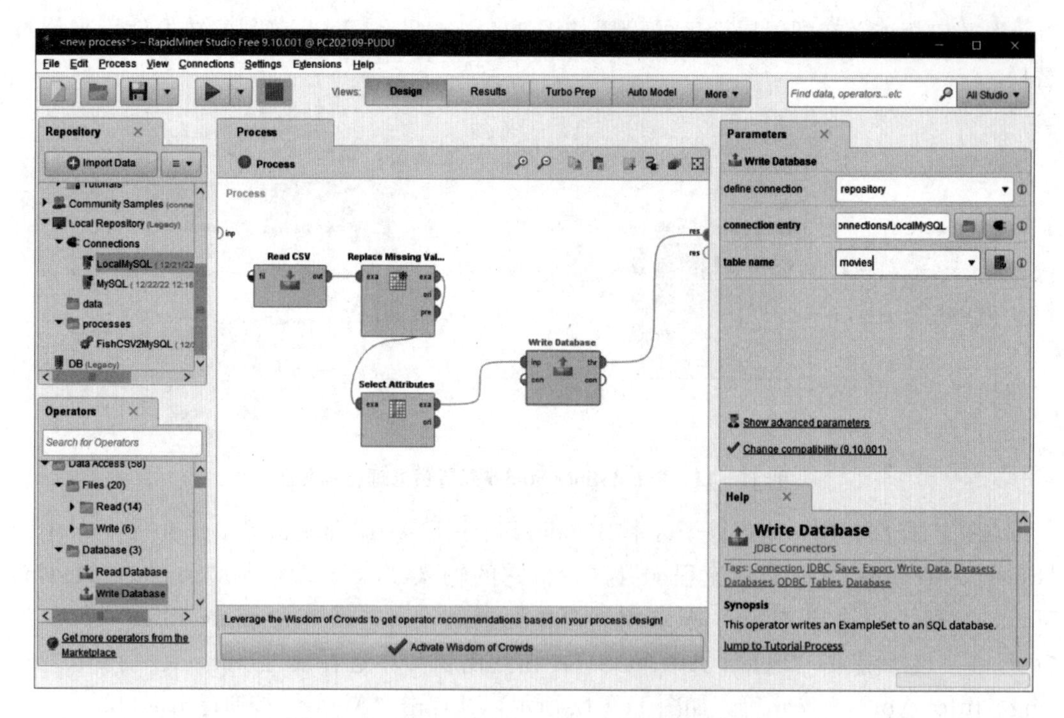

图 11-13　RapidMiner Studio 完整配置流程示例

5. 运行查看结果

点击“运行”按钮，如果因试用版提示样本超过数量，可点击缩减样本规模以继续运行，运行成功后自动切换到“Results”视图，如图 11-14 所示。

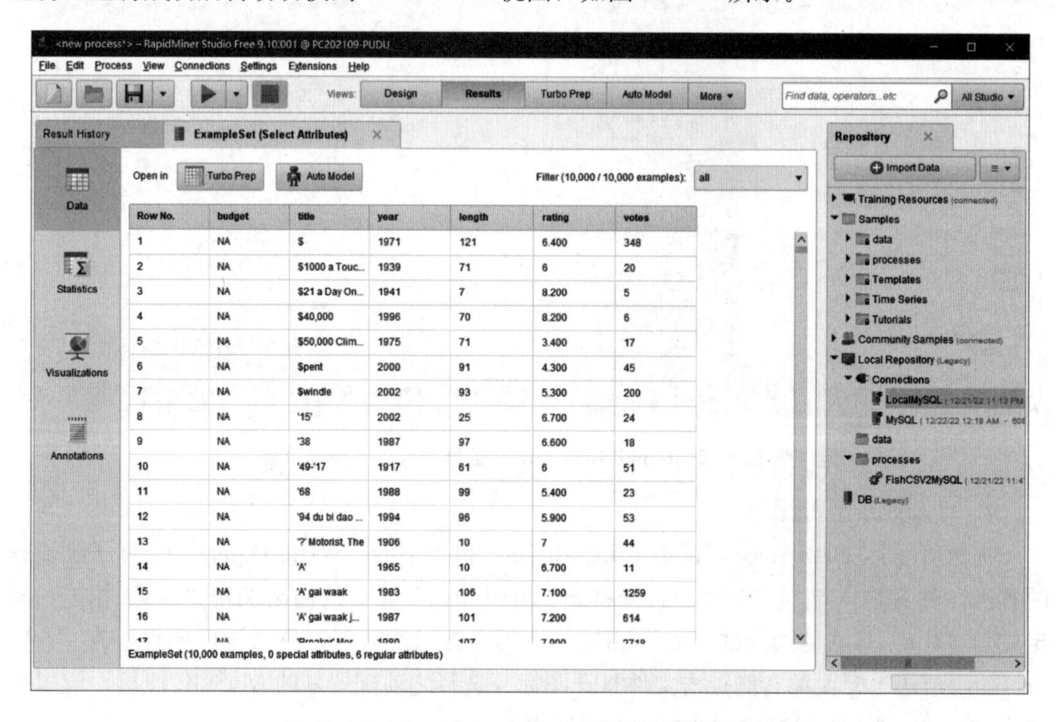

图 11-14　RapidMiner Studio 流程运行结果示例

从图 11－14 中可知，选择的列数运行结果正常，但 budget 列的缺失值 NA 没有被正确替换，说明 NA 值在 RapidMiner 中并没有被认为是缺失值，后续可以使用指定值替换形式变更。MySQL 数据库的写入结果如图 11－15 所示。

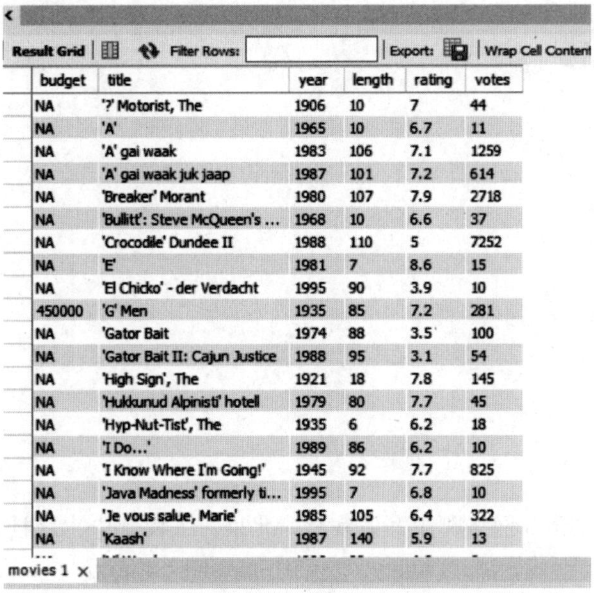

Result Grid | Filter Rows: | Export: | Wrap Cell Content

budget	title	year	length	rating	votes
NA	'?' Motorist, The	1906	10	7	44
NA	'A'	1965	10	6.7	11
NA	'A' gai waak	1983	106	7.1	1259
NA	'A' gai waak juk jaap	1987	101	7.2	614
NA	'Breaker' Morant	1980	107	7.9	2718
NA	'Bullitt': Steve McQueen's ...	1968	10	6.6	37
NA	'Crocodile' Dundee II	1988	110	5	7252
NA	'E'	1981	7	8.6	15
NA	'El Chicko' - der Verdacht	1995	90	3.9	10
450000	'G' Men	1935	85	7.2	281
NA	'Gator Bait	1974	88	3.5	100
NA	'Gator Bait II: Cajun Justice	1988	95	3.1	54
NA	'High Sign', The	1921	18	7.8	145
NA	'Hukkunud Alpinisti' hotell	1979	80	7.7	45
NA	'Hyp-Nut-Tist', The	1935	6	6.2	18
NA	'I Do...'	1989	86	6.2	10
NA	'I Know Where I'm Going!'	1945	92	7.7	825
NA	'Java Madness' formerly ti...	1995	7	6.8	10
NA	'Je vous salue, Marie'	1985	105	6.4	322
NA	'Kaash'	1987	140	5.9	13

movies 1 ×

图 11－15　RapidMiner Studio 数据库操作结果

思考与练习

1. 什么是数据集成？ETL 与数据集成有何关系？

2. 数据集成在技术上存在哪些难点？

3. 数据集成分为几个层次？常见的数据集成方法有哪些？

4. 对于关系型数据库来源的数据，增量抽取方法有哪些？

5. 使用 ETL 相关工具（如 RapidMiner、Kettle 等），对文件 auto. csv 进行以下操作：读取，去除重复值，进行基本的描述性统计并输出相应的结果，选取部分属性（自行选择三个即可）并将数据输出到 MySQL 对应表中。

延伸阅读材料

1. AnHai Doan，Alon Halevy，Zachary Ives. 数据集成原理. 孟小峰，马如霞，马友忠，等，译. 北京：机械工业出版社，2014.

2. RapidMiner 参考文档. docs. rapidminer. com/latest/studio/getting-started.

3. Kettle 学习及示例. www. kettle. org. cn/category/demo.

参考文献

1. 崔庆才. Python 3 网络爬虫开发实战. 北京：人民邮电出版社，2018.

2. Fabio Nelli. Python data analytics-with pandas，numpy，and matplotlib. California：Apress，2018.

3. Wes McKinney. Python for data analysis：Data wrangling with pandas，numpy，and IPython. 2nd Edition. Sebastopol：O'Reilly Media，2018.

4. 董付国. Python 程序设计基础与应用. 北京：机械工业出版社，2018.

5. Magnus Lie Hetland. Python 基础教程：第 2 版. 司维，曾军崴，谭颖华，译. 北京：人民邮电出版社，2014.

6. 阿曼多・凡丹戈. Python 数据分析：第 2 版. 北京：人民邮电出版社，2018.

7. 张良均，谭立云，刘名军，等. Python 数据分析与挖掘实战. 2 版. 北京：机械工业出版社，2020.

8. Jake VanderPlas. Python 数据科学手册. 陶俊杰，陈小莉，译. 北京：人民邮电出版社，2018.

9. 瑞安・米切尔. Python 网络爬虫权威指南：第 2 版. 神烦小宝，译. 北京：人民邮电出版社，2019.

10. 吕云翔，张扬. Python 网络爬虫与数据采集. 北京：人民邮电出版社，2021.

11. 张雪萍. 大数据采集与处理. 北京：电子工业出版社，2021.

12. 林子雨. 大数据技术原理与应用. 2 版. 北京：人民邮电出版社，2017.

13. 韦玮. 精通 Python 网络爬虫：核心技术、框架与项目实战. 北京：机械工业出版社，2017.

14. 林子雨. 数据采集与预处理. 北京：人民邮电出版社，2022.

15. 杰奎琳・凯泽尔，凯瑟琳・贾缪尔. Python 数据处理. 张亮，吕家明，译. 北京：人民邮电出版社，2017.

16. 黄源，蒋文豪，徐受蓉. 大数据分析：Python 爬虫、数据清洗和数据可视化. 北京：清华大学出版社，2020.

图书在版编目（CIP）数据

数据采集与处理：基于 Python / 付东普编著. --北京：中国人民大学出版社，2024.4
新编 21 世纪数据科学与大数据技术系列教材
ISBN 978-7-300-32568-2

Ⅰ.①数… Ⅱ.①付… Ⅲ.①数据采集—教材②数据处理—教材③软件工具—程序设计—教材 Ⅳ.①TP274 ②TP311.561

中国国家版本馆 CIP 数据核字（2024）第 040171 号

新编 21 世纪数据科学与大数据技术系列教材
数据采集与处理：基于 Python
付东普　编著
Shuju Caiji yu Chuli：Jiyu Python

出版发行	中国人民大学出版社		
社　　址	北京中关村大街 31 号	**邮政编码**	100080
电　　话	010－62511242（总编室）		010－62511770（质管部）
	010－82501766（邮购部）		010－62514148（门市部）
	010－62515195（发行公司）		010－62515275（盗版举报）
网　　址	http://www.crup.com.cn		
经　　销	新华书店		
印　　刷	北京溢漾印刷有限公司		
开　　本	787 mm×1092 mm　1/16	**版　　次**	2024 年 4 月第 1 版
印　　张	18 插页 1	**印　　次**	2024 年 4 月第 1 次印刷
字　　数	404 000	**定　　价**	39.00 元

中国人民大学出版社　理工出版分社

教师教学服务说明

中国人民大学出版社理工出版分社以出版经典、高品质的统计学、数学、心理学、物理学、化学、计算机、电子信息、人工智能、环境科学与工程、生物工程、智能制造等领域的各层次教材为宗旨。

为了更好地为一线教师服务，理工出版分社着力建设了一批数字化、立体化的网络教学资源。教师可以通过以下方式获得免费下载教学资源的权限：

★ 在中国人民大学出版社网站 www.crup.com.cn 进行注册，注册后进入“会员中心”，在左侧点击“我的教师认证”，填写相关信息，提交后等待审核。我们将在一个工作日内为您开通相关资源的下载权限。

★ 如您急需教学资源或需要其他帮助，请加入教师 QQ 群或在工作时间与我们联络。

中国人民大学出版社　理工出版分社

教师 QQ 群：796820641（数据科学与大数据技术）
教师群仅限教师加入，入群请备注（学校+姓名）

联系电话：010-62511967，62511076

电子邮箱：lgcbfs@crup.com.cn

通讯地址：北京市海淀区中关村大街 31 号中国人民大学出版社 507 室（100080）